手把手教你学工程量清单计价系列

手把手教你学建筑工程
工程量清单计价

（第2版）

本书编委会 编

中国建材工业出版社

图书在版编目(CIP)数据

手把手教你学建筑工程工程量清单计价/《手把手教你学建筑工程工程量清单计价》编委会编.—2版.—北京：中国建材工业出版社，2015.1

（手把手教你学工程量清单计价系列）

ISBN 978-7-5160-1065-5

Ⅰ.①手… Ⅱ.①手… Ⅲ.①建筑工程-工程造价 Ⅳ.①TU723.3

中国版本图书馆 CIP 数据核字（2014）第 299447 号

手把手教你学建筑工程工程量清单计价（第 2 版）
本书编委会　编

出版发行：中国建材工业出版社
地　　址：北京市海淀区三里河路1号
邮　　编：100044
经　　销：全国各地新华书店
印　　刷：北京紫瑞利印刷有限公司
开　　本：787mm×1092mm　1/16
印　　张：18
字　　数：472千字
版　　次：2015年1月第2版
印　　次：2015年1月第1次
定　　价：50.00元

本社网址：www.jccbs.com.cn　　微信公众号：zgjcgycbs
本书如出现印装质量问题，由我社营销部负责调换。电话：(010)88386906
对本书内容有任何疑问及建议，请与本书责编联系。邮箱：dayi51@sina.com

手把手教你学建筑工程工程量清单计价

编委会

主　编：崔　岩
副主编：董凤环　王　委
编　委：卻建荣　蒋梦云　吕美桃　方　芳
　　　　徐晓珍　葛彩霞　李桂英　徐梅芳
　　　　王漓鹏　李建钊　李良因　马　静
　　　　孙邦丽　梁　允　何晓卫

内容提要

本书第 2 版根据《建设工程工程量清单计价规范》(GB 50500—2013)和《房屋建筑与装饰工程工程量计算规范》(GB 50854—2013)为依据,以"手把手"为编写理念,由浅入深、有针对性地介绍了建筑工程工程量清单计价的基础理论和方式方法。全书主要内容包括工程量清单计价体系概述,建筑工程施工图识读,建筑面积计算与土石方清单工程量计算,地基处理与边坡支护工程清单工程量计算,桩基工程清单工程量计算,砌筑工程清单工程量计算,混凝土及钢筋混凝土工程清单工程量计算,门窗工程清单工程量计算,木结构工程清单工程量计算,金属结构工程清单工程量计算,屋面及防水工程清单工程量计算,防腐、隔热、保温工程清单工程量计算,措施项目清单工程量计算,建设工程招标与投标报价,建筑工程结算,建筑工程工程量清单计价编制实例等。

本书内容丰富实用,可供建筑工程造价编制与管理人员使用,也可供高等院校相关专业师生学习时参考。

第2版前言

　　工程量清单计价是建设工程招标投标中,按照国家统一的工程量清单计价规范及相关工程国家计量规范,由招标人提供工程数量,投标人自主报价,经评审低价中标的工程造价计价模式。采用工程量清单计价有利于发挥企业自主报价的能力,同时也有利于规范业主在工程招标中计价行为,有效改变招标单位在招标中盲目压价的行为,从而真正体现公开、公平、公正的原则,反映市场经济规律。本系列丛书第1版自出版发行以来,对指导广大建设工程造价人员理解清单计价规范的相关内容,掌握工程量清单计价的方法发挥了重要的作用。

　　随着我国工程建设市场的快速发展,工程计价的相关法律法规也发生了较多的变化,为规范建设市场计价行为,维护建设市场秩序,促进建设市场有序竞争,控制建设项目投资,合理利用资源,从而进一步适应建设市场发展的需要,住房和城乡建设部标准定额司组织有关单位对《建设工程工程量清单计价规范》(GB 50500—2008)进行了修订,并于2012年12月25日正式颁布了《建设工程工程量清单计价规范》(GB 50500—2013)及《房屋建筑与装饰工程工程量计算规范》(GB 50854—2013)、《通用安装工程工程量计算规范》(GB 50856—2013)等9本工程量计算规范。

　　2013版清单计价规范是在全面总结2003版清单计价规范实施十年来实践经验的基础上,针对存在的问题,以原建设部发布的工程基础定额、消耗量定额、预算定额以及各省、自治区、直辖市或行业建设主管部门发布的工程计价定额为参考,以工程计价相关国家或行业的技术标准、规范、规程为依据,对2008版清单计价规范进行全面修订而成。2013版清单计价规范进一步确立了工程计价标准体系的形成,为下一步工程计价标准的制定打下了坚实的基础。较之以前的版本,2013版清单计价规范扩大了计价计量规范的适用范围,深化了工程造价运行机制的改革,强化了工程计价计量的强制性规定,注重了与施工合同的衔接,明确了工程计价风险分担的范围,完善了招标控制价制度,规范了不同合同形式的计量与价款支付,统一了合同价款调整的分类内容,确立了施工全过程计价控制与工程结算的原则,提供了合同价款争议解决的方法,增加了工程造价鉴定的专门规定,细化了措施项目计价的规定,增强了规范的可操作性和保持了规范的先进性。

　　为使广大建设工程造价工作者能更好地理解2013版清单计价规范和相关专业工程国

家计量规范的内容,更好地掌握建标[2013]44号文件的精神,使丛书能够符合当前建设工程造价编制与管理的实际情况,保证丛书内容的先进性与实用性,我们在保持丛书编写体例及编写风格的基础上对丛书进行了全面修订。

(1)此次修订严格按照《建设工程工程量清单计价规范》(GB 50500—2013)及《房屋建筑与装饰工程工程量计算规范》(GB 50854—2013)、《通用安装工程工程量计算规范》(GB 50856—2013)等9本工程量计算规范的内容,及建标[2013]44号文件进行,修订后的图书将能更好地满足当前工程量清单计价编制与管理工作的需要,对宣传贯彻2013版清单计价规范,为广大读者进一步了解工程量清单计价提供很好的帮助。

(2)修订时进一步强化了"手把手"的编写理念,集理论与编制技能于一体,对部分内容进一步进行了丰富与完善,对知识体系进行除旧布新,使图书的可读性得到了增强,便于读者更形象、直观地掌握工程量清单计价编制的方法与技巧。

(3)根据《建设工程工程量清单计价规范》(GB 50500—2013)对工程量清单与工程量清单计价表格的样式进行了修订。为强化图书的实用性,本次修订时还依据相关工程量计算规范,对已发生了变动的工程量清单项目,重新组织相关内容进行了介绍,并对照新版规范修改了其计量单位、工程量计算规则、工作内容等。

本书修订过程中参阅了大量工程量清单计价编制与管理方面的书籍与资料,并得到了有关单位与专家学者的大力支持与指导,在此表示衷心的感谢。书中错误与不当之处,敬请广大读者批评指正。

第1版前言

当前,我国建设市场的快速发展,招标投标制、合同制的逐步推行,要求我们参照国际惯例、规范和做法来计算工程承发包价格,以适应社会主义市场经济和国际市场的需要。工程量清单计价是目前国际上通行的做法,在国内的世界银行等国内外金融机构、政府机构贷款项目在招标投标中也大多采用工程量清单计价的办法。

工程量清单计价是由具有建设项目管理能力的业主或受其委托具有相应资质的中介机构,依据住房和城乡建设部于2008年7月颁布实施的《建设工程工程量清单计价规范》(GB 50500—2008)、招标文件要求和设计施工图纸等,编制出拟建工程的分部分项工程项目、措施项目、其他项目的名称和相应数量的明细清单,公开提供给各投标人。投标人按照招标文件所提供的工程量清单、施工现场的实际情况及拟定的施工方案、施工组织设计,按企业定额或建设行政主管部门发布的消耗量定额以及市场价格,结合市场竞争情况,充分考虑风险,自主报价,通过市场竞争形成价格的计价方式。工程量清单计价是改革和完善工程价格管理体制的一个重要组成部分,其真正实现了建设市场上竞争定价的公正、公平,它的实施推动了我国工程造价管理改革的深入和体制的创新,开创了我国造价管理工作的新格局,形成了以市场竞争产生价格的新机制。

《手把手教你学工程量清单计价系列》是以《建设工程工程量清单计价规范》(GB 50500—2008)为编写依据,在对读者实际需要进行充分调研的基础上,按照工程量清单计价的特点,有针对性地编写的一套易学易懂、学以致用的丛书。

本套丛书共包括以下分册:

《手把手教你学建筑工程工程量清单计价》

《手把手教你学水暖工程工程量清单计价》

《手把手教你学电气工程工程量清单计价》

《手把手教你学市政工程工程量清单计价》

《手把手教你学装饰装修工程工程量清单计价》

《手把手教你学通风空调工程工程量清单计价》

《手把手教你学园林绿化工程工程量清单计价》

《手把手教你学水利水电工程工程量清单计价》

与市面上同类图书相比,《手把手教你学工程量清单计价系列》丛书具有以下特点:

(1)实用性突出。丛书直接以各工程具体应用为叙述对象,详细阐述了各工程量清单计价的实用知识,具有较高的实用价值,方便读者在工作中随时查阅学习。

(2)针对性明显。丛书以《建设工程工程量清单计价规范》(GB 50500—2008)的清单项目设置及工程量计算规则为编写依据,对各清单项目按照规则所要求的"项目名称""项目特征""计量单位""工程量计算规则""工程内容"进行了有针对性的阐述,方便读者理解计价规范,掌握清单计价的实际运用方法。

(3)编写体例新颖。丛书从清单项目设置及工程量计算规则、项目特征描述、工程内容介绍、工程量计算实例等多方面对工程量清单计价知识进行了解析,结构清晰,条理分明,具有较强的可操作性。

(4)内容简明易学。丛书紧扣"手把手"的编写理念,把握住工程量清单计价中最基础却又不易掌握的知识,以通俗的语言,实用的示例,为读者答疑解惑,使读者可以轻松、迅速掌握清单计价的实用方法。

丛书在编写过程中,参考或引用了有关部门、单位和个人的资料,参阅了国内同行多部著作,得到了相关部门及工程咨询单位的大力支持与帮助,在此一并表示衷心的感谢。丛书在编写过程中,虽经推敲核证,但限于编者的专业水平和实践经验,仍难免有疏漏或不妥之处,恳请广大读者指正。

目 录

第一章 工程量清单计价体系概述 (1)

第一节 推行工程量清单计价的背景 (1)
一、工程量清单计价规范的推行 (1)
二、工程量清单计价规范的修订 (1)
三、实行工程量清单计价的目的和意义 (2)

第二节 建筑工程工程量清单计价概述 (4)
一、建筑工程工程量清单计价的特点 (4)
二、建筑工程工程量清单计价基本要求 (4)
三、工程量清单计价编制原则 (5)

第三节 建筑工程工程量清单编制 (5)
一、工程量清单的概念 (5)
二、建筑工程工程量清单编制依据 (5)
三、工程量清单编制原则 (6)
四、工程量清单编制内容 (6)
五、工程量清单编制标准格式 (11)

第四节 工程量清单计价编制 (21)
一、工程量清单计价的概念及特点 (21)
二、工程量清单计价基本原理及规定 (22)
三、工程量清单计价程序 (23)
四、工程量清单计价项目构成及其计算 (24)
五、工程量清单计价的编制方法 (27)

第二章 建筑工程施工图识读 (30)

第一节 施工图概述 (30)
一、施工图的产生 (30)
二、施工图的分类 (30)
三、施工图的特点 (31)
四、施工图的识读方法 (31)
五、施工图识读应注意的问题 (31)

第二节 建筑施工图识读 (32)

一、图纸目录及设计总说明 …………………………………………… (32)
　　二、总平面图识读 ………………………………………………………… (32)
　　三、建筑平面图识读 ……………………………………………………… (34)
　　四、建筑立面图识读 ……………………………………………………… (35)
　　五、建筑剖面图识读 ……………………………………………………… (36)
　　六、建筑详图识读 ………………………………………………………… (37)
　第三节　结构施工图识读 …………………………………………………… (39)
　　一、结构施工图分类 ……………………………………………………… (39)
　　二、基础结构图识读 ……………………………………………………… (39)
　　三、楼层与屋顶结构平面图识读 ………………………………………… (40)
　　四、钢筋混凝土构件结构详图识读 ……………………………………… (40)
　第四节　建筑工程施工图常用图例 ………………………………………… (40)
　　一、常用建筑材料图例 …………………………………………………… (40)
　　二、总平面图图例 ………………………………………………………… (42)
　　三、建筑构造及配件图例 ………………………………………………… (46)
　　四、水平及垂直运输装置图例 …………………………………………… (53)

第三章　建筑面积计算与土石方清单工程量计算 ……………………… (55)

　第一节　建筑面积计算 ……………………………………………………… (55)
　　一、建筑面积的组成及作用 ……………………………………………… (55)
　　二、建筑面积计算规则 …………………………………………………… (55)
　第二节　土石方工程 ………………………………………………………… (66)
　　一、土方工程 ……………………………………………………………… (66)
　　二、石方工程 ……………………………………………………………… (73)
　　三、土石方回填 …………………………………………………………… (74)

第四章　地基处理与边坡支护工程清单工程量计算 …………………… (76)

　第一节　地基处理 …………………………………………………………… (76)
　　一、工程量清单项目设置及工程量计算规则 …………………………… (76)
　　二、项目特征描述 ………………………………………………………… (78)
　　三、工程量计算 …………………………………………………………… (83)
　第二节　基坑与边坡支护 …………………………………………………… (84)
　　一、工程量清单项目设置及工程量计算规则 …………………………… (84)
　　二、项目特征描述 ………………………………………………………… (86)
　　三、工程量计算 …………………………………………………………… (87)

第五章　桩基工程清单工程量计算 ……………………………………… (89)

　第一节　打桩 ………………………………………………………………… (89)

一、工程量清单项目设置及工程量计算规则 …………………………………… (89)

二、项目特征描述 ………………………………………………………………… (90)

三、工程量计算 …………………………………………………………………… (90)

第二节　灌注桩 …………………………………………………………………… (92)

一、工程量清单项目设置及工程量计算规则 …………………………………… (92)

二、项目特征描述 ………………………………………………………………… (94)

三、工程量计算 …………………………………………………………………… (95)

第六章　砌筑工程清单工程量计算 ………………………………………………… (96)

第一节　砖砌体工程 ……………………………………………………………… (96)

一、工程量清单项目设置及工程量计算规则 …………………………………… (96)

二、项目特征描述 ………………………………………………………………… (98)

三、工程量计算 …………………………………………………………………… (99)

第二节　砌块砌体 ………………………………………………………………… (106)

一、工程量清单项目设置及工程量计算规则 …………………………………… (106)

二、项目特征描述 ………………………………………………………………… (108)

三、工程量计算 …………………………………………………………………… (108)

第三节　石砌体 …………………………………………………………………… (109)

一、工程量清单项目设置及工程量计算规则 …………………………………… (109)

二、项目特征描述 ………………………………………………………………… (111)

三、工程量计算 …………………………………………………………………… (112)

第四节　垫层 ……………………………………………………………………… (114)

一、工程量清单项目设置及工程量计算规则 …………………………………… (114)

二、项目特征描述 ………………………………………………………………… (114)

第七章　混凝土及钢筋混凝土工程清单工程量计算 ……………………………… (115)

第一节　现浇混凝土工程 ………………………………………………………… (115)

一、现浇混凝土基础 ……………………………………………………………… (115)

二、现浇混凝土柱 ………………………………………………………………… (120)

三、现浇混凝土梁 ………………………………………………………………… (122)

四、现浇混凝土墙 ………………………………………………………………… (124)

五、现浇混凝土板 ………………………………………………………………… (124)

六、现浇混凝土楼梯 ……………………………………………………………… (127)

七、现浇混凝土其他构件 ………………………………………………………… (127)

八、后浇带 ………………………………………………………………………… (129)

第二节　预制混凝土工程 ………………………………………………………… (130)

一、预制混凝土柱 ………………………………………………………………… (130)

二、预制混凝土梁 ……………………………………………………… (131)
　　三、预制混凝土屋架 …………………………………………………… (131)
　　四、预制混凝土板 ……………………………………………………… (131)
　　五、预制混凝土楼梯 …………………………………………………… (133)
　　六、其他预制构件 ……………………………………………………… (133)
第三节　钢筋工程 …………………………………………………………… (134)
　　一、工程量清单项目设置及工程量计算规则 ………………………… (134)
　　二、项目特征描述 ……………………………………………………… (135)
　　三、工程量计算 ………………………………………………………… (139)
第四节　螺栓、铁件 ………………………………………………………… (148)
　　一、工程量清单项目设置及工程量计算规则 ………………………… (148)
　　二、项目特征描述 ……………………………………………………… (148)

第八章　门窗工程清单工程量计算 …………………………………… (149)

第一节　木门窗 ……………………………………………………………… (149)
　　一、工程量清单项目设置及工程量计算规则 ………………………… (149)
　　二、项目特征描述 ……………………………………………………… (150)
　　三、工程量计算 ………………………………………………………… (152)
第二节　金属门窗 …………………………………………………………… (153)
　　一、工程量清单项目设置及工程量计算规则 ………………………… (153)
　　二、项目特征描述 ……………………………………………………… (154)
　　三、工程量计算 ………………………………………………………… (159)
第三节　金属卷帘(闸)门 …………………………………………………… (159)
　　一、工程量清单项目设置及工程量计算规则 ………………………… (159)
　　二、项目特征描述 ……………………………………………………… (160)
　　三、工程量计算 ………………………………………………………… (160)
第四节　厂库房大门、特种门 ……………………………………………… (160)
　　一、工程量清单项目设置及工程量计算规则 ………………………… (160)
　　二、项目特征描述 ……………………………………………………… (161)
第五节　其他门 ……………………………………………………………… (162)
　　一、工程量清单项目设置及工程量计算规则 ………………………… (162)
　　二、项目特征描述 ……………………………………………………… (163)
　　三、工程量计算 ………………………………………………………… (164)
第六节　门窗套 ……………………………………………………………… (164)
　　一、工程量清单项目设置及工程量计算规则 ………………………… (164)
　　二、项目特征描述 ……………………………………………………… (165)
　　三、工程量计算 ………………………………………………………… (166)

第七节　窗台板、窗帘 ·· (167)
       一、工程量清单项目设置及工程量计算规则 ······························· (167)
       二、项目特征描述 ·· (167)

第九章　木结构工程清单工程量计算 ·· (169)

     第一节　木屋架 ·· (169)
       一、工程量清单项目设置及工程量计算规则 ······························· (169)
       二、项目特征描述 ·· (169)
       三、工程量计算 ·· (169)
     第二节　木构件 ·· (174)
       一、工程量清单项目设置及工程量计算规则 ······························· (174)
       二、项目特征描述 ·· (174)
       三、工程量计算 ·· (175)
     第三节　屋面木基层 ·· (177)
       一、工程量清单项目设置及工程量计算规则 ······························· (177)
       二、项目特征描述 ·· (177)

第十章　金属结构工程清单工程量计算 ·· (178)

     第一节　钢网架 ·· (178)
       一、工程量清单项目设置及工程量计算规则 ······························· (178)
       二、项目特征描述 ·· (178)
       三、工程量计算 ·· (180)
     第二节　钢屋架、钢托架、钢桁架、钢架桥 ··· (182)
       一、工程量清单项目设置及工程量计算规则 ······························· (182)
       二、项目特征描述 ·· (182)
       三、工程量计算 ·· (183)
     第三节　钢柱 ·· (187)
       一、工程量清单项目设置及工程量计算规则 ······························· (187)
       二、项目特征描述 ·· (187)
       三、工程量计算 ·· (187)
     第四节　钢梁 ·· (189)
       一、工程量清单项目设置及工程量计算规则 ······························· (189)
       二、项目特征描述 ·· (190)
     第五节　压型钢板楼板、墙板 ·· (190)
       一、工程量清单项目设置及工程量计算规则 ······························· (190)
       二、项目特征描述 ·· (190)
     第六节　钢构件 ·· (190)

一、工程量清单项目设置及工程量计算规则 …………………………… (190)

　　二、项目特征描述 ………………………………………………………… (192)

　　三、工程量计算 …………………………………………………………… (193)

第七节　金属制品 …………………………………………………………… (195)

　　一、工程量清单项目设置及工程量计算规则 …………………………… (195)

　　二、项目特征描述 ………………………………………………………… (196)

第十一章　屋面及防水工程清单工程量计算 …………………………… (197)

第一节　瓦、型材及其他屋面 ……………………………………………… (197)

　　一、工程量清单项目设置及工程量计算规则 …………………………… (197)

　　二、项目特征描述 ………………………………………………………… (198)

　　三、工程量计算 …………………………………………………………… (198)

第二节　屋面防水 …………………………………………………………… (199)

　　一、工程量清单项目设置及工程量计算规则 …………………………… (199)

　　二、项目特征描述 ………………………………………………………… (201)

　　三、工程量计算 …………………………………………………………… (203)

第三节　墙、地面防水、防潮 ……………………………………………… (205)

　　一、工程量清单项目设置及工程量计算规则 …………………………… (205)

　　二、项目特征描述 ………………………………………………………… (206)

　　三、工程量计算 …………………………………………………………… (207)

第十二章　防腐、隔热、保温工程清单工程量计算 …………………… (208)

第一节　防腐面层 …………………………………………………………… (208)

　　一、工程量清单项目设置及工程量计算规则 …………………………… (208)

　　二、项目特征描述 ………………………………………………………… (209)

　　三、工程量计算 …………………………………………………………… (210)

第二节　其他防腐 …………………………………………………………… (211)

　　一、工程量清单项目设置及工程量计算规则 …………………………… (211)

　　二、项目特征描述 ………………………………………………………… (211)

　　三、工程量计算 …………………………………………………………… (212)

第三节　隔热、保温 ………………………………………………………… (212)

　　一、工程量清单项目设置及工程量计算规则 …………………………… (212)

　　二、项目特征描述 ………………………………………………………… (214)

　　三、工程量计算 …………………………………………………………… (214)

第十三章　措施项目清单工程量计算 …………………………………… (216)

第一节　脚手架工程 ………………………………………………………… (216)

一、工程量清单项目设置及工程量计算规则 …………………………… (216)
  二、项目特征描述 ……………………………………………………… (217)
  三、工程量计算 ………………………………………………………… (217)
 第二节 混凝土模板及支架(撑) ……………………………………………… (218)
  一、工程量清单项目设置及工程量计算规则 …………………………… (218)
  二、项目特征描述 ……………………………………………………… (220)
 第三节 垂直运输 ……………………………………………………………… (220)
  一、工程量清单项目设置及工程量计算规则 …………………………… (220)
  二、项目特征描述 ……………………………………………………… (220)
 第四节 超高施工增加 ………………………………………………………… (220)
  一、工程量清单项目设置及工程量计算规则 …………………………… (220)
  二、项目特征描述 ……………………………………………………… (221)
 第五节 大型机械设备进出场及安拆 ………………………………………… (221)
 第六节 施工排水、降水 ……………………………………………………… (221)
  一、工程量清单项目设置及工程量计算规则 …………………………… (221)
  二、项目特征描述 ……………………………………………………… (222)
 第七节 安全文明施工及其他措施项目 ……………………………………… (222)

第十四章 建设工程招标与投标报价 ……………………………………… (224)

 第一节 建设工程招标 ………………………………………………………… (224)
  一、建设工程招标的范围及方式 ………………………………………… (224)
  二、建设工程工程量清单招标 …………………………………………… (225)
  三、招标控制价编制 ……………………………………………………… (227)
 第二节 投标报价 ……………………………………………………………… (233)
  一、一般规定 ……………………………………………………………… (233)
  二、投标报价原则 ………………………………………………………… (234)
  三、投标报价准备工作 …………………………………………………… (234)
  四、投标报价编制与复核 ………………………………………………… (234)

第十五章 建筑工程结算 ……………………………………………………… (238)

 第一节 工程价款结算 ………………………………………………………… (238)
  一、工程价款主要结算方式 ……………………………………………… (238)
  二、工程价款结算内容 …………………………………………………… (238)
  三、工程价款结算方法 …………………………………………………… (239)
 第二节 工程计量与工程价款支付管理 ……………………………………… (240)
  一、工程计量 ……………………………………………………………… (240)
  二、工程价款支付管理 …………………………………………………… (241)

三、争议的处理 …………………………………………………………………… (245)
第三节 竣工结算 …………………………………………………………………… (248)
一、竣工结算的概念及作用 ……………………………………………………… (248)
二、竣工结算编制 ………………………………………………………………… (248)
三、竣工结算价编制标准格式 …………………………………………………… (250)
四、竣工结算的审查 ……………………………………………………………… (257)

第十六章 建筑工程工程量清单计价编制实例 ……………………………… (260)

参考文献 …………………………………………………………………………… (272)

第一章

工程量清单计价体系概述

第一节 推行工程量清单计价的背景

一、工程量清单计价规范的推行

19世纪30年代,西方国家为了满足工程建设的需要,使参加投标的承包人最后的结果具有可比性,产生了由估价师编制的工程量清单,发包人提供工程量清单给承包人进行招标,承包人以工程量清单为基础进行投标。当工程施工中发生变更时,工程量清单成为调整工程价款的依据与基础。估价师编制工程量清单的费用,由中标的承包人来承担。1922年,英国开始形成规范化的工程量计算规则,使得所有工程的工程量计算有了统一的标准和基础,进一步促进了竞争性投标的发展。

随着我国建筑市场的快速发展,招标投标制、合同制的逐步推行,以及加入WTO与国际接轨等要求,工程造价计价依据改革的不断深化,工程量清单计价法已得到各级工程造价管理部门和各有关单位的赞同,也得到了建设行政主管部门的认可。原建设部标准定额研究所受原建设部标准定额司的委托组织了几十位专家,按照市场形成价格,企业自主报价的市场经济管理模式,编制了《建设工程工程量清单计价规范》(GB 50500—2003)(以下简称"03计价规范"),其经反复修改,征求意见,多次审查,由中华人民共和国原建设部第119号公告发布,自2003年7月1日起实施。

"03计价规范"是根据《中华人民共和国招标投标法》,原建设部第107号令《建筑工程施工发包与承包计价管理办法》等法规、规定而制定的。它是我国推行工程建设市场化与国际惯例接轨的重要步骤,是工程量计价由定额模式向工程量清单模式的过渡,是国家在工程量计价模式上的一次革命,是我国深化工程造价管理的重要措施。工程量清单计价以国家标准的形式发布,并作为工程计价的主要模式被规范下来,对我国建设市场的发展与改革产生了积极、深远的影响,使我国工程造价管理全面步入"政府宏观调控,企业自主报价,市场竞争定价,部门动态监管"的良性轨道。

二、工程量清单计价规范的修订

为了适应我国建设工程管理体制改革以及建设市场发展的需要,规范建设工程各方的计价行为,进一步深化工程造价管理模式的改革,2003年2月17日建设部以第119号公告发布了"03计价规范"。"03计价规范"实施以来,在各地和有关部门的工程建设中得到了有效推行,积累了宝贵的经验,取得了丰硕的成果。但在执行中,也反映出一些不足之处。因此,为了完善工程量清单计价工作,原建设部标准定额司从2006年开始,组织有关单位和专家对"03计价规范"的正文部分进行修订。

2008年7月9日,历经两年多的起草、论证和多次修改,住房和城乡建设部以第63号公告,发布了《建设工程工程量清单计价规范》(GB 50500—2008)(以下简称"08计价规范"),从2008年12月1日起实施。"08计价规范"的出台,对巩固工程量清单计价改革的成果,进一步规范工程量清单计价行为具有十分重要的意义。

"08计价规范"总结了"03计价规范"实施以来的经验,针对执行中存在的问题,特别是清理拖欠工程款工作中普遍反映的,在工程实施阶段中有关工程价款调整、支付、结算等方面缺乏依据的问题,修编了原规范正文中不尽合理、可操作性不强的条款及表格格式,特别增加了采用工程量清单计价如何编制工程量清单和招标控制价、投标报价、合同价款约定以及工程计量与价款支付、工程价款调整、索赔、竣工结算、工程计价争议处理等内容,并增加了条文说明。"08计价规范"实施以来,对规范工程的计价行为起到了良好的作用,但由于附录没有修订,还存在有待完善的地方。

因此,2009年6月5日,标准定额司根据住房城乡建设部《关于印发〈2009年工程建设标准规范制订、修订计划〉的通知》(建标函〔2009〕88号),发出《关于请承担〈建设工程工程量清单计价规范〉GB 50500—2008修订工作任务的函》(建标造函〔2009〕44号),组织有关单位全面开展"08计价规范"修订工作。在标准定额司的领导下,主编、参编单位团结协作、共同努力,按照编制工作进度安排,经过两年多的时间,于2012年6月完成了国家标准《建设工程工程量清单计价规范》(GB 50500—2013)(以下简称"13计价规范")和《房屋建筑与装饰工程工程量计算规范》(GB 50854—2013)、《仿古建筑工程工程量计算规范》(GB 50855—2013)、《通用安装工程工程量计算规范》(GB 50856—2013)、《市政工程工程量计算规范》(GB 50857—2013)、《园林绿化工程工程量计算规范》(GB 50858—2013)、《矿山工程工程量计算规范》(GB 50859—2013)、《构筑物工程工程量计算规范》(GB 50860—2013)、《城市轨道交通工程工程量计算规范》(GB 50861—2013)、《爆破工程工程量计算规范》(GB 50862—2013)等9本计量规范(简称"13工程计量规范")的"报批稿",经报批批准,圆满完成了修订任务,使规范工程造价计价行为形成有机整体,从而将计价活动扩大到了工程建设施工阶段的全过程。

三、实行工程量清单计价的目的和意义

(1)推行工程量清单计价是深化工程造价管理改革、推进建设市场化的重要途径。

长期以来,工程预算定额是我国承发包计价、定价的主要依据。现预算定额中规定的消耗量和有关施工措施性费用是按社会平均水平编制的,以此为依据形成的工程造价基本上也属于社会平均价格。这种平均价格可作为市场竞争的参考价格,但不能反映参与竞争企业的实际消耗和技术管理水平,在一定程度上限制了企业的公平竞争。

20世纪90年代,我国提出了"控制量、指导价、竞争费"的改革措施,将工程预算定额中的人工、材料、机械消耗量和相应的量价分离,国家控制量以保证质量、价格逐步走向市场化,这一措施走出了向传统工程预算定额改革的第一步。但是,这种做法难以改变工程预算定额中国家指令性内容较多的状况,难以满足招标投标竞争定价和经评审的合理低价中标的要求。因为,国家定额的控制量是社会平均消耗量,不能反映企业的实际消耗量,不能全面体现企业的技术装备水平、管理水平和劳动生产率,不能体现公平竞争的原则,社会平均水平不能代表社会先进水平,因此,改变以往的工程预算定额的计价模式,适应招标投标的需要,推行工程量清单计价办法是十分必要的。

工程量清单计价是建设工程招标投标中,按照国家统一的工程量清单计价规范,由招标人提供工程数量,投标人自主报价,经评审低价中标的工程造价计价模式。采用工程量清单计价能反映工程个别成本,有利于企业自主报价和公平竞争。

(2)在建设工程招标投标中实行工程量清单计价是规范建筑市场秩序的治本措施之一,是适应社会主义市场经济的需要。

工程造价是工程建设的核心,也是市场运行的核心内容,建筑市场存在许多不规范的行为,大多数与工程造价有直接联系。建筑产品是商品,具有商品的共性,受价值规律、货币流通规律和供求规律的支配。但是,建筑产品与一般的工业产品价格构成还不一样,建筑产品具有以下特殊性:

1)建设工程竣工后建筑产品一般不在空间发生物理运动,可以直接移交用户,立即进入生产消费或生活消费,因而价格中不含商品使用价值运动发生的流通费用,即因生产过程在流通领域内继续进行而支付的商品包装运输费、保管费。

2)建筑产品是固定在某地方的。

3)由于施工人员和施工机具围绕着建设工程流动,因而,有的建设工程构成包括施工企业远离基地的费用,甚至包括成建制转移到新的工地所增加的费用等。

建筑产品价格随建设时间和地点而变化,相同结构的建筑物在同一地段建造,施工的时间不同造价就不一样;同一时间、不同地段造价也不一样;即使时间和地段相同,施工方法、施工手段、管理水平不同工程造价也有所差别。所以,建筑产品的价格,既有其同一性,又有其特殊性。

为了推动社会主义市场经济的发展,国家颁发了相应的有关法律,如《中华人民共和国价格法》第三条规定,我国实行并逐步完善宏观经济调控下主要由市场形成价格的机制。价格的制定应当符合价格规律,大多数商品和服务价格实行市场调节价,极少数商品和服务价格实行政府指导价或政府定价。市场调节价,是指由经营者自主定价,通过市场竞争形成的价格。中华人民共和国建设部第107号令《建筑工程施工发包与承包计价管理办法》第七条规定,投标报价应依据企业定额和市场价格信息,并按照国务院和省、自治区、直辖市人民政府建设行政主管部门发布的工程造价计价办法编制。建筑产品市场形成价格是社会主义市场经济的需要。过去工程预算定额在调节承发包双方利益和反映市场价格、需求方面存在不相适应的地方,特别是公开、公正、公平竞争方面,还缺乏合理的机制,甚至出现了一些漏洞,高估冒算、相互串通、从中回扣。发挥市场规律"竞争"和"价格"的作用是治本之策。尽快建立和完善市场形成工程造价的机制,是当前规范建筑市场的需要。推行工程量清单计价有利于发挥企业自主报价的能力,也有利于规范业主在工程招标中计价行为,有效改变招标单位在招标中盲目压价的行为,从而真正体现公开、公平、公正的原则,反映市场经济规律。

(3)实行工程量清单计价,是促进建设市场有序竞争和企业健康发展的需要。

工程量清单是招标文件的重要组成部分,由招标单位编制或委托有资质的工程造价咨询单位编制,工程量清单编制得准确、详尽、完整,有利于提高招标单位的管理水平,减少索赔事件的发生。由于工程量清单是公开的,有利于防止招标工程中弄虚作假、暗箱操作等不规范行为。投标单位通过对单位工程成本、利润进行分析,统筹考虑,精心选择施工方案,根据企业的定额合理确定人工、材料、机械等要素投入量的合理配置,优化组合,合理控制现场经费和施工技术措施费,在满足招标文件需要的前提下,合理确定自己的报价,让企业有自主报价权。改变了过去依赖建设行政主管部门发布的定额和规定的取费标准进行计价的模式,有利于提高劳动生产率,促进企业技术进步,节约投资和规范建设市场。采用工程量清单计价,将使招标活动的透明度增加,在充分竞争的基础上降低造价,提高投资效益,且便于操作和推行,业主和承包商都将会接受这种计价模式。

(4)实行工程量清单计价,有利于我国工程造价政府职能的转变。

按照政府部门真正履行起"经济调节、市场监督、社会管理和公共服务"的职能要求,政府对工程造价管理的模式要进行相应的改变,将推行政府宏观调控、企业自主报价、市场形成价格、社会全面监督的工程造价管理思路。实行工程量清单计价,将会有利于我国工程造价政府职能的转变,由过去的政府控制指令性定额转变为制定适应市场经济规律需要的工程量清单计价方法,由过去的行政干预转变为对工程造价进行依法监管,有效地强化政府对工程造价的宏观调控。

第二节 建筑工程工程量清单计价概述

一、建筑工程工程量清单计价的特点

(1)强制性。强制性主要表现在:一是由建设主管部门按照强制性国家标准的要求批准颁布,规定全部使用国有资金或国有资金投资为主的大中型建设工程应按建筑工程工程量清单计价规定执行;二是明确工程量清单是招标文件的组成部分,并规定了招标人在编制工程量清单时必须遵守的规则。

(2)统一性。工程量清单是招标文件的组成部分,招标人在编制工程量清单时必须做到五个统一,即统一项目编码、统一项目名称、统一项目特征、统一计量单位和统一工程量计算规则。

(3)竞争性。竞争性一方面表现在工程量清单中"措施项目"一栏是编制人根据项目的具体情况,考虑常用的、一般情况下可能发生的措施项目列出的,具体采用什么措施,投标人可以根据施工组织设计及企业自身情况调整措施项目及其内容并进行报价;另一方面表现为工程量清单中人工、材料和施工机械没有具体的消耗量,也没有单价,投标人既可以依据企业的定额和市场价格信息,也可以参照建设行政主管部门发布的计价定额进行报价。

(4)实用性。实用性表现在《房屋建筑与装饰工程工程量计算规范》(GB 50854—2013)以及《仿古建筑工程工程量计算规范》(GB 50855—2013)等九本工程量计算规范中,工程量清单项目及工程量计算规则的项目名称表现的是工程实体项目,项目名称明确清晰,工程量计算规则简洁明了。

(5)通用性。通用性表现在采用工程量清单计价能与国际惯例接轨,符合工程量计算方法标准化、工程量计算规则统一化、工程造价确定市场化的要求。

二、建筑工程工程量清单计价基本要求

建筑工程工程量清单计价体系的出台,是建设市场发展的要求,为建筑工程招标投标计价活动健康有序的发展提供了依据。它明确了由政府宏观调控、市场竞争形成价格的基本要求,主要体现在以下几个方面:

(1)政府宏观调控。政府宏观调控的基本要求主要表现为:一是规定了全部使用国有资金投资或国有资金投资为主的工程建设项目必须执行建筑工程工程量清单计价体系的有关规定,与《中华人民共和国招标投标法》规定的政府投资要进行公开招标是相适应的;二是建筑工程工程量清单计价体系统一了分部分项工程项目名称、计量单位、工程量计算规则和项目编码,为建立全国统一的建设市场和规范计价行为提供了依据;三是建筑工程工程量清单计价体系中没有人工、材料、机械的消耗量,促使企业提高管理水平,引导企业编制自己的消耗量定额,适应市场需要。

(2)市场竞争形成价格。建设工程工程量清单计价体系不规定人工、材料、机械消耗量,为企业报价提供了自主空间,投标企业可以结合自身的生产效率、消耗水平和管理能力与储备的企业报价资料,按照建筑工程工程量清单计价体系规定的原则和方法投标报价。工程造价的最终确定,由承发包双方在市场竞争中按价值规律通过合同确定。

三、工程量清单计价编制原则

(1)企业自主报价,市场竞争形成价格。为规范发包方与承包方的计价行为,建筑工程工程量清单计价体系要确定工程量清单计价的原则、方法和必须遵守的规则,包括统一编码、项目名称、计量单位、工程量计算规则等。工程价格最终由工程项目的招标人和投标人,按照国家法律、法规和工程建设的各项规章制度以及工程计价的有关规定,通过市场竞争形成。

(2)与现行预算定额既有联系又有所区别。建筑工程工程量清单计价体系的编制过程中,参照我国现行的全国统一工程预算定额,尽可能地与全国统一工程预算定额衔接,主要是考虑工程预算定额是我国经过多年的实践总结,具有一定的科学性和实用性,广大工程造价计价人员熟悉,有利于推行工程量清单计价,方便操作,平稳过渡。工程预算定额和工程量清单计价的区别主要表现在:定额项目是规定以工序来划分项目的;定额的施工工艺、施工方法是根据大多数企业的施工方法综合取定的,定额的工、料、机消耗量是根据"社会平均水平"综合测定的;定额的取费标准是根据不同地区平均测算的。

(3)既考虑我国工程造价管理的实际,又力求与国际惯例接轨。建筑工程工程量清单计价体系的编制,是根据我国当前工程建设市场发展的形势,为逐步解决预算定额计价中与当前工程建设市场不相适应的因素,适应我国社会主义市场经济发展的需要,特别是适应我国加入世界贸易组织后工程造价计价与国际接轨的需要,积极稳妥地推行工程量清单计价。它既借鉴了世界银行、菲迪克(FIDIC)、英联邦国家、我国香港地区等的一些做法,也结合了我国工程造价管理的实际情况。

第三节 建筑工程工程量清单编制

一、工程量清单的概念

工程量清单是表现拟建工程的分部分项工程项目、措施项目、其他项目、规费项目和税金项目的名称和相应数量等的明细清单。工程量清单应由分部分项工程量清单、措施项目清单、其他项目清单、规费项目清单、税金项目清单组成。

分部分项工程量清单表明拟建工程的全部分项实体工程的名称和相应的工程数量;措施项目清单表明了为完成拟建工程全部分项实体工程而必须采取的措施性项目及相应的费用;其他项目清单主要表明了招标人提出的与拟建工程有关的特殊要求所发生的费用。

(1)工程量清单应由具有编制能力的招标人或受其委托具有相应资质的工程造价咨询人编制。

(2)采用工程量清单方式招标,工程量清单必须作为招标文件的组成部分,其准确性和完整性由招标人负责。

(3)工程量清单是工程量清单计价的基础,应作为编制招标控制价、投标报价、计算工程量、支付工程款、调整合同价款、办理竣工结算以及工程索赔等的依据之一。

二、建筑工程工程量清单编制依据

(1)"13计价规范"和《房屋建筑与装饰工程工程量计算规范》(GB 50854—2013)。
(2)国家或省级、行业建设主管部门颁发的计价定额和办法。
(3)建设工程设计文件及相关资料。

(4)与建设工程有关的标准、规范、技术资料。
(5)拟定的招标文件。
(6)施工现场情况、地勘水文资料、工程特点及常规施工方案。
(7)其他相关资料。

三、工程量清单编制原则

工程量清单的编制必须遵循"四个统一、三个自主、两个分离"的原则。

1. 四个统一

工程量清单编制必须满足项目编码统一、项目名称统一、计量单位统一、工程量计算规则统一。

项目编码是"清单计价规范"和相关专业工程国家计量规范规定的内容之一,编制工程量清单时必须严格按照规范执行;项目名称基本上按照形成工程实体命名,工程量清单项目特征是按不同的工程部位、施工工艺或材料品种、规格等分别列项,必须对项目进行的描述,是各项清单计算的依据,描述得详细、准确与否是直接影响项目价格的一个主要因素;计量单位是按照能够准确地反映该项目工程内容的原则确定的;工程量数量的计算是按照相关专业工程量计算规范中工程量计算规则计算的,比以往采用预算定额增加了多项组合步骤,所以在计算前一定要注意计算规则的变化,还要注意新组合后项目名称的计量单位。

2. 三个自主

三个"自主"是指投标人在投标报价时自主确定工、料、机消耗量,自主确定工料机单价,自主确定措施项目费及其他项目的内容和费率。

3. 两个分离

两个"分离"即量与价分离、清单工程量与计价工程量分离。

量与价分离是从定额计价方式的角度来表达的。定额计价的方式采用定额基价计算分部分项工程费,工料机消耗量是固定的,量价没有分离,而工程量清单计价由于自主确定工料机消耗量、自主确定工料机单价,量与价是分离的。

清单工程量与定额计价工程量分离是从工程量清单报价方式来描述的。清单工程量是根据"清单计价规范"和相关专业工程国家计量规范编制的,定额计价工程量是根据所选定的消耗量定额计算的,一项清单工程量可能要对应几项消耗量定额,两者的计算规则也不一定相同。因此,一项清单量可能要对应几项定额计价工程量,其清单工程量与定额计价工程量要分离。

四、工程量清单编制内容

(一)分部分项工程项目清单

1. 项目编码

分部分项工程项目清单项目编码应根据相关国家工程量计算规范项目编码栏内规定的9位数字另加3位顺序码共12位阿拉伯数字填写。各位数字的含义为:一、二位为专业工程代码,房屋建筑与装饰工程为01,仿古建筑为02,通用安装工程为03,市政工程为04,园林绿化工程为05,矿山工程为06,构筑物工程为07,城市轨道交通工程为08,爆破工程为09;三、四位为专业工程附录分类顺序码;五、六位为分部工程顺序码;七、八、九位为分项工程项目名称顺序码;十至十二位为清单项目名称顺序码,由清单编制人结合实际情况编制。

编制工程量清单时应注意对项目编码的设置不得有重码,特别是当同一标段(或合同段)的一份工程量清单中含有多个单项或单位工程且工程量清单是以单项或单位工程为编制对象时,应注意项目编码中的十至十二位的设置不得重码。例如一个标段(或合同段)的工程量清单中含有三个单项或单位工程,每一单项或单位工程中都有项目特征相同的现浇混凝土矩形梁,在工程量清单中又需反映三个不同单项或单位工程的现浇混凝土矩形梁工程量时,此时工程量清单应以单项或单位工程为编制对象,第一个单项或单位工程的现浇混凝土矩形梁的项目编码为010503002001,第二个单项或单位工程的现浇混凝土矩形梁的项目编码为010503002002,第三个单项或单位工程的现浇混凝土矩形梁的项目编码为010503002003,并分别列出各单项或单位工程现浇混凝土矩形梁的工程量。

2. 项目名称

项目名称应按相关工程国家工程量计算规范的规定,根据拟建工程实际填写。在实际填写过程中,"项目名称"有两种填写方法:一是完全保持相关工程国家工程量计算规范的项目名称不变;二是根据工程实际在工程量计算规范项目名称下另行确定详细名称,就是根据拟建工程施工图纸,要做到"因图制宜"。这样,就会使工程量清单项目名称具体化、细化,更能反映出影响工程造价的主要因素。

随着科学技术的发展,新材料、新技术、新施工工艺不断地涌现和应用,凡工程量计算规范附录中的缺项,在编制清单时,编制人应做补充并报省级或行业工程造价管理机构备案,省级或行业工程造价管理机构应汇总报住房和城乡建设部标准定额研究所。补充项目的编码由专业工程代码与B和三位阿拉伯数字组成,并应从×B001起按顺序编制,如01B001、02B001、03B001等,同一招标工程的项目不得重码。

补充的工程量清单需附有补充项目的名称、项目特征、计量单位、工程量计算规则、工作内容。不能计量的措施项目,需附有补充项目的名称、工作内容及包含范围。

3. 计量单位

计量单位应按《房屋建筑与装饰工程工程量计算规范》(GB 50854—2013)规定的计量单位填写。有些项目工程量计算规范中有两个或两个以上计量单位,应根据拟建工程项目的实际,选择最适宜表现该项目特征并方便计量的单位。如泥浆护壁成孔灌注桩项目,工程量计算规范以"m^3""m""根"三个计量单位表示,此时就应根据工程项目的特点,选择其中一个即可。

4. 工程量计算规则

工程量计算规则是指建筑安装工程各个分部分项工程实物数量计算过程中应遵守的方法和原则,例如清单项目的平整场地工程量,按设计图示尺寸以建筑物首层建筑面积计算。这些规定在实际工作中都是必须遵守的原则。清单项目计价的房屋建筑与装饰工程分部分项工程量计算规则,均应按《房屋建筑与装饰工程工程量计算规范》(GB 50854—2013)中的规定执行。

5. 工程量清单编制

工程量清单编制,就是将已经计算完毕并经校审和汇总好的分部分项工程量填写到清单计价规范中规定的"分部分项工程量清单"标准表格中的全过程。

(二)措施项目清单

措施项目清单是指为完成工程项目施工,发生于该工程施工准备和施工过程中的技术、生活、安全、环境保护等方面的项目。相关专业工程国家计量规范中有关措施项目的规定和具体条文比较少,投标人可根据施工组织设计中采取的措施增加项目。

措施项目清单的设置,首先要参考拟建工程的施工组织设计,以确定安全文明施工、材料的二次搬运等项目;其次参阅施工技术方案,以确定夜间施工增加费、大型机械进出场及安拆费、脚手架工程费等项目。参阅相关专业工程施工规范及工程质量验收规范,可以确定施工技术方案没有表达的,但是为了实现施工规范及工程验收规范要求而必须发生的技术措施。

(1)措施项目清单应根据拟建工程的实际情况列项。

(2)措施项目中可以计算工程量的项目清单宜采用分部分项工程量清单的方式编制,列出项目编码、项目名称、项目特征、计量单位和工程量计算规则;不能计算工程量的项目清单,以"项"为计量单位。

(3)相关专业工程国家计量规范将实体性项目划分为分部分项工程量清单,非实体性项目划分为措施项目。非实体性项目,一般来说,其费用的发生和金额的大小与使用时间、施工方法或者两个以上工序相关,与实际完成的实体工程量的多少关系不大,典型的是大中型施工机械、文明施工和安全防护、临时设施等。但有的非实体性项目,则是可以计算工程量的项目,典型的建筑工程是混凝土浇筑的模板工程,用分部分项工程量清单的方式采用综合单价,更有利于措施费的确定和调整,更有利于合同管理。

(三)其他项目清单

其他项目清单是指分部分项工程量清单、措施项目清单所包含的内容以外,因招标人的特殊要求而发生的与拟建工程有关的其他费用项目和相应数量的清单。工程建设标准的高低、工程的复杂程度、工程的工期长短、工程的组成内容、发包人对工程管理要求等都直接影响其他项目清单的具体内容。其他项目清单包括暂列金额、暂估价(包括材料暂估单价、工程设备暂估单价、专业工程暂估价)、计日工,总承包服务费。

1. 暂列金额

暂列金额是招标人在工程量清单中暂定并包括在合同价款中的一笔款项。清单计价规范中明确规定暂列金额用于施工合同签订时尚未确定或者不可预见的所需材料、设备、服务的采购,施工中可能发生的工程变更、合同约定调整因素出现时的工程价款调整以及发生的索赔、现场签证确认等的费用。

不管采用何种合同形式,工程造价理想的标准是一份合同的价格就是其最终的竣工结算价格,或者至少两者应尽可能接近。我国规定对政府投资工程实行概算管理,经项目审批部门批复的设计概算是工程投资控制的刚性指标,即使商业性开发项目也有成本的预先控制问题,否则,无法相对准确预测投资的收益和科学合理地进行投资控制。但工程建设自身的特性决定了工程的设计需要根据工程进展不断地进行优化和调整,业主需求可能会随工程建设进展出现变化,工程建设过程还会存在一些不能预见、不能确定的因素。消化这些因素必然会影响合同价格的调整,暂列金额正是为这类不可避免的价格调整而设立,以便达到合理确定和有效控制工程造价的目标。

另外,暂列金额列入合同价格不等于就属于承包人所有,即使是总价包干合同,也不等于列入合同价格的所有金额就属于承包人,是否属于承包人应得金额取决于具体的合同约定,只有按照合同约定程序实际发生后,才能成为承包人的应得金额,纳入合同结算价款中。扣除实际发生金额后的暂列金额余额仍属于发包人所有。设立暂列金额并不能保证合同结算价格就不会再出现超过合同价格的情况,是否超出合同价格完全取决于工程量清单编制人暂列金额预测的准确性,以及工程建设过程是否出现了其他事先未预测到的事件。

2. 暂估价

暂估价是指招标阶段直至签订合同协议时,招标人在招标文件中提供的用于支付必然发生但暂时不能确定价格的材料以及专业工程的金额。暂估价包括材料暂估单价、工程设备暂估单价和专业工程暂估价。暂估价类似于 FIDIC 合同条款中的 Prime Cost Items,在招标阶段预见肯定要发生,只是因为标准不明确或者需要由专业承包人完成,暂时无法确定价格。暂估价数量和拟用项目应当结合工程量清单中的"暂估价表"予以补充说明。

为方便合同管理,需要纳入分部分项工程项目清单综合单价中的暂估价应只是材料费、工程设备费,以方便投标人组价。

专业工程的暂估价一般是综合暂估价,应当包括除规费和税金以外的管理费、利润等取费。总承包招标时,专业工程设计深度往往是不够的,一般需要交由专业设计人设计,国际上,出于提高可建造性考虑,一般由专业承包人负责设计,以发挥其专业技能和专业施工经验的优势。这类专业工程交由专业分包人完成是国际工程的良好实践,目前在我国工程建设领域也已经比较普遍。公开透明地合理确定这类暂估价的实际开支金额的最佳途径,就是通过施工总承包人与工程建设项目招标人共同组织的招标。

3. 计日工

计日工是为解决现场发生的零星工作的计价而设立的,其为额外工作和变更的计价提供了一个方便快捷的途径。计日工适用的所谓零星工作一般是指合同约定之外的或者因变更而产生的、工程量清单中没有相应项目的额外工作,尤其是时间不允许事先商定价格的额外工作。计日工以完成零星工作所消耗的人工工时、材料数量、机械台班进行计量,并按照计日工表中填报的适用项目的单价进行计价支付。

国际上常见的标准合同条款中,大多数都设立了计日工(Daywork)计价机制。但在我国以往的工程量清单计价实践中,由于计日工项目的单价水平一般高于工程量清单项目的单价水平,因而经常被忽略。从理论上说,由于计日工往往是用于一些突发性的额外工作,缺少计划性,承包人在调动施工生产资源方面难免不影响已经计划好的工作,生产资源的使用效率也有一定的降低,客观上造成超出常规的额外投入。另外,其他项目清单中计日工往往是一个暂定的数量,其无法纳入有效的竞争。所以合理的计日工单价水平一定是要高于工程量清单的价格水平的。为获得合理的计日工单价,发包人在其他项目清单中对计日工一定要给出暂定数量,并需要根据经验尽可能估算一个较接近实际的数量。

4. 总承包服务费

总承包服务费是为了解决招标人在法律、法规允许的条件下进行专业工程发包,以及自行供应材料、设备,并需要总承包人对发包的专业工程提供协调和配合服务,对供应的材料、设备提供收、发和保管服务以及进行施工现场管理时发生,并向总承包人支付的费用。招标人应预计该项费用并按投标人的投标报价向投标人支付该项费用。

为保证工程施工建设的顺利实施,投标人在编制招标工程量清单时应对施工过程中可能出现的各种不确定因素对工程造价的影响进行估算,列出一笔暂列金额。暂列金额可根据工程的复杂程度、设计深度、工程环境条件(包括地质、水文、气候条件等)进行估算,一般可按分部分项工程费的 10%~15% 作为参考。

暂估价中的材料、工程设备暂估单价应根据工程造价信息或参照市场价格估算,列出明细表;专业工程暂估价应分不同专业,按有关计价规定估算,列出明细表。

计日工应列出项目名称、计量单位和暂估数量。

总承包服务费应列出服务项目及其内容等。

出现未列的项目,应根据工程实际情况补充。如办理竣工结算时就需将索赔及现场鉴证列入其他项目中。

(四)规费项目清单

规费是根据省级政府或省级有关权力部门规定必须缴纳的,应计入建筑安装工程造价的费用。根据住房和城乡建设部、财政部《关于印发〈建筑安装工程费用项目组成〉的通知》(建标〔2013〕44号)的规定,规费主要包括社会保险费、住房公积金、工程排污费,其中社会保险费包括养老保险费、医疗保险费、失业保险费、工伤保险费和生育保险费;税金主要包括营业税、城市维护建设税、教育费附加和地方教育附加。规费作为政府和有关权力部门规定必须缴纳的费用,政府和有关权力部门可根据形势发展的需要,对规费项目进行调整,因此,清单编制人对《建筑安装工程费用项目组成》中未包括的规费项目,在编制规费项目清单时应根据省级政府或省级有关权力部门的规定列项。

规费项目清单应按照下列内容列项:

(1)社会保险费:包括养老保险费、失业保险费、医疗保险费、工伤保险费、生育保险费。

(2)住房公积金。

(3)工程排污费。

相比"08计价规范","13计价规范"对规费项目清单进行了以下调整:

(1)根据《中华人民共和国社会保险法》的规定,将"08计价规范"使用的"社会保障费"更名为"社会保险费",将"工伤保险费、生育保险费"列入社会保险费。

(2)十一届全国人大常委会第20次会议将《中华人民共和国建筑法》第四十八条由"建筑施工企业必须为从事危险作业的职工办理意外伤害保险,支付保险费"修改为"建筑施工企业应当依法为职工参加工伤保险缴纳工伤保险费。鼓励企业为从事危险作业的职工办理意外伤害保险,支付保险费"。由于建筑法将意外伤害保险由强制改为鼓励,因此,"13计价规范"中"规费项目"增加了工伤保险费,删除了意外伤害保险,将其列入企业管理费中。

(3)根据财政部、国家发展改革委《关于公布取消和停止征收100项行政事业性收费项目的通知》(财综〔2008〕78号)的规定,工程定额测定费从2009年1月1日起取消,停止征收。因此,"13计价规范"中"规费项目"取消了工程定额测定费。

(五)税金

根据住房和城乡建设部、财政部《关于印发〈建筑安装工程费用项目组成〉的通知》(建标〔2013〕44号)的规定,目前我国税法规定应计入建筑安装工程造价的税种包括营业税、城市建设维护税、教育费附加和地方教育附加。如国家税法发生变化,税务部门依据职权增加了税种,应对税金项目清单进行补充。

税金项目清单应按下列内容列项:

(1)营业税。

(2)城市维护建设税。

(3)教育费附加。

(4)地方教育附加。

根据《财政部关于统一地方教育政策有关内容的通知》(财综〔2010〕98号)的有关规定,"13计价规范"相对于"08计价规范",在"税金项目"中增列了地方教育附加项目。

五、工程量清单编制标准格式

工程量清单编制使用的表格包括：招标工程量清单封面(封-1)，招标工程量清单扉页(扉-1)，工程计价总说明表(表-01)，分部分项工程和单价措施项目清单与计价表(表-08)，总价措施项目清单与计价表(表-11)，其他项目清单与计价汇总表(表-12)[暂列金额明细表(表-12-1)，材料(工程设备)暂估单价及调整表(表-12-2)，专业工程暂估价及结算价表(表-12-3)，计日工表(表-12-4)，总承包服务费计价表(表-12-5)]，规费、税金项目计价表(表-13)，发包人提供主要材料和工程设备一览表(表-20)，承包人提供主要材料和工程设备一览表(适用于造价信息差额调整法)(表-21)，承包人提供主要材料和工程设备一览表(适用于价格指数差额调整法)(表-22)。

1. 招标工程量清单封面

招标工程量清单封面(封-1)上应填写招标工程项目的具体名称，招标人应盖单位公章，如委托工程造价咨询人编制，还应加盖工程造价咨询人所在单位公章。

招标工程量清单封面的样式见表 1-1。

表 1-1　　　　　　　招标工程量清单封面

```
_____工程


            招标工程量清单


      招 标 人：_____
                  （单位盖章）



      造价咨询人：_____
                  （单位盖章）



              年    月    日
```

封-1

2. 招标工程量清单扉页

招标工程量清单扉页(扉-1)由招标人或招标人委托的工程造价咨询人编制招标工程量清单时填写。

招标人自行编制工程量清单的,编制人必须是在招标人单位注册的造价人员,由招标人盖单位公章,法定代表人或其授权人签字或盖章;当编制人是注册造价工程师时,由其签字盖执业专用章;当编制人是造价员时,由其在编制人栏签字盖专用章,并应由注册造价工程师复核,在复核人栏签字盖执业专用章。

招标人委托工程造价咨询人编制工程量清单的,编制人必须是在工程造价咨询人单位注册的造价人员,由工程造价咨询人盖单位资质专用章,法定代表人或其授权人签字或盖章;当编制人是注册造价工程师时,由其签字盖执业专用章;当编制人是造价员时,由其在编制人栏签字盖专用章,并应由注册造价师复核,在复核人栏签字盖执业专用章。

招标工程量清单扉页的样式见表 1-2。

表 1-2　　　　　　　　　招标工程量清单扉页

```
_____工程

             招标工程量清单

  招 标 人：_____       造价咨询人：_____
            （单位盖章）                （单位资质专用章）


  法定代表人                    法定代表人
  或其授权人：_____       或其授权人：_____
            （签字或盖章）                （签字或盖章）


  编 制 人：_____         复 核 人：_____
        （造价人员签字盖专用章）       （造价工程师签字盖专用章）


  编制时间：   年   月   日      复核时间：   年   月   日
```

扉-1

3. 总说明

工程计价总说明表(表-01)适用于工程计价的各个阶段。对工程计价的不同阶段,总说明表中说明的内容是有差别的,要求也有所不同。

(1)工程量清单编制阶段。工程量清单中总说明应包括的内容有:①工程概况:如建设地址、建设规模、工程特征、交通状况、环保要求等;②工程招标和专业工程发包范围;③工程量清单编制依据;④工程质量、材料、施工等的特殊要求;⑤其他需要说明的问题。

(2)招标控制价编制阶段。招标控制价中总说明应包括的内容有:①采用的计价依据;②采用的施工组织设计;③采用的材料价格来源;④综合单价中风险因素、风险范围(幅度);⑤其他等。

(3)投标报价编制阶段。投标报价总说明应包括的内容有:①采用的计价依据;②采用的施工组织设计;③综合单价中包含的风险因素,风险范围(幅度);④措施项目的依据;⑤其他有关内容的说明等。

(4)竣工结算编制阶段。竣工结算中总说明应包括的内容有:①工程概况;②编制依据;③工程变更;④工程价款调整;⑤索赔;⑥其他等。

(5)工程造价鉴定阶段。工程造价鉴定书中总说明应包括的内容有:①鉴定项目委托人名称、委托鉴定的内容;②委托鉴定的证据材料;③鉴定的依据及使用的专业技术手段;④对鉴定过程的说明;⑤明确的鉴定结论;⑥其他需说明的事宜等。

工程计价总说明的样式见表1-3。

表1-3   **总说明**

工程名称: 第 页共 页

表-01

4. 分部分项工程和单价措施项目清单与计价表

分部分项工程和单价措施项目清单与计价表(表-08)是依据"08 计价规范"中《分部分项工程量清单与计价表》和《措施项目清单与计价表(二)》合并而来。单价措施项目和分部分项工程项目清单编制与计价均使用本表。

分部分项工程和单价措施项目清单与计价表不只是编制招标工程量清单的表式,也是编制招标控制价、投标报价和竣工结算的最基本用表。编制工程量清单时,在"工程名称"栏应填写详细具体的工程称谓,对于房屋建筑而言,习惯上并无标段划分,可不填写"标段"栏,但相对于管道敷设、道路施工,则往往以标段划分,此时,应填写"标段"栏,其他各表涉及此类设置,道理相同。

由于各省、自治区、直辖市以及行业建设主管部门对规费计取基础的不同设置,为了计取规费等的使用,使用分部分项工程和单价措施项目清单与计价表可在表中增设其中:"定额人工费"。编制招标控制价时,使用"综合单价"、"合计"以及"其中:暂估价"按"13计价规范"的规定填写。编写投标报价时,投标人对表中的"项目编码"、"项目名称"、"项目特征"、"计量单位"、"工程量"均不应进行改动。"综合单价"、"合价"自主决定填写,对其中的"暂估价"栏,投标人应将招标文件中提供了暂估材料单价的暂估价计入综合单价,并应计算出暂估单价的材料在"综合单价"及其"合价"中的具体数额,因此,为更详细反映暂估价情况,也可在表中增设一栏"综合单价"其中的"暂估价"。

编制竣工结算时,使用分部分项工程和单价措施项目清单与计价表可取消"暂估价"。

分部分项工程和单价措施项目清单与计价表见表1-4。

表 1-4 分部分项工程和单价措施项目清单与计价表

工程名称:　　　　　　　　　　标段:　　　　　　　　　　第　页共　页

序号	项目编码	项目名称	项目特征描述	计量单位	工程量	金额/元		
						综合单价	合价	其中 暂估价
		本页小计						
		合　计						

注:为计取规费等的使用,可在表中增设"其中:定额人工费"。

表-08

5. 总价措施项目清单与计价表

在编制招标工程量清单时,总价措施项目清单与计价表(表-11)中的项目可根据工程实际情况进行增减。在编制招标控制价时,计费基础、费率应按省级或行业建设主管部门的规定计取。编制投标报价时,除"安全文明施工费"必须按"13计价规范"的强制性规定,按省级、行业建设主管部门的规定计取外,其他措施项目均可根据投标施工组织设计自主报价。

总价措施项目清单与计价表见表1-5。

表 1-5　　　　　　　　　　　总价措施项目清单与计价表

工程名称：　　　　　　　　　　　　标段：　　　　　　　　　　　　　　第　页共　页

序号	项目编码	项目名称	计算基础	费率(%)	金额/元	调整费率(%)	调整后金额/元	备注
		安全文明施工费						
		夜间施工增加费						
		二次搬运费						
		冬雨期施工增加费						
		已完工程及设备保护费						
		合　　计						

编制人(造价人员)：　　　　　　　　　复核人(造价工程师)：

注：1. "计算基础"中安全文明施工费可为"定额基价""定额人工费"或"定额人工费＋定额机械费"，其他项目可为"定额人工费"或"定额人工费＋定额机械费"。
　　2. 按施工方案计算的措施费，若无"计算基础"和"费率"的数值，也可只填"金额"数值，但应在备注栏说明施工方案出处或计算方法。

表-11

6. 其他项目清单与计价汇总表

编制招标工程量清单时，应汇总"暂列金额"和"专业工程暂估价"，以提供给投标人报价。

编制招标控制价时，应按有关计价规定估算"计日工"和"总承包服务费"。如招标工程量清单中未列"暂列金额"，应按有关规定编列。编制投标报价时，应按招标文件工程量提供的"暂列金额"和"专业工程暂估价"填写金额，不得变动。"计日工"、"总承包服务费"自主确定报价。编制或核对竣工结算时，"专业工程暂估价"按实际分包结算价填写，"计日工"、"总承包服务费"按双方认可的费用填写，如发生"索赔"或"现场签证"费用，按双方认可的金额计入其他项目清单与计价汇总表(表-12)。

其他项目清单与计价汇总表见表 1-6。

表 1-6　　　　　　　　　　　其他项目清单与计价汇总表

工程名称：　　　　　　　　　　　　标段：　　　　　　　　　　　　　　第　页共　页

序号	项目名称	金额/元	结算金额/元	备注
1	暂列金额			明细详见表-12-1
2	暂估价			
2.1	材料(工程设备)暂估价/结算价	—		明细详见表-12-2
2.2	专业工程暂估价/结算价			明细详见表-12-3
3	计日工			明细详见表-12-4
4	总承包服务费			明细详见表-12-5
5	索赔与现场签证	—		明细详见表-12-6
	合　　计		—	

注：材料(工程设备)暂估单价计入清单项目综合单价，此处不汇总。

表-12

7. 暂列金额明细表

暂列金额在实际履约过程中可能发生,也可能不发生。暂列金额明细表(表-12-1)要求招标人能将暂列金额与拟用项目列出明细,但如确实不能详列也可只列暂定金额总额,投标人应将上述暂列金额计入投标总价中。

暂列金额明细表见表1-7。

表 1-7　　　　　　　　　　暂列金额明细表

工程名称：　　　　　　　　　　标段：　　　　　　　　　　第　页共　页

序号	项 目 名 称	计量单位	暂定金额/元	备 注
1				
2				
3				
4				
5				
6				
7				
8				
9				
10				
11				
	合　计			—

注：此表由招标人填写,如不能详列,也可只列暂定金额总额,投标人应将上述暂列金额计入投标总价中。

表-12-1

8. 材料(工程设备)暂估单价及调整表

暂估价是在招标阶段预见肯定要发生,只是因为标准不明确或者需要由专业承包人完成,暂时无法确定材料、工程设备的具体价格而采用的一种临时性计价方式。暂估价的材料、工程设备数量应在材料(工程设备)暂估单价及调整表(表-12-2)内填写,拟用项目应在备注栏给予补充说明。

"13计价规范"要求招标人针对每一类暂估价给出相应的拟用项目,即按照材料、工程设备的名称分别给出,这样的材料、工程设备暂估价能够纳入到清单项目的综合单价中。

材料(工程设备)暂估单价及调整表见表1-8。

表 1-8　　　　　　　材料(工程设备)暂估单价及调整表

工程名称：　　　　　　　　　　标段：　　　　　　　　　　第　页共　页

序号	材料(工程设备)名称、规格、型号	计量单位	数量		暂估/元		确认/元		差额±/元		备注
			暂估	确认	单价	合价	单价	合价	单价	合价	
	合 计										

注：此表由招标人填写"暂估单价",并在备注栏说明暂估价的材料、工程设备拟用在哪些清单项目上,投标人应将上述材料、工程设备暂估单价计入工程量清单综合单价报价中。

表-12-2

9. 专业工程暂估价及结算价表

专业工程暂估价及结算价表(表-12-3)内应填写工程名称、工程内容、暂估金额,投标人应将上述金额计入投标总价中。专业工程暂估价项目及其表中列明的专业工程暂估价,是指分包人实施专业工程的含税金后的完整价,除了合同约定的发包人应承担的总包管理、协调、配合和服务责任所对应的总承包服务费以外,承包人为履行其总包管理、配合、协调和服务所需产生的费用应包括在投标报价中。

专业工程暂估价及结算价表见表 1-9。

表 1-9　　　　　　　　　　专业工程暂估价及结算价表

工程名称:　　　　　　　　　标段:　　　　　　　　　第　页共　页

序号	工程名称	工程内容	暂估金额/元	结算金额/元	差额±/元	备注
		合　计				

注:此表"暂估金额"由招标人填写,投标人应将"暂估金额"计入投标总价中。结算时按合同约定结算金额填写。

表-12-3

10. 计日工表

编制工程量清单时,计日工表(表-12-4)中的项目名称、单位、暂定数量由招标人填写。编制招标控制价时,人工、材料、机械台班单价由招标人按有关计价规定填写并计算合价。编制投标报价时,人工、材料、机械台班单价由投标人自主确定,按已给暂定数量计算合计计入投标总价中。

计日工表见表 1-10。

表 1-10　　　　　　　　　　计日工表

工程名称:　　　　　　　　　标段:　　　　　　　　　第　页共　页

编号	项目名称	单位	暂定数量	实际数量	综合单价/元	合价/元	
						暂定	实际
一	人工						
1							
2							
3							
4							
	人工小计						

续表

编号	项目名称	单位	暂定数量	实际数量	综合单价/元	合价/元 暂定	合价/元 实际
二	材料						
1							
2							
3							
4							
5							
	材料小计						
三	施工机械						
1							
2							
3							
4							
	施工机械小计						
四、企业管理费和利润							
	总计						

注：此表"项目名称"、"暂定数量"由招标人填写，编制招标控制价时，单价由招标人按有关计价规定确定；投标时，单价由投标人自主报价，按暂定数量计算合价计入投标总价中；结算时，按发承包双方确定的实际数量计算合价。

表-12-4

11. 总承包服务费计价表

编制招标工程量清单时，招标人应将拟定进行专业分包的专业工程、自行采购的材料设备等决定清楚，填写项目名称、服务内容，以便投标人决定报价。编制招标控制价时，招标人按有关计价规定计价。编制投标报价时，由投标人根据工程量清单中的总承包服务内容，自主决定报价。办理竣工结算时，发承包双方应按承包人已标价工程量清单中的报价计算，如发承包双方确定调整的，按调整后的金额计算。

总承包服务费计价表见表1-11。

表 1-11　　　　　　　　　总承包服务费计价表

工程名称：　　　　　　　　　标段：　　　　　　　　　第　页共　页

序号	项目名称	项目价值/元	服务内容	计算基础	费率(%)	金额/元
1	发包人发包专业工程					
2	发包人提供材料					
	合计		—		—	

注：此表"项目名称"、"服务内容"由招标人填写，编制招标控制价时，费率及金额由招标人按有关计价规定确定；投标时，费率及金额由投标人自主报价，计入投标总价中。

表-12-5

12. 规费、税金项目计价表

规费、税金项目计价表(表-13)应按住房和城乡建设部、财政部印发的《建筑安装工程费用项目组成》(建标〔2013〕44号)列举的规费项目列项,在施工实践中,有的规费项目,如工程排污费,并非每个工程所在地都要征收,实践中可作为按实计算的费用处理。

规费、税金项目计价表见表 1-12。

表 1-12 规费、税金项目计价表

工程名称: 　　　　　　　　　　标段: 　　　　　　　　　　第 页 共 页

序号	项目名称	计算基础	计算基数	计算费率(%)	金额/元
1	规费	定额人工费			
1.1	社会保险费	定额人工费			
(1)	养老保险费	定额人工费			
(2)	失业保险费	定额人工费			
(3)	医疗保险费	定额人工费			
(4)	工伤保险费	定额人工费			
(5)	生育保险费	定额人工费			
1.2	住房公积金	定额人工费			
1.3	工程排污费	按工程所在地环境保护部门收取标准,按实计入			
2	税金	分部分项工程费+措施项目费+其他项目费+规费-按规定不计税的工程设备金额			
	合 计				

编制人(造价人员):　　　　　　　　　　　　复核人(造价工程师):

表-13

13. 发包人提供主要材料和工程设备一览表

发包人提供主要材料和工程设备一览表见表 1-13。

表 1-13 发包人提供主要材料和工程设备一览表

工程名称: 　　　　　　　　　　标段: 　　　　　　　　　　第 页 共 页

序号	材料(工程设备)名称、规格、型号	单位	数量	单价/元	交货方式	送达地点	备注

注:此表由招标人填写,供投标人在投标报价、确定总承包服务费时参考。

表-20

14. 承包人提供主要材料和工程设备一览表(适用于造价信息差额调整法)

承包人提供主要材料和工程设备一览表(适用于造价信息差额调整法)见表 1-14。

表 1-14　　　　　　　承包人提供主要材料和工程设备一览表
（适用于造价信息差额调整法）

工程名称：　　　　　　　　　　　标段：　　　　　　　　　　第　页共　页

序号	名称、规格、型号	单位	数量	风险系数(%)	基准单价/元	投标单价/元	发承包人确认单价/元	备注

注：1. 此表由招标人填写除"投标单价"栏的内容，投标人在投标时自主确定投标单价。
　　2. 招标人应优先采用工程造价管理机构发布的单价作为基准单价，未发布的，通过市场调查确定其基准单价。

表-21

15. 承包人提供主要材料和工程设备一览表(适用于价格指数差额调整法)

承包人提供主要材料和工程设备一览表(适用于价格指数差额调整法)见表 1-15。

表 1-15　　　　　　　　承包人提供主要材料和工程设备一览表
（适用于价格指数差额调整法）

工程名称：　　　　　　　　　　　标段：　　　　　　　　　　　　第　页共　页

序号	名称、规格、型号	变值权重 B	基本价格指数 F_0	现行价格指数 F_t	备注
	定值权重 A		—	—	
	合　　计	1	—	—	

注：1. "名称、规格、型号"、"基本价格指数"栏由招标人填写，基本价格指数应首先采用工程造价管理机构发布的价格指数，没有时，可采用发布的价格代替。如人工、机械费也采用本法调整，由招标人在"名称"栏填写。
　　2. "变值权重"栏由投标人根据该项人工、机械费和材料、工程设备价值在投标总报价中所占比例填写，1 减去其比例为定值权重。
　　3. "现行价格指数"按约定的付款证书相关周期最后一天的前 42 天的各项价格指数填写，该指数应首先采用工程造价管理机构发布的价格指数，没有时，可采用发布的价格代替。

表-22

第四节　工程量清单计价编制

一、工程量清单计价的概念及特点

1. 工程量清单计价的概念

工程量清单计价是指在拟建工程招投标活动中，按照国家有关法律、法规、文件及标准规范的规定要求，由发包人提供工程量清单，承包人自主报价，市场竞争形成工程造价的计价方式。它是一种国际上通行的工程造价计价方式。

工程量清单计价应包括按招标文件规定，完成工程量清单所列项目的全部费用，包括分部分项工程费、措施项目费、其他项目费和规费、税金。工程量清单应采用综合单价计价，它包括完成工程量清单中一个规定计量单位项目所需的人工费、材料费、机械使用费、管理费和利润，并考虑风险因素。综合单价不仅适用于分部分项工程量清单，也适用于措施项目清单和其他项目清单。

2. 工程量清单计价的特点

（1）工程量清单计价反映"量价分离"。工程量清单计价本质上是单价合同的计价模式，它反映"量价分离"的特点,在工程量没有很大变化的情况下,单位工程量的单价一般不发生变化。

(2)工程量清单计价采用统一计价规则。工程量清单计价通过制定统一的建设工程工程量清单计价方法、统一的工程量计量规则、统一的工程量清单项目设置规则,达到规范计价行为的目的。这些规则和办法是强制性的,建设各方面都应该遵守,这是工程造价管理部门首次在文件中明确政府的职责。

(3)工程量清单计价是一种公开、公平竞争的计价方法。工程量清单计价符合市场经济运行的规律和市场竞争的规则,有利于招标控制价的管理与控制,采用工程量清单招标,工程量、招标控制价是公开的,是招标文件的一部分。这种计价方式将工程消耗量定额中的人工、材料、机械价格和利润、管理费全面放开,由市场的供求关系自行确定价格。投标企业根据自身的技术专长、材料采购渠道和管理水平等,制定企业自己的报价定额,自主报价。企业尚无报价定额的,可参考使用造价管理部门颁布的《建设工程消耗量定额》。招标控制价只起到控制中标价不能突破招标控制价,而在评标过程中并不像定额计价招投标的标底那样重要,这样从根本上消除了标底泄露所带来的负面影响。因工程量清单招标方式通常采用合理低价中标,这就可以显著提高发包人的资金使用效益,促进承包人加快技术进步及革新,改善经营管理,提高劳动生产率和确定合理施工方案,在合理低价中获取合理的或最佳的利润。

(4)推行工程量清单计价能使市场有序竞争形成价格,通过建立与国际惯例接轨的工程量清单计价模式,引入充分竞争形成价格的机制,制定衡量投标报价合理性的基础标准,在投标过程中,有效引入竞争机制,淡化标底的作用,在保证质量、工期的前提下,按国家《中华人民共和国招标投标法》及有关条款规定,最终以"不低于成本"的合理低价者中标。

二、工程量清单计价基本原理及规定

1. 工程量清单计价基本原理

工程量清单计价的基本原理就是以招标人提供的工程量清单为平台,投标人根据自身的技术、财务、管理能力进行投标报价,招标人根据具体的评标细则进行优选,这种计价方式是市场定价体系的具体表现形式。

工程量清单计价的基本过程可以描述为:在统一工程量计算规则的基础上,制定工程量清单项目设置规则,根据具体工程的施工图纸计算出各个清单项目的工程量,再根据各种渠道所获得的工程造价信息和经验数据计算得到工程造价。其基本过程如图1-1所示。

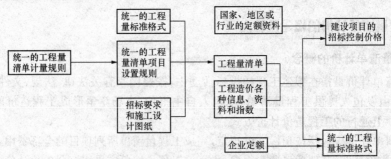

图1-1　工程量清单计价的基本过程示意图

从图1-1中可以看出,工程量清单编制过程可以分为两个阶段:工程量清单格式的编制和利用工程量清单来编制投标报价。投标报价是在业主提供的工程量计算结果的基础上,根据企业自身所掌握的各种信息、资料,结合企业定额编制的。

2. 工程量清单计价相关规定

(1) 使用国有资金投资的建设工程发承包,必须采用工程量清单计价。国有投资的资金包括国家融资资金、国有资金为主的投资资金。

1) 国有资金投资的工程建设项目包括:

①使用各级财政预算资金的项目。

②使用纳入财政管理的各种政府性专项建设资金的项目。

③使用国有企事业单位自有资金,并且国有资产投资者实际拥有控制权的项目。

2) 国家融资资金投资的工程建设项目包括:

①使用国家发行债券所筹资金的项目。

②使用国家对外借款或者担保所筹资金的项目。

③使用国家政策性贷款的项目。

④国家授权投资主体融资的项目。

⑤国家特许的融资项目。

3) 国有资金为主的工程建设项目是指国有资金占投资总额50%以上,或虽不足50%但国有投资者实质上拥有控股权的工程建设项目。

(2) 非国有资金投资的建设工程,"13计价规范"鼓励采用工程量清单计价方式,但是否采用,由项目业主自主确定。

(3) 不采用工程量清单计价的建设工程,应执行"13计价规范"中除工程量清单等专门性规定外的其他规定。

(4) 实行工程量清单计价应采用综合单价法,不论是分部分项工程项目、措施项目、其他项目,还是以单价形式或以总价形式表现的项目,其综合单价的组成内容均包括完成该项目所需的、除规费和税金以外的所有费用。

(5) 根据《中华人民共和国安全生产法》《中华人民共和国建筑法》《建设工程安全生产管理条例》《安全生产许可证条例》等法律、法规的规定,建设部办公厅印发了《建筑工程安全防护、文明施工措施费及使用管理规定》(建办〔2005〕89号),将安全文明施工费纳入国家强制性标准管理范围,其费用标准不予竞争,并规定"投标方安全防护、文明施工措施的报价,不得低于依据工程所在地工程造价管理机构测定费率计算所需费用总额的90%"。2012年2月14日,财政部、国家安全生产监督管理总局印发的《企业安全生产费用提取和使用管理办法》(财企〔2012〕16号)规定:"建设工程施工企业提取的安全费用列入工程造价,在竞标时,不得删减,列入标外管理"。

"13计价规范"规定措施项目清单中的安全文明施工费必须按国家或省级、行业建设主管部门规定的费用标准计算,招标人不得要求投标人对该项费用进行优惠,投标人也不得将该项费用参与市场竞争。此处的安全文明施工费包括《建筑安装工程费用项目组成》(建标〔2013〕44号)中措施费的文明施工费、环境保护费、临时设施费、安全施工费。

(6) 根据建设部、财政部印发的《建筑安装工程费用项目组成》(建标〔2013〕44号)的规定,规费是政府和有关权力部门规定必须缴纳的费用。税金是国家按照税法预先规定的标准,强制地、无偿地要求纳税人缴纳的费用。它们都是工程造价的组成部分,但是其费用内容和计取标准都不是发、承包人能自主确定的,更不是由市场竞争决定的。因而"13计价规范"规定:"规费和税金必须按国家或省级、行业建设主管部门的规定计算,不得作为竞争性费用"。

三、工程量清单计价程序

(1) 准备资料,熟悉施工图纸。广泛搜集、准备各种资料,包括施工图纸、设计要求、施工现场实际情况、施工组织设计、施工方案、现行的建筑安装工程预算定额(或企业定额)、取费标准和地区材料预算价格等。其中，关键而重要的一环是熟悉施工图纸，它是了解设计意图和工程全貌，从而准确测定综合单价的基础资料。

（2）测定分部分项工程量清单项目的综合单价，计算分部分项工程费。

（3）计算措施项目费。

（4）计算其他项目费。

（5）计算规费和税金。

（6）填写工程量清单计价格式。工程量清单计价采用统一格式，随招标文件发送至投标人，由投标人填写。

四、工程量清单计价项目构成及其计算

我国现行建筑安装工程费用项目的具体组成主要有五部分：分部分项工程费、措施项目费、其他项目费、规费和税金。其具体构成如图1-2所示。

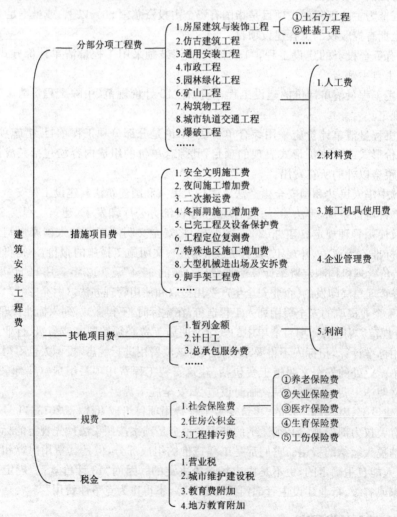

图1-2 工程量清单计价下建筑安装工程费用项目的组成

1. 分部分项工程费

分部分项工程费是指各专业工程的分部分项工程应予列支的各项费用。

(1)专业工程:是指按国家现行计量规范划分的房屋建筑与装饰工程、仿古建筑工程、通用安装工程、市政工程、园林绿化工程、矿山工程、构筑物工程、城市轨道交通工程、爆破工程等各类工程。

(2)分部分项工程:是指按国家现行计量规范对各专业工程划分的项目。如房屋建筑与装饰工程划分的土石方工程、地基处理与桩基工程、砌筑工程、钢筋及钢筋混凝土工程等。各类专业工程的分部分项工程划分见国家现行或行业计量规范。

分部分项工程费计算方法如下:

$$\text{分部分项工程费} = \sum(\text{分部分项工程量} \times \text{综合单价})$$

式中,综合单价包括人工费、材料费、施工机具使用费、企业管理费和利润以及一定范围的风险费用。

2. 措施项目费

措施项目费是指为完成建设工程施工,发生于该工程施工前和施工过程中的技术、生活、安全、环境保护等方面的费用。其内容包括:

(1)安全文明施工费。

1)环境保护费:是指施工现场为达到环保部门要求所需要的各项费用。

2)文明施工费:是指施工现场文明施工所需要的各项费用。

3)安全施工费:是指施工现场安全施工所需要的各项费用。

4)临时设施费:是指施工企业为进行建设工程施工所必须搭设的生活和生产用的临时建筑物、构筑物和其他临时设施费用。包括临时设施的搭设、维修、拆除、清理费或摊销费等。

(2)夜间施工增加费:是指因夜间施工所发生的夜班补助费、夜间施工降效、夜间施工照明设备摊销及照明用电等费用。

(3)二次搬运费:是指因施工场地条件限制而发生的材料、构配件、半成品等一次运输不能到达堆放地点,必须进行二次或多次搬运所发生的费用。

(4)冬雨期施工增加费:是指在冬期或雨期施工需增加的临时设施、防滑、排除雨雪,人工及施工机械效率降低等费用。

(5)已完工程及设备保护费:是指竣工验收前,对已完工程及设备采取的必要保护措施所发生的费用。

(6)工程定位复测费:是指工程施工过程中进行全部施工测量放线和复测工作的费用。

(7)特殊地区施工增加费:是指工程在沙漠或其边缘地区、高海拔、高寒、原始森林等特殊地区施工增加的费用。

(8)大型机械设备进出场及安拆费:是指机械整体或分体自停放场地运至施工现场或由一个施工地点运至另一个施工地点,所发生的机械进出场运输及转移费用以及机械在施工现场进行安装、拆卸所需的人工费、材料费、机械费、试运转费和安装所需的辅助设施的费用。

(9)脚手架工程费:是指施工需要的各种脚手架搭、拆、运输费用以及脚手架购置费的摊销(或租赁)费用。

措施项目及其包含的内容详见各类专业工程的国家现行或行业计量规范。

(10)国家计量规范规定应予计量的措施项目,其计算公式为:

$$\text{措施项目费} = \sum(\text{措施项目工程量} \times \text{综合单价})$$

(2)国家计量规范规定不宜计量的措施项目计算方法如下:
1)安全文明施工费。
$$安全文明施工费=计算基数×安全文明施工费费率(\%)$$
计算基数应为定额基价(定额分部分项工程费+定额中可以计量的措施项目费)、定额人工费或(定额人工费+定额机械费),其费率由工程造价管理机构根据各专业工程的特点综合确定。
2)夜间施工增加费。
$$夜间施工增加费=计算基数×夜间施工增加费费率(\%)$$
3)二次搬运费。
$$二次搬运费=计算基数×二次搬运费费率(\%)$$
4)冬雨期施工增加费。
$$冬雨期施工增加费=计算基数×冬雨期施工增加费费率(\%)$$
5)已完工程及设备保护费。
$$已完工程及设备保护费=计算基数×已完工程及设备保护费费率(\%)$$
上述2)~5)项措施项目的计费基数应为定额人工费或(定额人工费+定额机械费),其费率由工程造价管理机构根据各专业工程特点和调查资料综合分析后确定。

3. 其他项目费

(1)暂列金额:是指建设单位在工程量清单中暂定并包括在工程合同价款中的一笔款项。用于施工合同签订时尚未确定或者不可预见的所需材料、工程设备、服务的采购,施工中可能发生的工程变更、合同约定调整因素出现时的工程价款调整以及发生的索赔、现场签证确认等的费用。

(2)计日工:是指在施工过程中,施工企业完成建设单位提出的施工图纸以外的零星项目或工作所需的费用。

(3)总承包服务费:是指总承包人为配合、协调建设单位进行的专业工程发包,对建设单位自行采购的材料、工程设备等进行保管以及施工现场管理、竣工资料汇总整理等服务所需的费用。

4. 规费

规费是指按国家法律、法规规定,由省级政府和省级有关权力部门规定必须缴纳或计取的费用。内容包括:

(1)社会保险费。
1)养老保险费:是指企业按照规定标准为职工缴纳的基本养老保险费。
2)失业保险费:是指企业按照规定标准为职工缴纳的失业保险费。
3)医疗保险费:是指企业按照规定标准为职工缴纳的基本医疗保险费。
4)生育保险费:是指企业按照规定标准为职工缴纳的生育保险费。
5)工伤保险费:是指企业按照规定标准为职工缴纳的工伤保险费。
(2)住房公积金:是指企业按规定标准为职工缴纳的住房公积金。
(3)工程排污费:是指按规定缴纳的施工现场工程排污费。
其他应列而未列入的规费,按实际发生计取。

5. 税金

税金是指国家税法规定的应计入建筑安装工程造价内的营业税、城市维护建设税、教育费附加以及地方教育附加。其计算公式为:
$$税金=税前造价×综合税率(\%)$$

注:综合税率的计算因企业所在地的不同而不同。

(1)纳税地点在市区的企业综合税率的计算:

$$综合税率(\%) = \frac{1}{1-3\%-3\%\times 7\%-3\%\times 3\%-3\%\times 2\%} - 1$$

(2)纳税地点在县城、镇的企业综合税率的计算:

$$综合税率(\%) = \frac{1}{1-3\%-3\%\times 5\%-3\%\times 3\%-3\%\times 2\%} - 1$$

(3)纳税地点不在市区、县城、镇的企业综合税率的计算:

$$综合税率(\%) = \frac{1}{1-3\%-3\%\times 1\%-3\%\times 3\%-3\%\times 2\%} - 1$$

五、工程量清单计价的编制方法

工程量清单计(报)价,按照"13计价规范"规定,划分为"招标控制价"和"投标价"两种方式,不论采用哪种计(报)价方式,均应采用综合单价计(报)价,综合单价是指包括除规费和税金以外的全部费用。

工程量清单实行综合单价计价的优点主要是:有利于简化计价程序;有利于与国际惯例接轨;有利于促进竞争。从工程量清单计价的实际操作过程来看,其编制过程可以分为工程量清单编制和利用工程量清单编制投标报价(或招标控制价)两个阶段。投标报价是在业主提供的工程量计算结果的基础上,根据企业自身所掌握的各种信息、资料等,结合企业定额编制得出的。

(一)工程量清单计(报)价文件组成

工程量清单计(报)价划分为"招标控制价"和"投标报价"两种方式,二者的主要区别是计(报)价文件编制主体不同,编制依据、文件组成等基本相同。因此,笔者对工程量清单计(报)价的方法以"投标价"的计价方式予以说明。

工程量清单"投标价"计价文件,是指投标人按照招标人提供的各种工程量清单文件,逐项计(报)价的相应表格,具体内容包括:投标总价封面,投标总价扉页,总说明,建设项目投标报价汇总表,单项工程投标报价汇总表,单位工程投标报价汇总表,分部分项工程量和单价措施项目清单与计价表,综合单价分析表,总价措施项目清单与计价表,其他项目清单与计价汇总表,暂列金额明细表,材料(工程设备)暂估单价及调整表,专业工程暂估价及结算表,计日工表,总承包服务费计价表,规费、税金项目计价表,总价项目进度款支付分解表,发包人提供材料和工程设备一览表,承包人提供主要材料和工程设备一览表(适用于造价信息差额调整法),承包人提供主要材料和工程设备一览表(适用于价格指数差额调整法)等20种表格组成。

(二)工程量清单计(报)价文件编制方法

工程量清单计(报)价的方法,也就是工程量清单各种表格的填写方法。工程量清单计(报)价的各种表格由投标人或受其委托具有相应资质的工程造价咨询人编制。各种表格编制完成后,将其按先后次序装订成册,这个"册"就称为计价文件或投标报价书。计价文件各种表格的填写方法分述于下:

(1)投标总价封面。工程计价表格组成中的投标总价由投标人按照表中规定内容填写、签字、盖章。

(2)投标总价扉页。本扉页由投标人编制投标报价时填写。投标人编制投标报价时,编制人员必须是在投标人单位注册的造价人员。由投标人盖单位公章,法定代表人或其授权签字或盖章;编制的造价人员(造价工程师或造价员)签字盖执业专用章。

(3)总说明。用以说明工程量清单文件编制和计(报)价文件编制有关问题的一种表格,称"总说明"表。"13计价规范"对"总说明"表只列出了一个格式,但它适用于工程量清单编制、计(报)价和竣工结算的各个阶段。在工程计价的不同阶段,说明的内容是有差别的,要求是不同的。对于投标报价阶段来说,主要应说明的内容包括:工程概况;计价的依据;计价的范围;综合单价中包含的风险因素、风险范围(幅度);其他应说明的有关问题等。

(4)建设项目投标报价汇总表。建设项目投标报价汇总表是各单项工程投标报价汇总表中数值的"集合"表,表中的"单项工程名称"、"金额"等内容,均应按"单项工程投标报价汇总表"中的工程名称和金额填写。

(5)单项工程投标报价汇总表。它是该单项工程中各单位工程投标报价汇总表中数值的"集合"表。表中的"单位工程名称"和"金额"应按"单位工程投标报价汇总表"中的工程名称和金额数值填写。

(6)单位工程投标报价汇总表。其内容应包括该单位工程"分部分项工程量清单与计价表"中各个分部分项工程费的合计数,"总价措施项目清单与计价表"的合计数,"其他项目清单与计价汇总表"的合计数,以及"规费"和"税金"的数额等。

(7)分部分项工程和单价措施项目清单与计价表。编制分部分项工程和单价措施项目清单与计价表时,投标人对表中的"项目编码"、"项目名称"、"项目特征"、"计量单位"、"工程量"均不应做改动。"综合单价"、"合价"自主决定填写,对其中的"暂估价"栏,投标人应将招标文件中提供了暂估材料单价的暂估价计入综合单价,并应计算出暂估单价的材料在"综合单价"及其"合价"中的具体数额,因此,为更详细反应暂估价情况,也可在表中增设一栏"综合单价"其中的"暂估价"。

(8)综合单价分析表。综合单价分析表是评标委员会评审和判别综合单价组成和价格完整性、合理性的主要基础,对因工程变更、工程量偏差等原因调整综合单价也是必不可少的基础价格数据来源。采用经评审的最低投标价法评标时,本表的重要性更为突出。

综合单价分析表集中反映了构成每一个清单项目综合单价的各个价格要素的价格及主要的"工、料、机"消耗量。投标人在投标报价时,需要对每一个清单项目进行组价,为了使组价工作具有可追溯性(回复评标质疑时尤其需要),需要表明每一个数据的来源。

综合单价分析表一般随投标文件一同提交,作为竞标价的工程量清单的组成部分。以便中标后,作为合同文件的附属文件。投标人须知中需要就分析表提交的方式做出规定,该规定需要考虑是否有必要对分析表的合同地位给予定义。

编制综合单价分析表时,对辅助性材料不必细列,可归并到其他材料费中以金额表示。编制招标控制价时,使用综合单价分析表应填写使用的省级或行业建设主管部门发布的计价定额名称。编制投标报价时,使用综合单价分析表可填写使用的企业定额名称,也可填写省级或行业建设主管部门发布的计价定额,如不使用则不填写。编制工程结算时,应在已标价工程量清单中的综合单价分析表中将确定的调整过后的人工单价、材料单价等进行置换,形成调整后的综合单价。

(9)总价措施项目清单与计价表。编制总价措施项目清单与计价表时,除"安全文明施工费"必须按"13计价规范"的强制性规定,按省级、行业建设主管部门的规定计取外,其他措施项目均可根据投标施工组织设计自主报价。

(10)其他项目清单与计价汇总表。此表共包括9种表格的内容,在编制招标控制价及投标报价文件编制中应包括5个表格方面的内容,即暂列金额、材料暂估价、专业工程暂估价、计日工、总承包服务费。按照"13 计价规范"规定应按下述方法计价：

1)"暂列金额"应按招标人在招标文件中提供的"暂列金额明细表"中所列的合计数值填写，不得变动。

2)"暂估价"包括材料暂估价和专业工程暂估价两方面内容，这两方面内容，在其他项目清单与计价汇总表中应按照招标文件工程量清单提供的"专业工程暂估价"填写金额，不得变动。"材料暂估价"一项"金额"栏中画有"一"号，表示不填写，材料暂估价应按招标人在其他项目清单中列出的单价计入综合单价的规定不需填写。

3)"计日工"按招标人在其他项目清单中列出的项目(人工、材料、机械)和数量，自主确定综合单价并计算计日工费用，然后将其合计金额写在"其他项目清单与计价汇总表"相应栏目内。

4)"总承包服务费"应根据招标文件中列出的内容和提出的要求按双方认可的费用数额填写。

(11)规费和税金项目清单与计价表。按住房和城乡建设部、财政部印发的《建筑安装工程费用项目组成》(建标〔2013〕44 号)列举的规费项目列项，在施工实践中，有的规费项目，如工程排污费，并非每个工程所在地都要征收，实践中可作为按实计算的费用处理。

第二章 建筑工程施工图识读

第一节 施工图概述

房屋建筑工程图是由多种专业设计人员分别完成，按照一定编排规律组成的一套图纸，是按照"国际"的规定，用投影法详细准确地画出的图纸。工程图的主要用途是在房屋的建筑过程中指导施工，是编制工程概算、预算和决算以及审核工程造价的依据。

一、施工图的产生

一般建设项目要按两个阶段进行设计，即初步设计阶段和施工图设计阶段。对于技术要求复杂的项目，可在两设计阶段之间，增加技术设计阶段，用来深入解决各工种之间的协调等技术问题。

(1)初步设计阶段。设计人员接受任务书后，首先要根据业主建造要求和有关政策性文件、地质条件等进行初步设计，画出比较简单的初步设计图，简称方案图纸。它包括简略的平面、立面、剖面等图样，以及文字说明和工程概算。有时还要向业主提供建筑效果图、建筑模型及电脑动画效果图，以便于直观地反映建筑的真实情况。方案图应报业主征求意见，并报规划、消防、卫生、交通、人防等部门审批。

(2)施工图设计阶段。此阶段设计人员在已经批准的方案图纸的基础上，综合建筑、结构、设备等工种之间的相互配合、协调和调整，从施工要求的角度对设计方案予以具体化，为施工企业提供完整的、正确的施工图和必要的有关计算的技术资料。

二、施工图的分类

一套房屋建筑施工图由于专业设计分工的不同，一般分为：

(1)图纸目录。说明各专业图纸名称、张数、编号。其目的是便于查阅。

(2)设计说明。主要说明工程概况和设计依据。包括建筑面积、工程造价；有关的地质、水文、气象资料；采暖通风及照明要求；建筑标准、荷载等级、抗震要求；主要施工技术和材料使用等。

(3)建筑施工图(简称建施)。其基本图纸包括建筑总平面图、平面图、立面图和剖面图等；其建筑详图包括墙身剖面图、楼梯详图、浴厕详图、门窗详图及门窗表，以及各种装修、构造做法、说明等。在建筑施工图的标题栏内均注写建施××号，可供查阅。

(4)结构施工图(简称结施)。其基本图纸包括基础平面图、楼层结构平面图、屋顶结构平面图、楼梯结构图等；其结构详图有基础详图，梁、板、柱等构件详图及节点详图等。在结构施工图的标题内均注写结施××号，可供查阅。

(5)设备施工图(简称设施)。设施包括以下三部分专业图纸：

1)给水排水施工图。主要表示管道的布置和走向、构件做法和加工安装要求。图纸包括平面图、系统图、详图等。

2)采暖通风施工图。主要表示管道布置和构造安装要求。图纸包括平面图、系统图、安装详图等。

3)电气施工图。主要表示电气线路走向及安装要求。图纸包括平面图、系统图、接线原理图以及详图等。

在这些图纸的标题栏内分别注写水施××号、暖施××号、电施××号,以便查阅。

三、施工图的特点

(1)施工图中的各种图样,除了水暖施工图中水暖管道系统图是用斜投影法绘制的之外,其余的图样都是用正投影法绘制的。

(2)由于房屋的形体庞大而图纸幅面有限,所以施工图一般是用缩小比例绘制的。

(3)由于房屋是用多种构、配件和材料建造的,所以施工图中,多用各种图例符号来表示这些构、配件和材料。

(4)房屋设计中有许多建筑物、配件已有标准定型设计,并有标准设计图集可供使用。为了节省大量的设计与制图工作,凡采用标准定型设计之处,只要标出标准图集的编号、页数、图号就可以了。

四、施工图的识读方法

(1)查看图纸目录和设计技术说明。通过图纸目录看各专业施工图纸有多少张,图纸是否齐全;看设计技术说明,对工程在设计和施工要求方面有一个概括了解。

(2)依照图纸顺序通读一遍。对整套图纸按先后顺序通读一遍,对整个工程在头脑中形成概念。如工程的建设地点和周围地形、地貌情况、建筑物的形状、结构情况及工程体量大小、建筑物的主要特点和关键部位等情况,做到心中有数。

(3)分专业对照阅读,按专业次序深入仔细地阅读。先读基本图,再读详图。读图时,要把有关图纸联系在一起对照着读,从中了解它们之间的关系,建立起完整准确的工程概念。再把各专业图纸(如建筑施工图与结构施工图)联系在一起对照着读,看它们在图形上和尺寸上是否衔接、构造要求是否一致。发现问题要做好读图记录,以便会同设计单位提出修改意见。

五、施工图识读应注意的问题

(1)施工图是根据投影原理绘制的,用图纸表明房屋建筑的设计及构造做法。因此,要看懂施工图,应掌握投影原理和熟悉房屋建筑的基本构造。

(2)施工图采用了一些图例符号以及必要的文字说明,共同把设计内容表现在图纸上。因此,要看懂施工图,还必须记住常用的图例符号。

(3)看图时要注意从粗到细,从大到小。先粗看一遍,了解工程的概貌,然后再细看。细看时应先看总说明和基本图纸,再深入看构件图和详图。

(4)一套施工图是由各工种的许多张图纸组成,各图纸之间是互相配合紧密联系的。图纸的绘制大体是按照施工过程中不同的工种、工序分成一定的层次和部位进行的,因此,要有联系地、综合地看图。

(5)结合实际看图。根据实践、认识、再实践、再认识的规律,看图时联系生产实践,就能较快地掌握图纸的内容。

第二节 建筑施工图识读

建筑施工图是用来描述房屋建造的规模、外部造型、内部布置、细部构造的图纸,是房屋施工放线、砌筑、安装门窗、室内外装修和编制施工概算及施工组织计划的主要依据。建筑施工图主要由目录、设计总说明、总平面图、建筑平面图、建筑立面图、建筑剖面图以及建筑详图等内容组成。

一、图纸目录及设计总说明

1. 图纸目录

除图纸的封面外,图纸目录安排在一套图纸的最前面,用来说明本工程的图纸类别、图号编排、图纸名称和备注等,以方便图纸的查阅和排序。

2. 设计总说明

设计总说明位于图纸目录之后,是对房屋建筑工程中不易用图样表达的内容而采用文字加以说明,主要包括工程的设计概况、工程做法中所采用的标准图集代号,以及在施工图中不宜用图样而必须采用文字加以表达的内容,如材料的内容、饰面的颜色、环保要求、施工注意事项、采用新材料、新工艺的情况说明等。此外,在建筑施工图中,还应包括防火专篇等一些有关部门要求明确说明的内容。设计总说明一般放在一套施工图的首页。

二、总平面图识读

总平面图是指将拟建工程四周一定范围内的新建、拟建、原有和拆除的建筑物、构筑物连同其周围的地形地物状况,用水平投影方法和相应的图例所画出的图样。它是新建房屋定位、布置施工总平面图的依据,也是室外水、暖、电等设备管线布置的依据。

1. 总平面图的用途

总平面图是将新建工程四周一定范围内的新建、拟建、原有和拆除的建筑物、构筑物连同其周围的地形、地物状况用正投影的方法和相应的图例所画出的 H 面投影图。其常用比例一般为 1∶500、1∶1000、1∶1500 等。

总平面图主要表示新建房屋的位置、朝向,与原有建筑物的关系,以及周围道路、绿化和给水、排水、供电条件等方面的情况。以其作为新建房屋施工定位、土方施工、设备管网平面布置,安排施工时进入现场的材料和构配件堆放场地以及运输道路布置等的依据。

总平面图的主要用途可归纳为以下三个方面:
(1)工程施工的依据(如施工定位、施工放线和土方工程)。
(2)室外管线布置的依据。
(3)工程预算的重要依据(如土石方工程量、室外管线工程量的计算)。

2. 总平面图的图示内容

(1)表明新建区域的地形、地貌、平面布置,包括红线位置,各建(构)筑物、道路、河流、绿化等的位置及其相互间的位置关系。
(2)确定新建房屋的平面位置。一般根据原有建筑物或道路定位,标注定位尺寸;修建成片住宅。
(3)表明建筑物首层地面的绝对标高、室外地坪、道路的绝对标高;说明土方填挖情况、地面坡度及雨水排除方向。

(4)用指北针和风向频率玫瑰图来表示建筑物的朝向。风向频率玫瑰图还表示该地区常年风向频率。它是根据某一地区多年统计的各个方向吹风次数的百分数值,按一定比例绘制。用16个罗盘方位表示。风向频率玫瑰图上所表示的风的吹向,是指从外面吹向地区中心的。实线图形表示常年风向频率;虚线图形表示夏季(六、七、八三个月)的风向频率。

(5)根据工程的需要,有时还有水、暖、电等管线总平面,各种管线综合布置图、竖向设计图、道路纵横剖面图以及绿化布置图等。

3. 总平面图的识读方法

(1)先查看总平面图的图名、比例及有关文字说明。由于总平面图包括的区域较大,所以绘制时都用较小比例,常用的比例有 1∶500、1∶1000、1∶2000 等。总图中的尺寸(如标高、距离、坐标等)宜以"m"为单位,并应至少取至小数点后两位,不足时以"0"补齐。

(2)了解新建工程的性质和总体布局,如各种建筑物及构筑物的位置、道路和绿化的布置等。由于总平面图的比例较小,各种有关物体均不能按照投影关系如实反映出来,只能用图例的形式进行绘制。要读懂总平面图,必须熟悉总平面图中常用的各种图例。

在总平面图中,为了说明房屋的用途,在房屋的图例内应标注出名称。当图样比例小或图面无足够位置时,也可编号列表编注在图内。在图形过小时,可标注在图形外侧附近。同时,还要在图形的右上角标注房屋的层数符号,一般以数字表示,如 14 表示该房屋为 14 层,当层数不多时,也可用小圆点数量来表示,如"∴"表示为 4 层。

(3)看新建房屋的定位尺寸。新建房屋的定位方式基本上有两种:一种是以周围其他建筑物或构筑物为参照物。实际绘图时,标明新建房屋与其相邻的原有建筑物或道路中心线的相对位置尺寸。另一种是以坐标表示新建筑物或构筑物的位置。

当新建建筑区域所在地形较为复杂时,为了保证施工放线的准确,常用坐标定位。坐标定位分为测量坐标和建筑坐标两种。

1)测量坐标。在地形图上用细实线画成交叉十字线的坐标网,南北方向的轴线为 X,东西方向的轴线为 Y,这样的坐标为测量坐标。坐标网常采用 100m×100m 或 50m×50m 的方格网。一般建筑物的定位宜注写三个角的坐标,如建筑物与坐标轴平行,可注写对角坐标,如图 2-1 所示。

2)建筑坐标。建筑坐标就是将建设地区的某一点定为"0",采用 100m×100m 或 50m×50m 的方格网,沿建筑物主轴方向用细实线画成方格网通线,垂直方向为 A 轴,水平方向为 B 轴,适用于房屋朝向与测量坐标方向不一致的情况。其标注形式如图 2-2 所示。

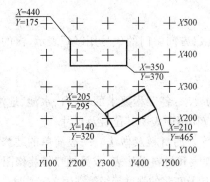

图 2-1　测量坐标定位示意图

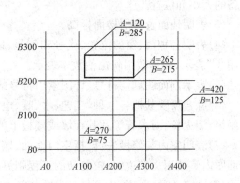

图 2-2　建筑坐标定位示意图

(4)了解新建建筑附近的室外地面标高,明确室内外高差。总平面图中的标高均为绝对标高,如标注相对标高,则应注明相对标高与绝对标高的换算关系。建筑物室内地坪,标准建筑图中±0.000处的标高,对不同高度的地坪分别标注其标高,如图2-3所示。

(5)看总平面图中的指北针,明确建筑物及构筑物的朝向;有时还要画上风向频率玫瑰图来表示该地区的常年风向频率。

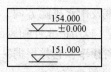

图 2-3　标高注写法

三、建筑平面图识读

建筑平面图,简称平面图,实际上是用一个假想的水平剖切平面,设门、窗洞口部位水平切开,移开剖切平面以上的部分,把剖切平面以下的物体投影到水平面上,所得的水平剖面图。

1. 建筑平面图的用途

建筑平面图主要表示建筑物的平面形状、水平方向各部分(出入口、走廊、楼梯、房间、阳台等)的布置和组合关系,墙、柱及其他建筑物的位置和大小。

建筑平面图的主要用途可归纳为以下两个方面:

(1)建筑平面图是施工放线、砌墙、柱、安装门窗框、设备的依据。

(2)建筑平面图是编制和审查工程预算的主要依据。

2. 建筑平面图的图示内容

(1)表明建筑物的平面形状,内部各房间包括走廊、楼梯、出入口的布置及朝向。

(2)表明建筑物及其各部分的平面尺寸。在建筑平面图中,必须详细标注尺寸。平面图中的尺寸分为外部尺寸和内部尺寸。外部尺寸有三道,一般沿横向、竖向分别标注在图形的下方和左方。

第一道尺寸:表示建筑物外轮廓的总体尺寸,也称为外包尺寸。它是从建筑物一端外墙边到另一端外墙边的总长和总宽尺寸。

第二道尺寸:表示轴线之间的距离,也称为轴线尺寸。它标注在各轴线之间,说明房间的开间及进深的尺寸。

第三道尺寸:表示各细部的位置和大小的尺寸,也称细部尺寸。它以轴线为基准,标注出门、窗的大小和位置,墙、柱的大小和位置。此外,台阶(或坡道)、散水等细部结构的尺寸可分别单独标出。

内部尺寸标注在图形内部。用以说明房间的净空大小,内门、窗的宽度,内墙厚度以及固定设备的大小和位置。

(3)表明地面及各层楼面标高。

(4)表明各种门、窗的位置、代号和编号,以及门的开启方向。门的代号用"M"表示,窗的代号用"C"表示,编号数用阿拉伯数字表示。

(5)表示剖面图剖切符号、详图索引符号的位置及编号。

(6)综合反映其他各工种(工艺、水、暖、电)对土建的要求:各工程要求的坑、台、水池、地沟、电闸箱、消火栓、雨水管等及其在墙或楼板上的预留洞,应在图中表明其位置及尺寸。

(7)表明室内装修做法:包括室内地面、墙面及顶棚等处的材料及做法。一般简单的装修在平面图内直接用文字说明;较复杂的工程则另列房间明细表和材料做法表,或另画建筑装修图。

(8)文字说明:平面图中不易表明的内容,如施工要求、砖及灰浆的强度等级等需用文字说明。

以上所列内容,可根据具体项目的实际情况取舍。

3. 建筑平面图的识读方法

（1）看图名、比例。首先，要从中了解平面图层次、图例及绘制建筑平面图所采用的比例，如1∶50,1∶100,1∶200。

（2）看图中定位轴线编号及其间距。从中了解各承重构件的位置及房间的大小，以便于施工时定位放线和查阅图纸。定位轴线的标注应符合《房屋建筑制图统一标准》（GB/T 50001—2010）的规定。

（3）看房屋平面形状和内部墙的分隔情况。从平面图的形状与总长、总宽尺寸，可计算出房屋的用地面积；从图中墙的分隔情况和房间的名称，可了解到房屋内部各房间的分布、用途、数量及其相互间的联系情况。

（4）看平面图的各部分尺寸。在建筑平面图中，标注的尺寸有内部尺寸和外部尺寸两种，主要反映建筑物中房间的开间、进深的大小、门窗的平面位置及墙厚、柱的断面尺寸等。

1）外部尺寸。外部尺寸一般标注三道尺寸，最外一道尺寸为总尺寸，表示建筑物的总长、总宽，即从一端外墙皮到另一端外墙皮的尺寸；中间一道尺寸为定位尺寸，表示轴线尺寸，即房间的开间与进深尺寸；最里一道为细部尺寸，表示各细部的位置及大小，如外墙门窗的大小以及与轴线的平面关系。

2）内部尺寸。用来标注内部门窗洞口和宽度及位置、墙身厚度以及固定设备大小和位置等，一般用一道尺寸线表示。

（5）看楼地面标高。平面图中标注的楼地面标高为相对标高，而且是完成面的标高。一般在平面图中地面或楼面有高度变化的位置都应标注标高。

（6）看门窗的位置、编号和数量。图中门窗除用图例画出外，还应注写门窗代号和编号。门的代号通常用"M"表示，窗的代号通常用"C"表示，并分别在代号后面写上编号，用于区别门窗类型，统计门窗数量。如M-1、M-2和C-1、C-2等。对一些特殊用途的门窗也有相应的符号进行表示，如FM代表防火门，MM代表密闭防护门，CM代表窗连门。

为了便于施工，一般情况下，在首页图上或在本平面图内，附有门窗表，列出门窗的编号、名称、尺寸、数量及其所选标准图集的编号等内容。

（7）看剖面的剖切符号及指北针。通过查看图纸中的剖切符号及指北针，可以在底层平面图中了解剖切部位，了解建筑物朝向。

四、建筑立面图识读

建筑立面图，简称立面图，是平行于建筑物各方向外表立面的投影图。一座建筑物是否美观、是否与周围环境协调，主要取决于立面的艺术处理，包括建筑造型与尺度、装饰材料的选用、色彩的选用等内容。在施工图中，立面图主要用于表示建筑物的体形与外貌，表示立面各部分配件的形状和相互关系，表示立面装饰要求及构造做法等。

1. 建筑立面图的命名

建筑立面图的命名方法为：按房屋朝向，如南立面图、北立面图、东立面图、西立面图；按轴线的编号，如图①~㉚立面图，Ⓐ~Ⓠ立面图；按房屋的外貌特征命名，如正立面图，背立面图等。对于简单的对称式房屋，立面图可只绘一半，但应画出对称轴线和对称符号。

2. 建筑立面图的用途

立面图是表示建筑物的体型、外貌和室外装修要求的图样。主要用于外墙的装修施工和编制工程预算。

3. 建筑立面图的图示内容

(1) 图名、比例。立面图的比例常与平面图一致。

(2) 标注建筑物两端的定位轴线及其编号。在立面图中一般只画出两端的定位轴线及其编号，以便与平面图对照。

(3) 画出室内外地面线、房屋的勒脚、外部装饰及墙面分格线。表示出屋顶、雨篷、阳台、台阶、雨水管、水斗等细部结构的形状和做法。为了使立面图外形清晰，通常把房屋立面的最外轮廓线画成粗实线，室外地面用特粗线表示，门窗洞口、檐口、阳台、雨篷、台阶等用中实线表示；其余的，如墙面分隔线、门窗格子、雨水管以及引出线等均用细实线表示。

(4) 表示门窗在外立面的分布、外形、开启方向。在立面图上，门窗应按标准规定的图例画出。门、窗立面图中的斜细线，是开启方向符号。细实线表示向外开，细虚线表示向内开。一般无须把所有的窗都画上开启符号。凡是窗的型号相同的，只画出其中一两个即可。

(5) 标注各部位的标高及必须标注的局部尺寸。在立面图上，高度尺寸主要用标高表示。一般要标注出室内外地坪、一层楼地面、窗台、窗顶、阳台面、檐口、女儿墙压顶面、进口平台面及雨篷底面等的标高。

(6) 标注出详图索引符号。

(7) 文字说明外墙装修做法。根据设计要求，外墙面可选用不同的材料及做法，在立面图上一般用文字说明。

4. 建筑立面图的识读方法

(1) 看图名、比例。了解该图与房屋哪一个立面相对应及绘图的比例。立面图的绘图比例与平面图绘图比例应一致。

(2) 看房屋立面的外形、门窗、檐口、阳台、台阶等的形状及位置。在建筑物立面图上，相同的门窗、阳台、外檐装修、构造做法等可在局部重点表示，绘出其完整图形，其余部分只画轮廓线。

(3) 看立面图中的标高尺寸。立面图中应标注必要的尺寸和标高。注写的标高尺寸部位有室内外地坪、檐口、屋脊、女儿墙、雨篷、门窗、台阶等处。

(4) 看房屋外墙表面装修的做法和分格线等。在立面图上，外墙表面分格线应表示清楚，应用文字说明各部位所用面材和颜色。

五、建筑剖面图识读

建筑剖面图，简称剖面图，是用一假想的竖直剖切平面，垂直于外墙，将房屋剖开，移去剖切平面与观察者之间的部分，作出剩下部分的正投影图。剖面图主要表示房屋的内部结构、分层情况、各层高度、楼面和地面的构造以及各配件在垂直方向上的相互关系等内容。在施工中，可作为进行分层、砌筑内墙、铺设楼板和屋面板以及内装修等工作的依据，是与平、立面图相互配合的不可缺少的重要图样之一。

1. 建筑剖面图的用途

(1) 主要表示建筑物内部垂直方向的结构形式、分层情况、内部构造及各部位的高度等，用于指导施工。

(2) 编制工程预算时，与平、立面图配合计算墙体、内部装修等的工程量。

2. 建筑剖面图的图示内容

(1) 图名、比例及定位轴线。剖面图的图名与底层平面图所标注的剖切位置符号的编号一致。在剖面图中,应标出被剖切的各承重墙的定位轴线及与平面图一致的轴线编号。

(2)表示出室内底层地面到屋顶的结构形式、分层情况。在剖面图中,断面的表示方法与平面图相同。断面轮廓线用粗实线表示,钢筋混凝土构件的断面可涂黑表示。其他没被剖切到的可见轮廓线用中实线表示。

(3)标注各部分结构的标高和高度方向尺寸。剖面图中应标注出室内外地面、各层楼面、楼梯平台、檐口、女儿墙顶面等处的标高。其他结构则应标注高度尺寸。高度尺寸分为三道:

第一道是总高尺寸,标注在最外边。

第二道是层高尺寸,主要表示各层的高度。

第三道是细部尺寸,表示门窗洞、阳台、勒脚等的高度。

(4)文字说明某些用料及楼、地面的做法等。需画详图的部位,还应标注出详图索引符号。

3. 建筑剖面图的识读方法

(1)看图名、比例。根据图名与底层平面图对照,确定剖切平面的位置及投影方向,从中了解该图所画出的是房屋的哪一部分的投影。剖面图的绘图比例通常与平面图、立面图一致。

(2)看房屋内部的构造、结构形式和所用建筑材料等内容,如各层梁板、楼梯、屋面的结构形式、位置及其与墙(柱)的相互关系等。

(3)看房屋各部位竖向尺寸。图中,竖向尺寸包括高度尺寸和标高尺寸。高度尺寸应标出房屋墙身垂直方向分段尺寸,如门窗洞口、窗间墙等的高度尺寸;标高尺寸主要是标注出室内外地面、各层楼面、阳台、楼梯平台、檐口、屋脊、女儿墙、雨篷、门窗、台阶等处的标高。

(4)看楼地面、屋面的构造。在剖面图中表示楼地面、屋面的多层构造时,通常用通过各层引出线,按其构造顺序加文字说明来表示。有时将这一内容放在墙身剖面详图中表示。

六、建筑详图识读

建筑详图是建筑细部的施工图。常用的详图一般有墙身详图、楼梯详图、门窗详图、厨房、卫生间、浴室、壁橱及装修详图(吊顶、墙裙、贴面)等。

1. 建筑详图的分类及特点

建筑详图分为局部构造详图和构配件详图。局部构造详图主要表示房屋某一局部构造做法和材料的组成,如墙身详图、楼梯详图等。构配件详图主要表示构配件本身的构造,如门、窗、花格等详图。

建筑详图具有以下特点:

(1)图形详:图形采用较大比例绘制,各部分结构应表达详细,层次清楚,但又要详而不繁。

(2)数据详:各结构的尺寸要标注完整齐全。

(3)文字详:无法用图形表达的内容采用文字说明,要详尽清楚。

详图的表达方法和数量,可根据房屋构造的复杂程度而定。有的只用一个剖面详图就能表达清楚(如墙身详图),有的需加平面详图(如楼梯间、卫生间),或用立面详图(如门窗详图)。

2. 墙身详图

墙身详图应按剖面图的画法绘制,被剖切到的结构墙体用粗实线(b)绘制,装饰层轮廓用细实线($0.25b$)绘制,在断面轮廓线内画出材料图例。

墙身详图也叫墙身大样图,实际上是建筑剖面图的局部放大图。它表达了墙身与地面、楼面、屋面的构造连接情况以及檐口、门窗顶、窗台、勒脚、防潮层、散水、明沟的尺寸、材料、做法等构造情况,是砌墙、室内外装修、门窗安装、编制施工预算以及材料估算等的重要依据。有时墙身详图不以整体形式布置,而把各个节点详图分别单独绘制,也称为墙身节点详图。有时,在外墙详图上引出分层构造,注明楼地面、屋顶等的构造情况,而在建筑剖面图中省略不标。在多层房屋中,若各层的构造情况一样,可只画墙脚、檐口和中间层(含门窗洞口)三个节点,按上下位置整体排列。由于门窗一般均有标准图集,为简化作图采用折断省略画法,因此,门窗在洞口处出现双折断线。

墙身详图的主要内容如下:

(1)表明墙身的定位轴线编号,墙体的厚度、材料及其本身与轴线的关系(如墙体是否为中轴线等)。

(2)表明墙脚的做法,墙脚包括勒脚、散水(或明沟)、防潮层(或地圈梁)以及首层地面等的构造。

(3)表明各层梁、板等构件的位置及其与墙体的联系,构件表面抹灰、装饰等内容。

(4)表明檐口部位的做法。檐口部位包括封檐构造(如女儿墙或挑檐),圈梁、过梁、屋顶泛水构造,屋面保温、防水做法和屋面板等结构构件。

(5)图中的详图索引符号等。

3. 楼梯详图

楼梯是房屋中比较复杂的构造。目前,多采用预制或现浇钢筋混凝土结构。楼梯由楼梯段、休息平台和栏板(或栏杆)等组成。

楼梯详图一般包括平面图、剖面图及踏步栏杆详图等。楼梯详图表示出楼梯的形式;踏步、平台、栏杆的构造、尺寸、材料和做法。楼梯详图分为建筑详图与结构详图,并分别绘制。对于比较简单的楼梯,建筑详图和结构详图可以合并绘制,编入建筑施工图和结构施工图。

(1)楼梯平面图。一般每一层楼都要画一张楼梯平面图。三层以上的房屋,若中间各层的楼梯位置及其梯段数,踏步数和大小相同时,通常只画底层、中间层和顶层三个平面图。

楼梯平面图实际是各层楼梯的水平剖面图,水平剖切位置应在每层上行第一梯段及门窗洞口的任一位置处。各层(除顶层外)被剖到的梯段,按规范规定,均在平面图中以一根45°折断线表示。

在各层楼梯平面图中应标注该楼梯间的轴线及编号,以确定其在建筑平面图中的位置。底层楼梯平面图还应注明楼梯剖面图的剖切符号。

平面图中要注明楼梯间的开间和进深尺寸、楼地面和平台面的标高及各细部的详细尺寸。通常把梯段长度尺寸与踏面数、踏面宽的尺寸合写在一起。

(2)楼梯剖面图。假想用一铅垂平面通过各层的一个梯段和门窗洞将楼梯剖开,向另一未剖到的梯段方向投影,所得到的剖面图,即为楼梯剖面图。

楼梯剖面图表达出房屋的层数,楼梯梯段数,步级数以及楼梯形式,楼地面、平台的构造及与墙身的连接等。若楼梯间的屋面没有特殊之处,一般可不画。

楼梯剖面图中还应标注地面、平台面、楼面等处的标高和梯段、楼层、门窗洞口的高度尺寸。楼梯高度尺寸注法与平面图梯段长度注法相同。如 $10\times150=1500$,其中 10 为步级数,表示该梯段为 10 级,150 为踏步高度。

楼梯剖面图中也应标注承重结构的定位轴线及编号。对需画详图的部位注出详图索引符号。

(3)节点详图。楼梯节点详图主要表示栏杆、扶手和踏步的细部构造。

第三节　结构施工图识读

结构施工图是表明一栋建筑的结构构造的图样,是依据国家建筑结构设计规范和制图标准,根据建筑要求选择结构形式,进行合理布置,再通过力学计算确定构件的断面形状、大小、材料及构造等,并将设计结果绘成图样,能够用来指导施工的图纸。结构施工图是建筑结构施工的依据,也是作为编制预算和施工组织设计计划的重要依据。

一、结构施工图分类

建筑结构按其主要承重构件所采用的材料不同,一般可分为钢结构、木结构、砖石结构和钢筋混凝土结构等。不同的结构类型,其结构施工图的具体内容及编排方式也各有不同,但一般都包括以下三部分:结构设计说明,结构平面图,构件详图。

二、基础结构图识读

基础结构图或称基础图,是表示建筑物室内地面(±0.000)以下基础部分的平面布置和构造的图样,包括基础平面图、基础详图和文字说明等。

1. 基础平面图

(1)基础平面图的形式。基础平面图是假想用一个水平剖切面在地面附近将整幢房屋剖切后,向下投影所得到的剖面图(不考虑覆盖在基础上的泥土)。

基础平面图主要表示基础的平面位置,以及基础与墙、柱轴线的相对关系。在基础平面图中,被剖切到的基础墙轮廓要画成粗实线,基础底部的轮廓线画成细实线。基础的细部构造不必画出,它们将详尽地表达在基础详图上。图中的材料图例可与建筑平面图画法一致。

在基础平面图中,必须注明与建筑平面图一致的轴间尺寸。另外,还应注明基础的宽度尺寸和定位尺寸。宽度尺寸包括基础墙宽和大放脚宽;定位尺寸包括基础墙、大放脚与轴线的联系尺寸。

(2)基础平面图的内容。基础平面图主要包括以下内容:

1)图名、比例。
2)纵横定位线及其编号(必须与建筑平面图中的轴线一致)。
3)基础的平面布置,即基础墙、柱及基础底面的形状、大小及其与轴线的关系。
4)断面图的剖切符号。
5)轴线尺寸、基础大小尺寸和定位尺寸。
6)施工说明。

2. 基础详图

基础详图是用放大的比例画出的基础局部构造图,它表示基础不同断面处的构造做法、详细尺寸和材料。基础详图的主要内容有:

(1)轴线及编号。
(2)基础的断面形状,基础形式,材料及配筋情况。
(3)基础详细尺寸:表示基础的各部分长宽高,基础埋深,垫层宽度和厚度等尺寸;主要部位标高,如室内外地坪及基础底面标高等。
(4)防潮层的位置及做法。

三、楼层与屋顶结构平面图识读

1. 楼层结构平面图

楼层结构平面图是假想沿着楼板面(结构层)把房屋剖开所作的水平投影图。它主要表示楼板、梁、柱、墙等结构的平面布置,现浇楼板、梁等的构造、配筋以及各构件间的连接关系。一般由平面图和详图所组成。

2. 屋顶结构平面图

屋顶结构平面图是表示屋顶承重构件布置的平面图,它的图示内容与楼层结构平面图基本相同,对于平屋顶,因屋面排水的需要,承重构件应按一定坡度铺设,并设置天沟、上人孔、屋顶水箱等。

四、钢筋混凝土构件结构详图识读

结构平面图只是表示房屋各楼层的承重构件的平面布置,而各构件的真实形状、大小、内部结构及构造并未表达出来。为此,还需画结构详图。

钢筋混凝土构件是指用钢筋混凝土制成的梁、板、桩、屋架等构件。按施工方法不同可分为现浇钢筋混凝土构件和预制钢筋混凝土构件两种。钢筋混凝土构件详图一般包括模板图、配筋图、预埋件详图及配筋表。配筋图又分为立面图、断面图和钢筋详图,主要用来表示构件内部钢筋的级别、尺寸、数量和配置,它是钢筋下料以及绑扎钢筋骨架的施工依据。模板图主要用来表示构件外形尺寸以及预埋件、预留孔的大小及位置,它是模板制作和安装的依据。

钢筋混凝土构件结构详图主要包括以下主要内容:

(1)构件详图的图名及比例。
(2)详图的定位轴线及编号。
(3)构件构造尺寸、钢筋表。
(4)模板图。表示构件的外形或预埋件位置的详图。
(5)配筋图。表明结构内部的配筋情况,一般由立面图和断面图组成。梁、柱的结构详图由立面图和断面图组成,板的结构图一般只画平面图或断面图。

第四节 建筑工程施工图常用图例

一、常用建筑材料图例

常用建筑材料图例见表 2-1。

表 2-1　　　　　　　　　常用建筑材料图例

序号	名称	图例	备注
1	自然土壤		包括各种自然土壤
2	夯实土壤		—
3	砂、灰土		—

续一

序号	名称	图例	备注
4	砂砾石、碎砖三合土	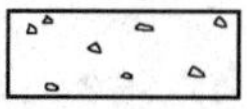	—
5	石材		—
6	毛石	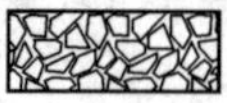	—
7	普通砖	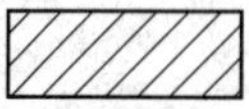	包括实心砖、多孔砖、砌块等砌体。断面较窄不易绘出图例线时，可涂红，并在图纸备注中加注说明，画出该材料图例
8	耐火砖	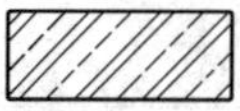	包括耐酸砖等砌体
9	空心砖	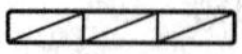	指非承重砖砌体
10	饰面砖		包括铺地砖、马赛克、陶瓷马赛克、人造大理石等
11	焦渣、矿渣	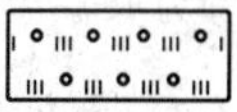	包括与水泥、石灰等混合而成的材料
12	混凝土	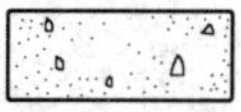	1. 本图例指能承重的混凝土及钢筋混凝土 2. 包括各种强度等级、集料、添加剂的混凝土 3. 在剖面图上画出钢筋时，不画图例线 4. 断面图形小，不易画出图例线时，可涂黑
13	钢筋混凝土		
14	多孔材料		包括水泥珍珠岩、沥青珍珠岩、泡沫混凝土、非承重加气混凝土、软木、蛭石制品等
15	纤维材料	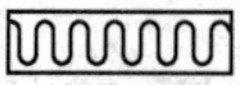	包括矿棉、岩棉、玻璃棉、麻丝、木丝板、纤维板等
16	泡沫塑料材料	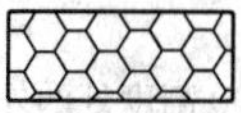	包括聚苯乙烯、聚乙烯、聚氨酯等多孔聚合物类材料
17	木材	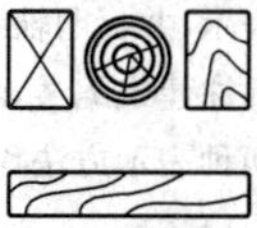	1. 上图为横断面，左上图为垫木、木砖或木龙骨 2. 下图为纵断面
18	胶合板	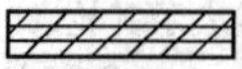	应注明为×层胶合板
19	石膏板	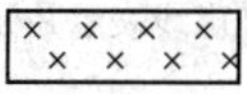	包括圆孔、方孔石膏板、防水石膏板、硅钙板、防火板等
20	金属		1. 包括各种金属 2. 图形小时，可涂黑
21	网状材料		1. 包括金属、塑料网状材料 2. 应注明具体材料名称

续二

序号	名称	图 例	备 注
22	液体	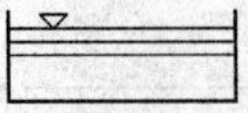	应注明具体液体名称
23	玻璃		包括平板玻璃、磨砂玻璃、夹丝玻璃、钢化玻璃、中空玻璃、夹层玻璃、镀膜玻璃等
24	橡胶		—
25	塑料		包括各种软、硬塑料及有机玻璃等
26	防水材料		构造层次多或比例大时,采用上图例
27	粉刷		本图例采用较稀的点

注:序号1、2、5、7、8、9、13、14、16、17、18图例中的斜线、短斜线、交叉斜线等一律为45°。

二、总平面图图例

建筑工程施工图中常用总平面图图例见表2-2。

表2-2　　　　　　　　　　　　总平面图图例

序号	名称	图 例	备 注
1	新建建筑物	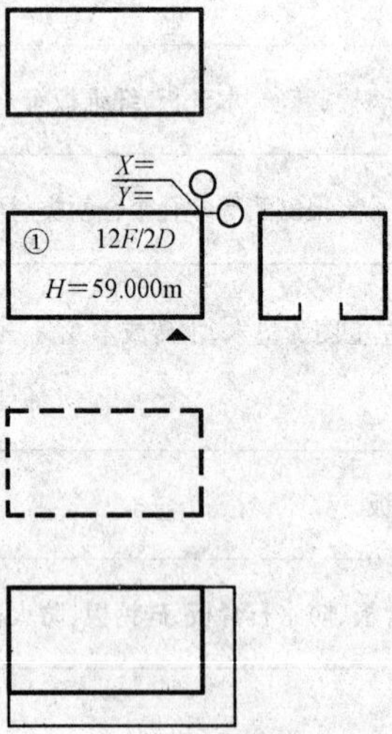 ① 12F/2D H=59.000m X=/Y=	新建建筑物以粗实线表示与室外地坪相接处±0.000外墙定位轮廓线。 建筑物一般以±0.000高度处的外墙定位轴线交叉点坐标定位。轴线用细实线表示,并标明轴线号。 根据不同设计阶段标注建筑编号,地上、地下层数,建筑高度,建筑出入口位置(两种表示方法均可,但同一图纸采用一种表示方法)。 地下建筑物以粗虚线表示其轮廓。 建筑上部(±0.000以上)外挑建筑用细实线表示。 建筑物上部连廊用细虚线表示并标注位置
2	原有建筑物		用细实线表示
3	计划扩建的预留地或建筑物		用中粗虚线表示

续一

序号	名称	图例	备注
4	拆除的建筑物	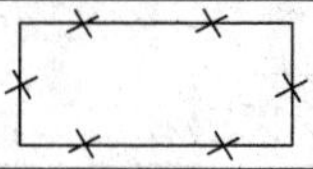	用细实线表示
5	建筑物下面的通道	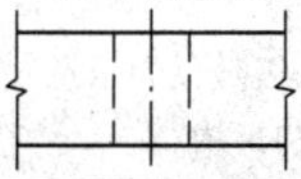	—
6	散状材料露天堆场	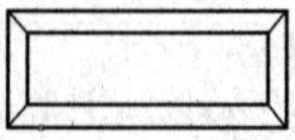	需要时可注明材料名称
7	其他材料露天堆场或露天作业场	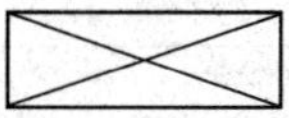	需要时可注明材料名称
8	铺砌场地	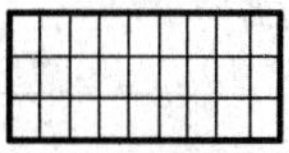	—
9	敞棚或敞廊	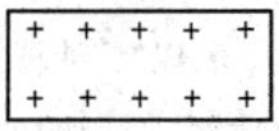	—
10	高架式料仓	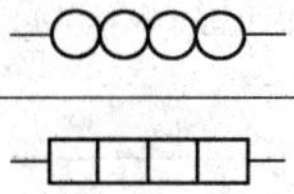	—
11	漏斗式贮仓		左、右图为底卸式 中图为侧卸式
12	冷却塔(池)	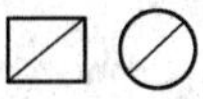	应注明冷却塔或冷却池
13	水塔、贮罐	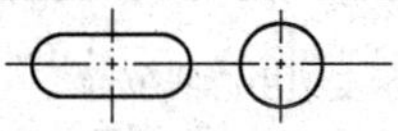	左图为卧式贮罐 右图为水塔或立式贮罐
14	水池、坑槽		也可以不涂黑
15	明溜矿槽(井)	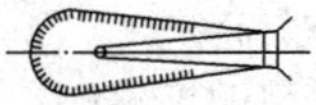	—
16	斜井或平硐	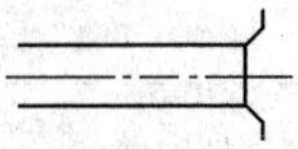	—
17	烟囱		实线为烟囱下部直径,虚线为基础,必要时可注写烟囱高度和上、下口直径
18	围墙及大门	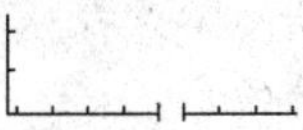	—
19	挡土墙	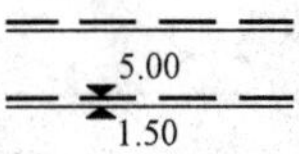	挡土墙根据不同设计阶段的需要标注 墙顶标高 墙底标高

续二

序号	名称	图例	备注
20	挡土墙上设围墙		—
21	台阶及无障碍坡道	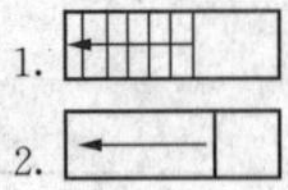 1. 2.	1. 表示台阶(级数仅为示意) 2. 表示无障碍坡道
22	露天桥式起重机	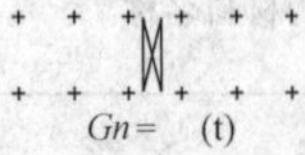 $Gn=$ (t)	起重机起重量 Gn，以"t"计算 "+"为柱子位置
23	露天电动葫芦	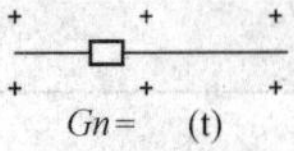 $Gn=$ (t)	起重机起重量 Gn，以"t"计算 "+"为支架位置
24	门式起重机	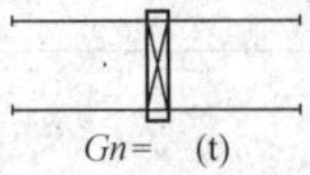 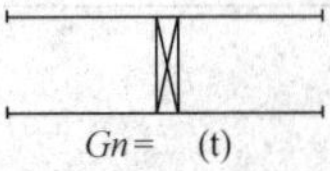 $Gn=$ (t) $Gn=$ (t)	起重机起重量 Gn，以"t"计算 上图表示有外伸臂 下图表示无外伸臂
25	架空索道		"Ⅰ"为支架位置
26	斜坡卷扬机道		—
27	斜坡栈桥(皮带廊等)	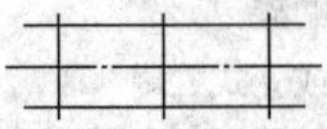	细实线表示支架中心线位置
28	坐标	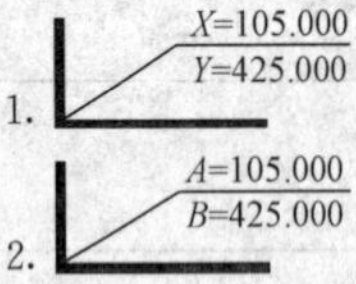 1. $X=105.000$ $Y=425.000$ 2. $A=105.000$ $B=425.000$	1. 表示地形测量坐标系 2. 表示自设坐标系 坐标数字平行于建筑标注
29	方格网交叉点标高	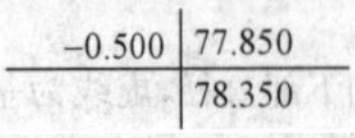 -0.500 | 77.850 78.350	"78.350"为原地面标高 "77.850"为设计标高 "−0.500"为施工高度 "−"表示挖方("+"表示填方)
30	填方区、挖方区、未整平区及零线	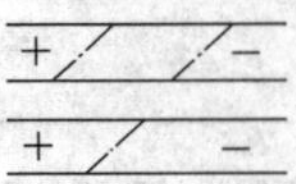 + / − + / −	"+"表示填方区 "−"表示挖方区 中间为未整平区 点画线为零点线
31	填挖边坡	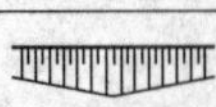	—

续三

序号	名称	图例	备注
32	分水脊线与谷线	 	上图表示脊线 下图表示谷线
33	洪水淹没线		洪水最高水位以文字标注
34	地表排水方向		—
35	截水沟	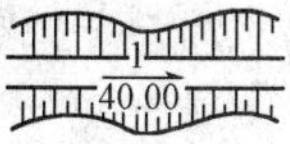	"1"表示1‰的沟底纵向坡度,"40.00"表示变坡点间距离,箭头表示水流方向
36	排水明沟	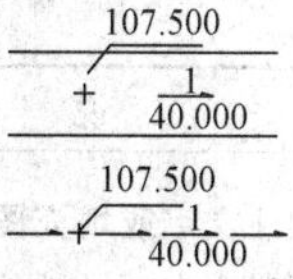	上图用于比例较大的图面 下图用于比例较小的图面 "1"表示1‰的沟底纵向坡度,"40.00"表示变坡点间距离,箭头表示水流方向 "107.500"表示沟底变坡点标高(变坡点以"+"表示)
37	有盖板的排水沟	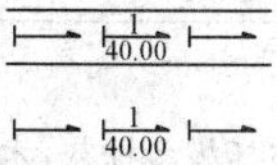	—
38	雨水口	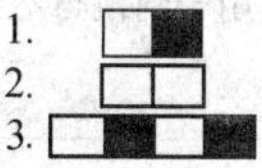	1. 雨水口 2. 原有雨水口 3. 双落式雨水口
39	消火栓井		
40	急流槽	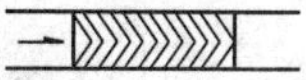	箭头表示水流方向
41	跌水		
42	拦水(闸)坝	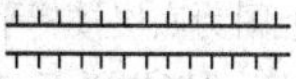	—
43	透水路堤		边坡较长时,可在一端或两端局部表示
44	过水路面		—
45	室内地坪标高	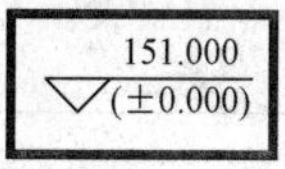	数字平行于建筑物书写
46	室外地坪标高		室外标高也可采用等高线
47	盲道	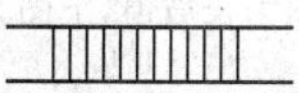	—
48	地下车库入口	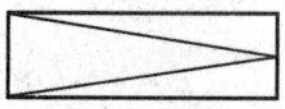	机动车停车场

续四

序号	名称	图例	备注
49	地面露天停车场	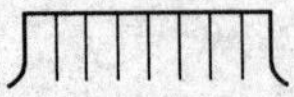	—
50	露天机械停车场	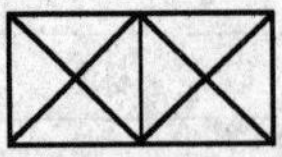	露天机械停车场

三、建筑构造及配件图例

常用建筑构造及配件图例见表 2-3。

表 2-3 建筑构造及配件图例

序号	名称	图例	说明
1	墙体		应加注文字或填充图例表示墙体材料,在项目设计图纸说明中列材料图例表给予说明
2	隔断		1. 包括板条抹灰、木制、石膏板、金属材料等隔断; 2. 适用于到顶与不到顶隔断
3	栏杆		
4	楼梯	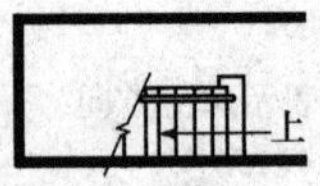 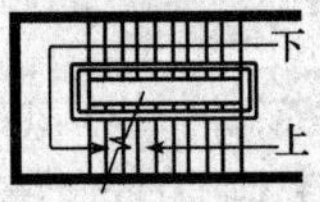 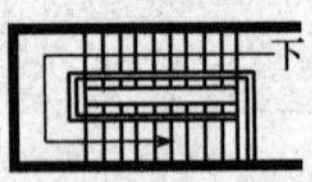	1. 上图为底层楼梯平面,中图为中间层楼梯平面,下图为顶层楼梯平面; 2. 楼梯及栏杆扶手的形式和梯段踏步数应按实际情况绘制
5	坡道	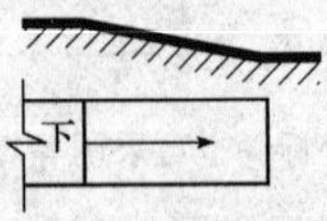 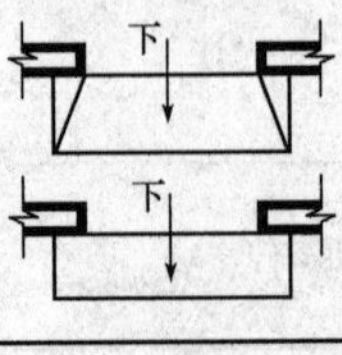	上图为长坡道,下图为门口坡道

续一

序号	名称	图例	说明
6	平面高差	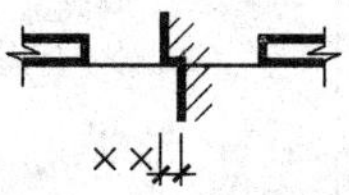	适用于高差小于100mm的两个地面或楼面相接处
7	检查孔		左图为可见检查孔；右图为不可见检查孔
8	孔洞		阴影部分可用涂色代替
9	坑槽		
10	墙预留洞	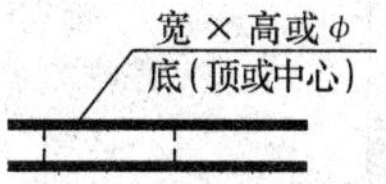	1. 以洞中心或洞边定位； 2. 宜以涂色区别墙体和留洞位置
11	墙预留槽	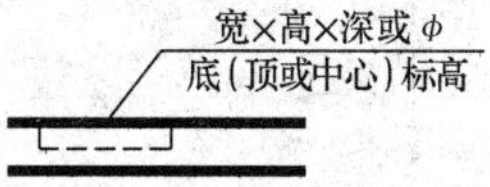	
12	烟道	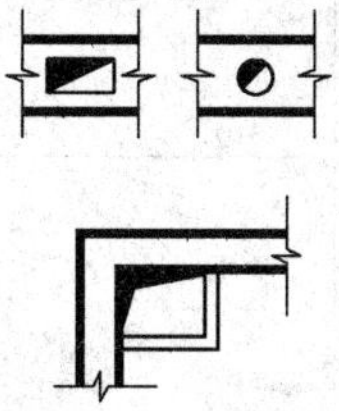	1. 阴影部分可用涂色代替； 2. 烟道与墙体为同一材料，其相接处墙身线应断开
13	通风道	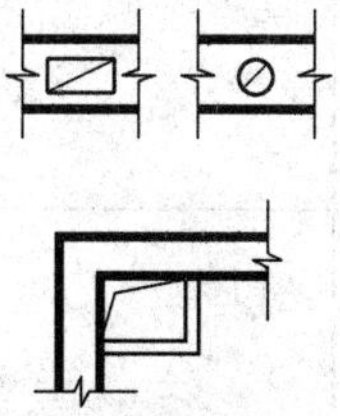	
14	新建的墙和窗	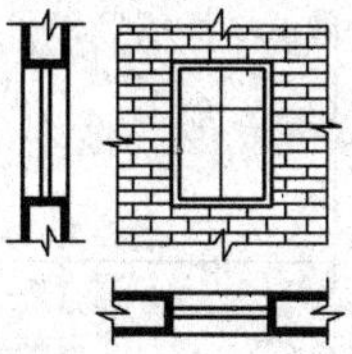	1. 本图以小型砌块为图例，绘图时应按所用材料的图例绘制，不易以图例绘制的，可在墙面上以文字或代号注明； 2. 小比例绘图时平、剖面窗线可用单粗实线表示
15	改建时保留的原有墙和窗	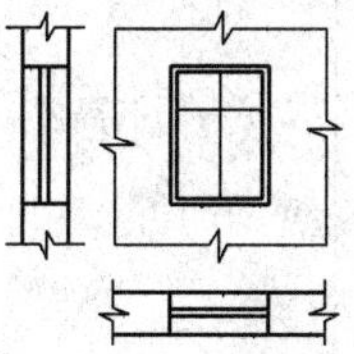	

续二

序号	名称	图例	说明
16	应拆除的墙		
17	在原有墙或楼板上新开的洞		
18	在原有洞旁扩大的洞		
19	在原有墙或楼板上全部填塞的洞		
20	在原有墙或楼板上局部填塞的洞		
21	空门洞		h 为门洞高度

续三

序号	名　称	图　例	说　明
22	单扇门（包括平开或单面弹簧）	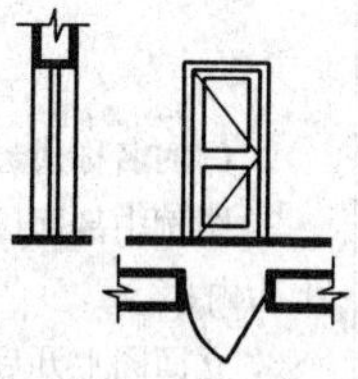	1. 门的名称代号用"M"表示； 2. 图例中剖面图左为外、右为内，平面图下为外、上为内； 3. 立面图上开启方向线交角的一侧为安装合页的一侧，实线为外开，虚线为内开； 4. 平面图上门线应 90°或 45°开启，开启弧线宜绘出； 5. 立面图上的开启线在一般设计图中可不表示，在详图及室内设计图上应表示； 6. 立面形式应按实际情况绘制
23	双扇门（包括平开或单面弹簧）		
24	对开折叠门	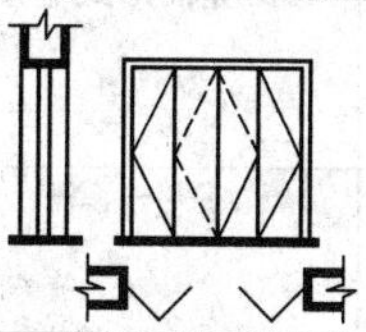	
25	推拉门	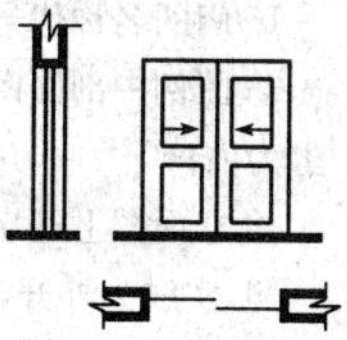	
26	墙外单扇推拉门	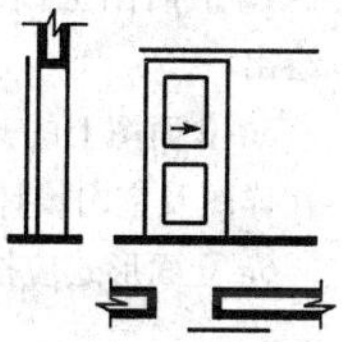	
27	墙外双扇推拉门	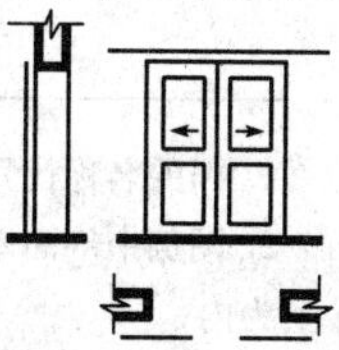	1. 门的名称代号用"M"表示； 2. 图例中剖面图左为外、右为内，平面图下为外、上为内； 3. 立面形式应按实际情况绘制
28	墙中单扇推拉门	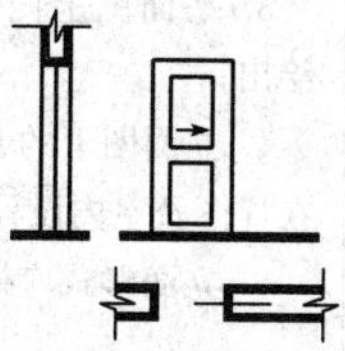	
29	墙中双扇推拉门	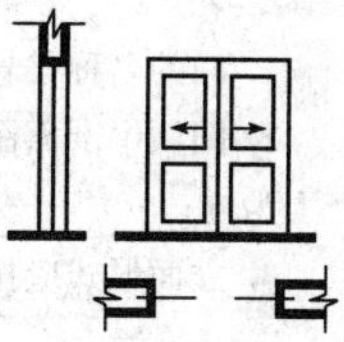	

续四

序号	名称	图例	说明
30	单扇双面弹簧门	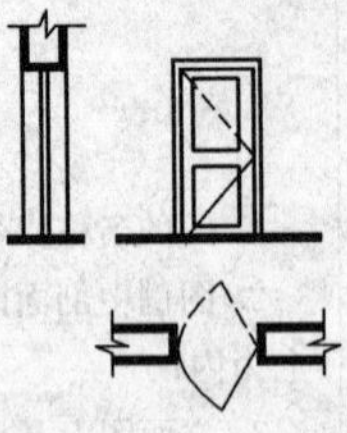	1. 门的名称代号用"M"表示； 2. 图例中剖面图左为外、右为内，平面图下为外、上为内； 3. 立面图上开启方向线交角的一侧为安装合页的一侧，实线为外开，虚线为内开； 4. 平面图上门线应 90°或 45°开启，开启弧线宜绘出； 5. 立面图上的开启线在一般设计图中可不表示，在详图及室内设计图上应表示； 6. 立面形式应按实际情况绘制
31	双扇双面弹簧门	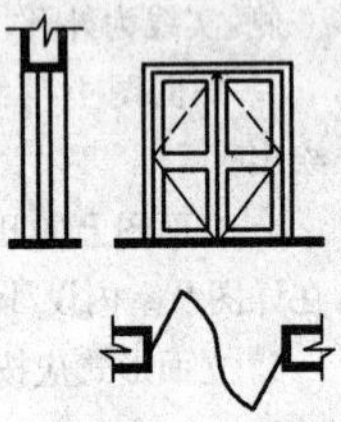	
32	单扇内外开双层门（包括平开或单面弹簧）	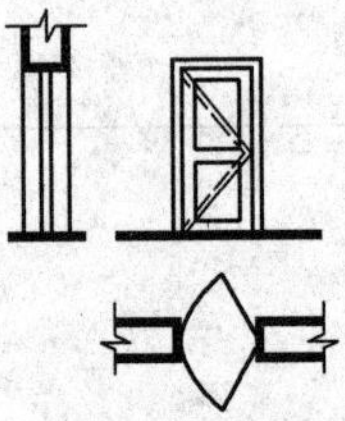	1. 门的名称代号用"M"表示； 2. 图例中剖面图左为外、右为内，平面图下为外、上为内； 3. 立面图上开启方向线交角的一侧为安装合页的一侧，实线为外开，虚线为内开； 4. 平面图上门线应 90°或 45°开启，开启弧线宜绘出； 5. 立面图上的开启线在一般设计图中可不表示，在详图及室内设计图上应表示； 6. 立面形式应按实际情况绘制
33	双扇内外开双层门（包括平开或单面弹簧）		
34	转门	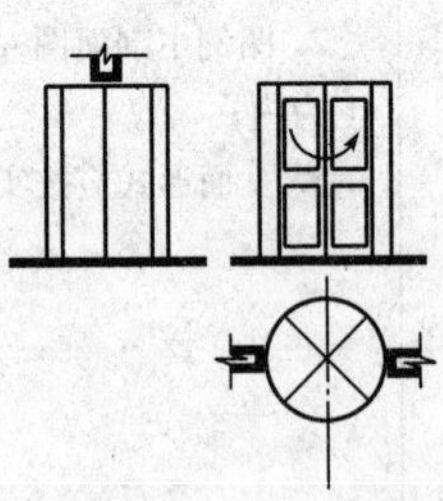	1. 门的名称代号用"M"表示； 2. 图例中剖面图左为外、右为内，平面图下为外、上为内； 3. 平面图上门线应 90°或 45°开启，开启弧线宜绘出； 4. 立面图上的开启线在一般设计图中可不表示，在详图及室内设计图上应表示； 5. 立面形式应按实际情况绘制
35	自动门	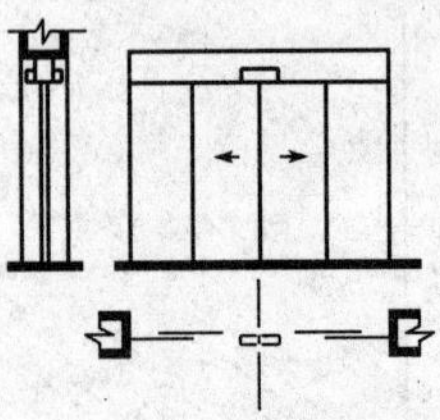	1. 门的名称代号用"M"表示； 2. 图例中剖面图左为外、右为内，平面图下为外、上为内； 3. 立面形式应按实际情况绘制

续五

序号	名 称	图 例	说 明
36	折叠上翻门	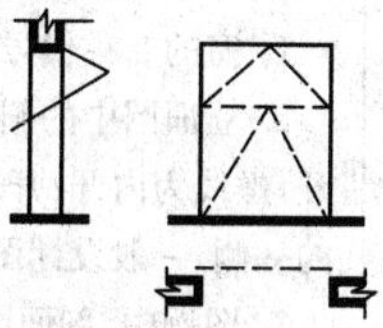	1. 门的名称代号用"M"表示； 2. 图例中剖面图左为外、右为内,平面图下为外、上为内； 3. 立面图上开启方向线交角的一侧为安装合页的一侧,实线为外开,虚线为内开； 4. 立面形式应按实际情况绘制； 5. 立面图上的开启线在设计图中应表示
37	竖向卷帘门	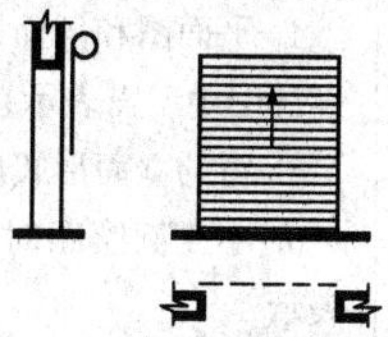	
38	横向卷帘门	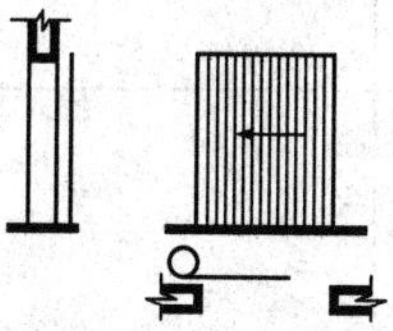	1. 门的名称代号用"M"表示； 2. 图例中剖面图左为外、右为内,平面图下为外、上为内； 3. 立面形式应按实际情况绘制
39	提升门	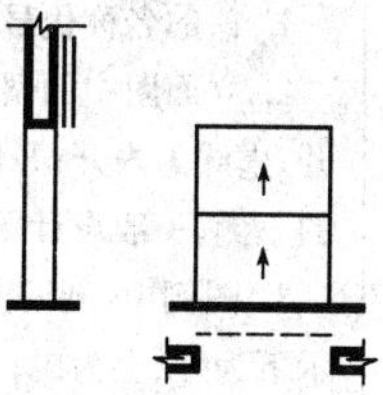	
40	单层固定窗	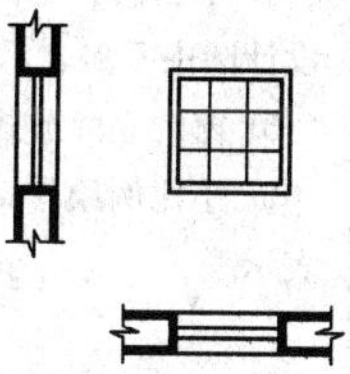	
41	单层外开上悬窗	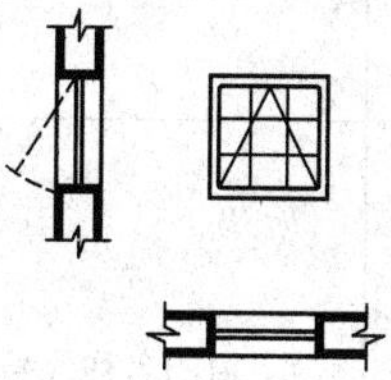	1. 窗的名称代号用"C"表示； 2. 立面图中的斜线表示窗的开启方向,实线为外开,虚线为内开；开启方向线交角的一侧为安装合页的一侧,一般设计图中可不表示； 3. 图例中,剖面图所示左为外、右为内,平面图所示下为外、上为内； 4. 平面图和剖面图上的虚线仅说明开关方式,在设计图中不需表示； 5. 窗的立面形式应按实际绘制； 6. 小比例绘图时,平、剖面的窗线可用单粗实线表示
42	单层中悬窗	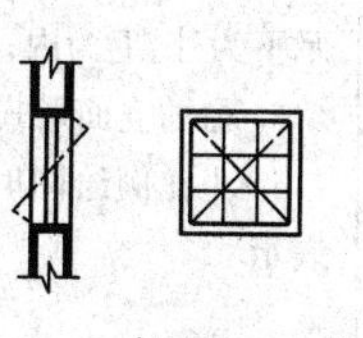	

续六

序号	名 称	图 例	说 明
43	单层内开下悬窗	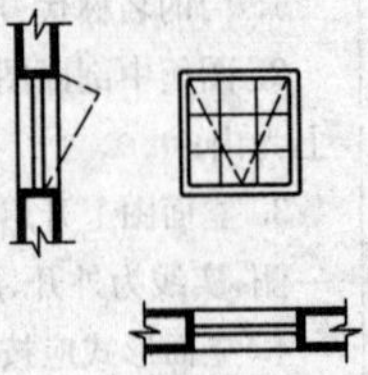	1. 窗的名称代号用"C"表示； 2. 立面图中的斜线表示窗的开启方向，实线为外开，虚线为内开；开启方向线交角的一侧为安装合页的一侧，一般设计图中可不表示； 3. 图例中，剖面图所示左为外、右为内，平面图所示下为外，上为内； 4. 平面图和剖面图上的虚线仅说明开关方式，在设计图中不需表示； 5. 窗的立面形式应按实际绘制； 6. 小比例绘图时，平、剖面的窗线可用单粗实线表示
44	立转窗		
45	单层外开平开窗	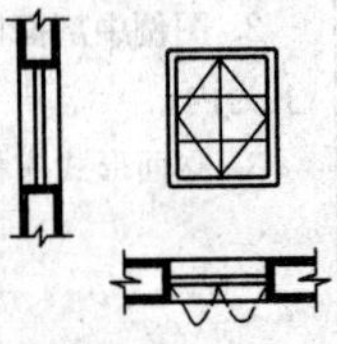	1. 窗的名称代号用"C"表示； 2. 立面图中的斜线表示窗的开启方向，实线为外开，虚线为内开；开启方向线交角的一侧为安装合页的一侧，一般设计图中可不表示； 3. 图例中，剖面图所示左为外、右为内，平面图所示下为外，上为内； 4. 平面图和剖面图上的虚线仅说明开关方式，在设计图中不需表示； 5. 窗的立面形式应按实际绘制； 6. 小比例绘图时，平、剖面的窗线可用单粗实线表示
46	单层内开平开窗		
47	双层内外开平开窗		
48	推拉窗	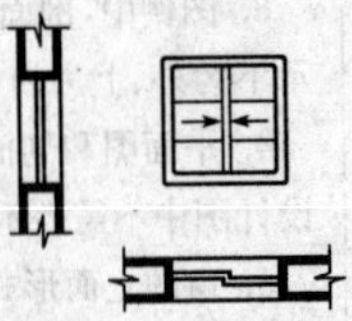	1. 窗的名称代号用"C"表示； 2. 图例中，剖面图所示左为外、右为内，平面图所示下为外、上为内； 3. 窗的立面形式应按实际绘制； 4. 小比例绘图时，平、剖面的窗线可用单粗实线表示
49	上推窗		

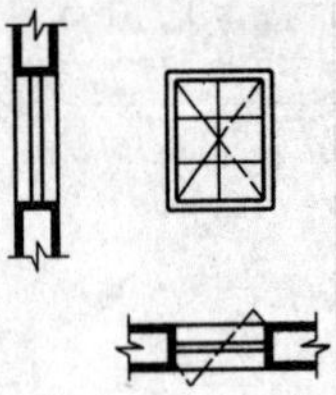

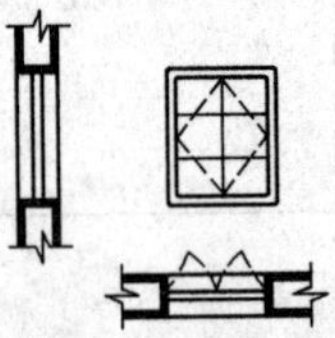

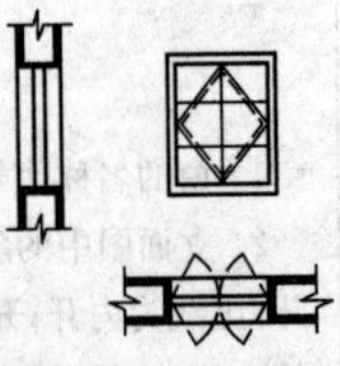

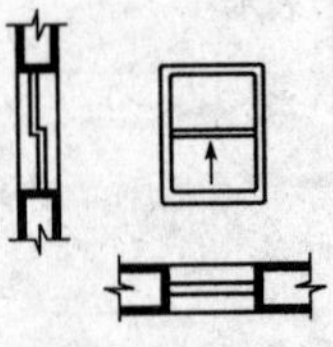

续七

序号	名称	图例	说明
50	百叶窗	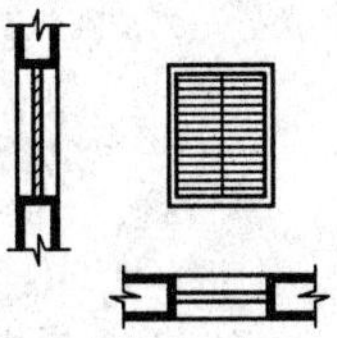	1. 窗的名称代号用"C"表示； 2. 立面图中的斜线表示窗的开启方向，实线为外开，虚线为内开；开启方向线交角的一侧为安装合页的一侧，一般设计图中可不表示； 3. 图例中，剖面图所示左为外、右为内，平面图所示下为外、上为内； 4. 平面图和剖面图上的虚线仅说明开关方式，在设计图中不需表示； 5. 窗的立面形式应按实际绘制； 6. h 为窗底距本层楼地面的高度
51	高窗	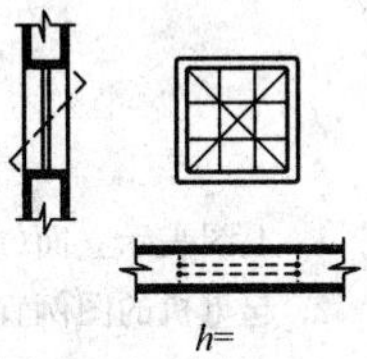	

注：在同一序号中示有三个图例时，左图为剖面，右图为立面，下图为平面；示有两个图例时，左图为剖面，右图为立面；或上图为立面，下图为平面；仅有一个图例时，则为平面。

四、水平及垂直运输装置图例

水平及垂直运输装置图例及说明见表2-4。

表2-4　　　　　　　　　水平及垂直运输装置图例

序号	名称	图例	说明
1	铁路		本图例适用于标准轨及窄轨铁路，使用本图例时应注明轨距
2	起重机轨道		—
3	电动葫芦	 Gn= (t)	
4	梁式起重机	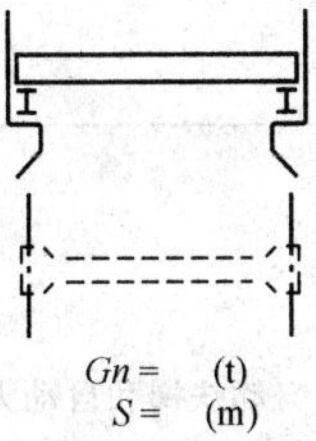 Gn= (t) S= (m)	1. 上图表示立面（或剖切面），下图表示平面； 2. 起重机的图例宜按比例绘制； 3. 有无操作室，应按实际情况绘制； 4. 需要时，可注明起重机的名称、行驶的轴线范围及工作级别； 5. 本图例的符号说明： Gn——起重机起重量，以"t"计算； S——起重机的跨度或臂长，以"m"计算
5	梁式悬挂起重机	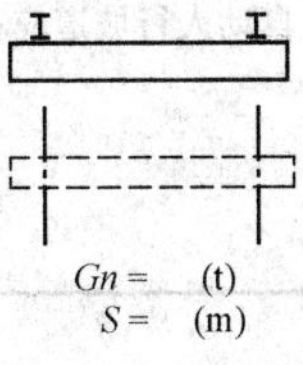 Gn= (t) S= (m)	

续表

序号	名称	图例	说明
6	桥式起重机	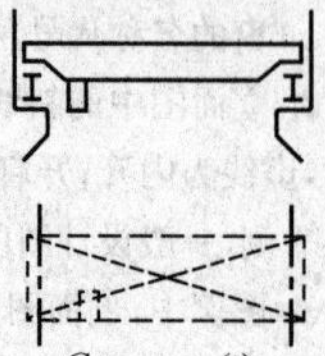 Gn= (t) S= (m)	
7	壁行起重机	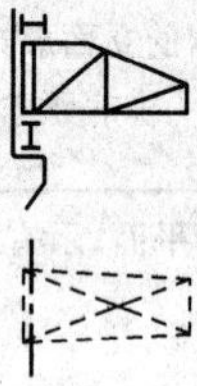 Gn= (t) S= (m)	1. 上图表示立面(或剖切面),下图表示平面; 2. 起重机的图例宜按比例绘制; 3. 有无操作室,应按实际情况绘制; 4. 需要时,可注明起重机的名称、行驶的轴线范围及工作级别; 5. 本图例的符号说明: Gn——起重机起重量,以"t"计算 S——起重机的跨度或臂长,以"m"计算
8	旋臂起重机	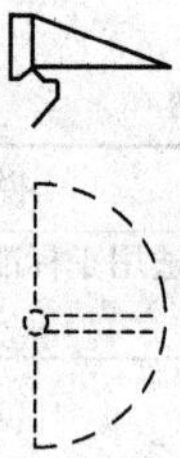 Gn= (t) S= (m)	
9	电梯	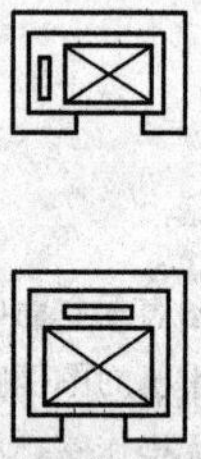	1. 电梯应注明类型,并绘出门和平衡锤的实际位置; 2. 观景电梯等特殊类型电梯应参照本图例按实际情况绘制
10	自动扶梯	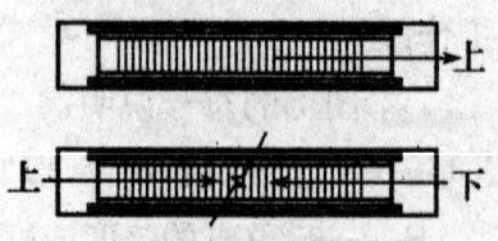	1. 自动扶梯和自动人行道、自动人行坡道可正逆向运行,箭头方向为设计运行方向; 2. 自动人行坡道应在箭头线段尾部加注上或下
11	自动人行道及自动人行坡道	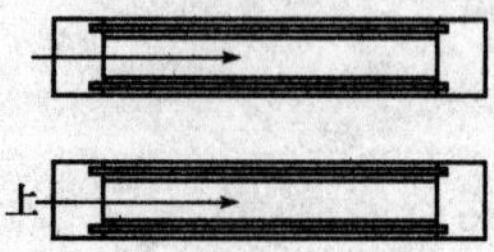	

第三章 建筑面积计算与土石方清单工程量计算

第一节 建筑面积计算

一、建筑面积的组成及作用

1. 建筑面积的组成

建筑面积,亦称建筑展开面积,是各层建筑面积的总和。它包括使用面积、辅助面积和结构面积三部分。

(1)使用面积:指建筑物各层平面中直接为生产或生活使用的净面积之和。例如,住宅建筑中的各居室、客厅等。

(2)辅助面积:指建筑物各层平面中为辅助生产或辅助生活所占净面积之和。例如,住宅建筑中的楼梯、走道、厨房、厕所等。使用面积与辅助面积的总和称为有效面积。

(3)结构面积:指建筑物各层平面中的墙、柱等结构所占面积的总和。

2. 建筑面积的作用

在我国的工程项目建设中,建筑面积是一项重要的技术经济指标。例如,依据建筑面积可以计算出单方造价、单方资源消耗量、建筑设计中的有效面积率、平面系数等重要的技术经济指标。建筑面积是计算某些分项工程量的基本数据,例如,计算平整场地、综合脚手架、室内回填土、楼地面工程等,这些都与建筑面积有关。此外,确定拟建项目的规模、反映国家的建设速度、人民生活改善、评价投资效益、设计方案的经济性和合理性、对单项工程进行技术经济分析等都与建筑面积有关。

二、建筑面积计算规则

1. 计算建筑面积的范围

(1)建筑物的建筑面积应按自然层外墙结构外围水平面积之和计算。结构层高在 2.20m 及以上的,应计算全面积;结构层高在 2.20m 以下的,应计算1/2面积。主体结构外的室外阳台、雨篷、檐廊、室外走廊、室外楼梯等按下述相应规则计算建筑面积。当外墙结构本身在一个层高范围内不等厚时,以楼地面结构标高处的外围水平面积计算。

【例 3-1】 试计算图 3-1 所示某建筑物的建筑面积。

【解】 建筑物的建筑面积应按自然层外墙结构外围水平面积之和计算。结构层高在2.20m及以上的,应计算全面积;结构层高在 2.20m 以下的,应计算 1/2 面积。本例中,该建筑物为单层,且层高在 2.20m 以上。

$$建筑面积=(12+0.24)\times(5+0.24)=64.14m^2$$

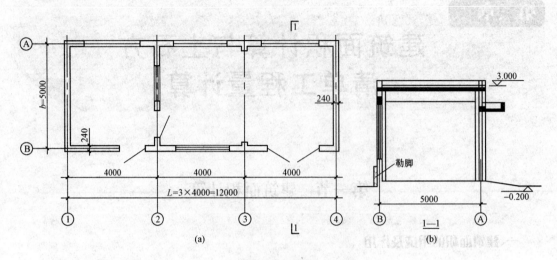

图 3-1　某单层房屋建筑示意图
(a)平面图；(b)剖面图

(2)建筑物内设有局部楼层(图 3-2)时，对于局部楼层的二层及以上楼层，有围护结构的应按其围护结构外围水平面积计算，无围护结构的应按其结构底板水平面积计算。结构层高在 2.20m 及以上的，应计算全面积；结构层高在 2.20m 以下的，应计算 1/2 面积。

【例 3-2】　试计算图 3-3 所示建筑物的建筑面积。

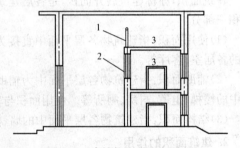

图 3-2　建筑物内的局部楼层
1—围护设施；2—围护结构；3—局部楼层

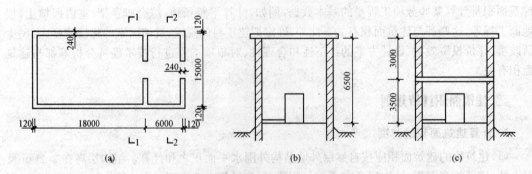

图 3-3　某单层建筑示意图
(a)平面图；(b)1—1 剖面图；(c)2—2 剖面图

【解】　建筑物内设有局部楼层时，对于局部楼层的二层及以上楼层，有围护结构的应按其围护结构外围水平面积计算，无围护结构的应按其结构底板水平面积计算。本例中，该建筑物设有局部楼层，且局部楼层层高为 3.0m，有围护结构。

建筑面积＝(18＋6＋0.24)×(15＋0.24)＋(6＋0.24)×(15＋0.24)＝464.52m²

【例 3-3】　试计算图 3-4 所示单层厂房的建筑面积。

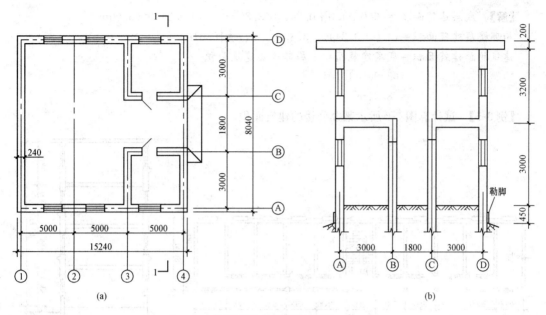

图 3-4 某单层厂房示意图(墙厚 240mm)
(a)平面图;(b)剖面图

【解】 本单层厂房内设有局部楼层,其中一处局部楼层有围护结构,另一处无围护结构。局部楼层的层高均超过 2.20m。

$$\begin{aligned}
单层厂房建筑面积 &= 厂房建筑面积 + 局部楼层建筑面积 \\
&= 15.24 \times 8.04 + (5 + 0.24) \times (3 + 0.24) \times 2 \\
&= 156.49 \text{m}^2
\end{aligned}$$

【例 3-4】 根据图 3-5 计算该建筑物的建筑面积(墙厚 240mm)。

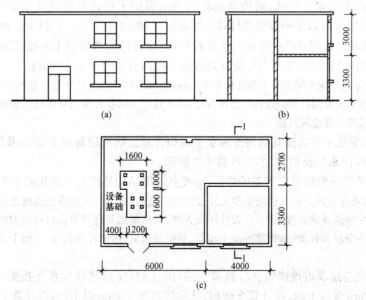

图 3-5 某建筑物示意图
(a)立面图;(b)1—1 剖面图;(c)平面图

【解】底层建筑面积=(6.0+4.0+0.24)×(3.30+2.70+0.24)=63.90m²
局部楼层建筑面积=(4.0+0.24)×(3.30+0.24)=15.01m²
建筑物总建筑面积=底层建筑面积+局部楼层建筑面积
　　　　　　　　=63.90+15.01
　　　　　　　　=78.91m²

【例3-5】 试计算图3-6所示某办公楼的建筑面积。

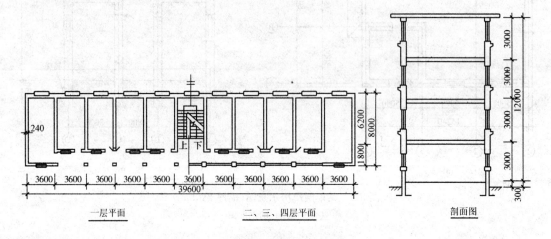

图3-6　某办公楼示意图

【解】 建筑面积=(39.6+0.24)×(8.0+0.24)×4=1313.13m²

(3)形成建筑空间的坡屋顶,结构净高在2.10m及以上的部位应计算全面积;结构净高在1.20m及以上至2.10m以下的部位应计算1/2面积;结构净高在1.20m以下的部位不应计算建筑面积。

(4)场馆看台下的建筑空间,结构净高在2.10m及以上的部位应计算全面积;结构净高在1.20m及以上至2.10m以下的部位应计算1/2面积;结构净高在1.20m以下的部位不应计算建筑面积。室内单独设置的有围护设施的悬挑看台,应按看台结构底板水平投影面积计算建筑面积。有顶盖无围护结构的场馆看台应按其顶盖水平投影面积的1/2计算面积。

注:场馆看台下的建筑空间因其上部结构多为斜板,所以采用净高的尺寸划定建筑面积的计算范围和对应规则。室内单独设置的有围护设施的悬挑看台,因其看台上部设有顶盖且可供人使用,所以按看台板的结构底板水平投影计算建筑面积。

(5)地下室、半地下室应按其结构外围水平面积计算。结构层高在2.20m及以上的,应计算全面积;结构层高在2.20m以下的,应计算1/2面积。

(6)出入口外墙外侧坡道有顶盖的部位,应按其外墙结构外围水平面积的1/2计算面积。

注:出入口坡道分有顶盖出入口坡道和无顶盖出入口坡道,出入口坡道顶盖的挑出长度,为顶盖结构外边线至外墙结构外边线的长度;顶盖以设计图纸为准,对后增加及建设单位自行增加的顶盖等,不计算建筑面积。顶盖不分材料种类(如钢筋混凝土顶盖、彩钢板顶盖、阳光板顶盖等)。地下室出入口如图3-7所示。

(7)建筑物架空层及坡地建筑物吊脚架空层(图3-8),应按其顶板水平投影计算建筑面积。结构层高在2.20m及以上的,应计算全面积;结构层高在2.20m以下的,应计算1/2面积。

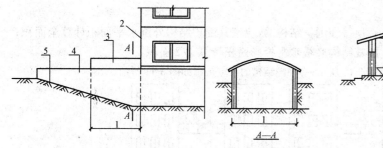

图 3-7 地下室出入口
1—计算1/2投影面积部位；2—主体建筑；3—出入口顶盖
4—封闭出入口侧墙；5—出入口坡道

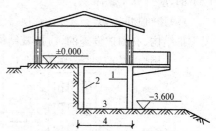

图 3-8 建筑物吊脚架空层
1—柱；2—墙；3—吊脚架空层
4—计算建筑面积部位

【例 3-6】 计算图 3-9 所示处于坡地的建筑物的建筑面积。

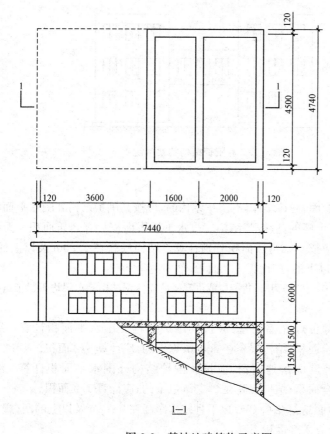

图 3-9 某坡地建筑物示意图

【解】 建筑物架空层及坡地建筑物吊脚架空层，应按其顶板水平投影计算建筑面积。结构层高在 2.20m 及以上的，应计算全面积；结构层高在 2.20m 以下的，应计算 1/2 面积。

坡地建筑物的建筑面积 $= (7.44 \times 4.74) \times 2 + (2 + 0.24) \times 4.74 + 1.6 \times 4.74 \times 1/2$

$= 84.95 m^2$

(8) 建筑物的门厅、大厅应按一层计算建筑面积，门厅、大厅内设置的走廊应按走廊结构底板水平投影面积计算建筑面积。结构层高在 2.20m 及以上的，应计算全面积；结构层高在 2.20m

以下的,应计算1/2面积。

(9)建筑物间的架空走廊,有顶盖和围护结构的,应按其围护结构外围水平面积计算全面积;无围护结构、有围护设施的,应按其结构底板水平投影面积计算1/2面积。

注:无围护结构的架空走廊如图3-10所示;有围护结构的架空走廊如图3-11所示。

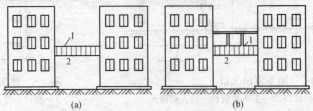

图 3-10　无围护结构的架空走廊
1—栏杆;2—架空走廊

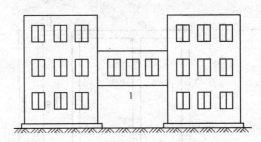

图 3-11　有围护结构的架空走廊
1—架空走廊

(10)立体书库、立体仓库、立体车库,有围护结构的,应按其围护结构外围水平面积计算建筑面积;无围护结构、有围护设施的,应按其结构底板水平投影面积计算建筑面积。无结构层的应按一层计算,有结构层的应按其结构层面积分别计算。结构层高在2.20m及以上的,应计算全面积;结构层高在2.20m以下的,应计算1/2面积。

注:起局部分隔、存储等作用的书架层、货架层或可升降的立体钢结构停车层均不属于结构层,故该部分分层不计算建筑面积。

(11)有围护结构的舞台灯光控制室,应按其围护结构外围水平面积计算。结构层高在2.20m及以上的,应计算全面积;结构层高在2.20m以下的,应计算1/2面积。

(12)附属在建筑物外墙的落地橱窗,应按其围护结构外围水平面积计算。结构层高在2.20m及以上的,应计算全面积;结构层高在2.20m以下的,应计算1/2面积。

(13)窗台与室内楼地面高差在0.45m以下且结构净高在2.10m及以上的凸(飘)窗,应按其围护结构外围水平面积计算1/2面积。

(14)有围护设施的室外走廊(挑廊),应按其结构底板水平投影面积计算1/2面积;有围护设施(或柱)的檐廊(图3-12),应按其围护设施(或柱)外围水平面积计算1/2面积。

(15)门斗(图3-13)应按其围护结构外围水平面积计算建筑面积。结构层高在2.20m及以上的,应计算全面积;结构层高在2.20m以下的,应计算1/2面积。

(16)门廊应按其顶板水平投影面积的1/2计算建筑面积;有柱雨篷应按其结构板水平投影面积的1/2计算建筑面积;无柱雨篷的结构外边线至外墙结构外边线的宽度在2.10m及以上的,应按雨篷结构板的水平投影面积的1/2计算建筑面积。

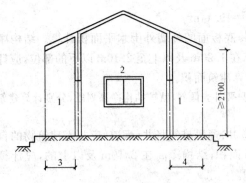
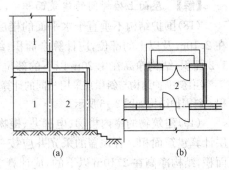

图 3-12　檐廊
1—檐廊；2—室内；3—不计算建筑面积部位
4—计算 1/2 建筑面积部位

图 3-13　门斗
1—室内；2—门斗

注：雨篷分为有柱雨篷和无柱雨篷。有柱雨篷，没有出挑宽度的限制，也不受跨越层数的限制，均计算建筑面积。无柱雨篷，其结构板不能跨层，并受出挑宽度的限制，设计出挑宽度大于或等于 2.10m 时才计算建筑面积。出挑宽度，是指雨篷结构外边线至外墙结构外边线的宽度，弧形或异形时，取最大宽度。

【例 3-7】 试计算图 3-14 所示有柱雨篷的建筑面积。已知雨篷结构板挑出柱边的长度为 500mm。

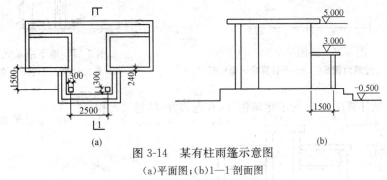

图 3-14　某有柱雨篷示意图
(a)平面图；(b)1—1 剖面图

【解】 有柱雨篷应按其结构板水平投影面积的 1/2 计算建筑面积。

有柱雨篷的建筑面积 $= (2.5+0.3+0.5 \times 2) \times (1.5-0.24+0.15+0.5) \times 1/2$
$= 3.63 \mathrm{m}^2$

(17)设在建筑物顶部的、有围护结构的楼梯间、水箱间、电梯机房等，结构层高在 2.20m 及以上的应计算全面积；结构层高在 2.20m 以下的，应计算 1/2 面积。

【例 3-8】 试计算图 3-15 所示屋面上楼梯间的建筑面积。

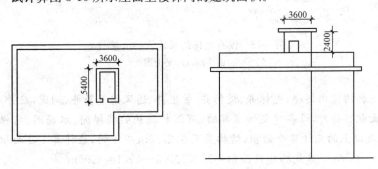

图 3-15　屋面上楼梯间示意图

【解】 屋面上楼梯间的建筑面积＝5.4×3.6＝19.44m²

（18）围护结构不垂直于水平面的楼层，应按其底板面的外墙外围水平面积计算。结构净高在2.10m及以上的部位，应计算全面积；结构净高在1.20m及以上至2.10m以下的部位，应计算1/2面积；结构净高在1.20m以下的部位，不应计算建筑面积。

注：斜围护结构与斜屋顶采用相同的计算规则，即只要外壳倾斜，就按结构净高划段，分别计算建筑面积。斜围护结构如图3-16所示。

（19）建筑物的室内楼梯、电梯井、提物井、管道井、通风排气竖井、烟道，应并入建筑物的自然层计算建筑面积。有顶盖的采光井应按一层计算面积，结构净高在2.10m及以上的，应计算全面积，结构净高在2.10m以下的，应计算1/2面积。

注：建筑物的楼梯间层数按建筑物的层数计算。有顶盖的采光井包括建筑物中的采光井和地下室采光井。地下室采光井如图3-17所示。

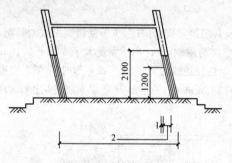

图3-16 斜围护结构
1—计算1/2建筑面积部位；2—不计算建筑面积部位

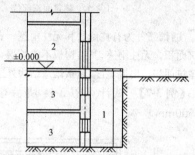

图3-17 地下室采光井
1—采光井；2—室内；3—地下室

【例3-9】 试计算图3-18所示建筑物（内有电梯井）的建筑面积。

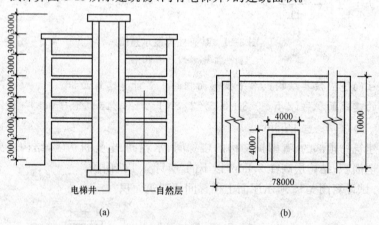

图3-18 设有电梯的某建筑物示意图
(a)剖面图；(b)平面图

【解】 建筑物的室内楼梯、电梯井、提物井、管道井、通风排气竖井、烟道，应并入建筑物的自然层计算建筑面积。另外，设在建筑物顶部的、有围护结构的楼梯间、水箱间、电梯机房等，结构层高在2.20m及以上的应计算全面积；结构层高在2.20m以下的，应计算1/2面积。

建筑物建筑面积＝78×10×6＋4×4＝4696m

（20）室外楼梯应并入所依附建筑物自然层，并应按其水平投影面积的1/2计算建筑面积。

注:利用室外楼梯下部的建筑空间不得重复计算建筑面积;利用地势砌筑的为室外踏步,不计算建筑面积。

【**例 3-10**】 试计算图 3-19 所示室外楼梯的建筑面积。

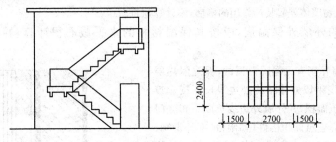

图 3-19 室外楼梯示意图

【**解**】 室外楼梯应并入所依附建筑物自然层,并应按其水平投影面积的 1/2 计算建筑面积。

$$室外楼梯建筑面积=(1.5\times2+2.7)\times2.4\div2$$
$$=27.36\text{m}^2$$

(21)在主体结构内的阳台,应按其结构外围水平面积计算全面积;在主体结构外的阳台,应按其结构底板水平投影面积计算 1/2 面积。

注:建筑物的阳台,不论其形式如何,均以建筑物主体结构为界分别计算建筑面积。

【**例 3-11**】 试计算图 3-20 所示封闭式阳台的建筑面积。

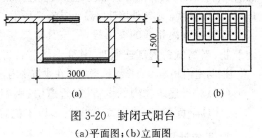

图 3-20 封闭式阳台
(a)平面图;(b)立面图

【**解**】 建筑物的阳台,不论其形式如何,均以建筑物主体结构为界分别计算建筑面积。其中在主体结构内的阳台,应按其结构外围水平面积计算全面积;在主体结构外的阳台,应按其结构底板水平投影面积计算 1/2 面积。本例中封闭式阳台位于建筑物主体结构外,故其建筑面积为:

$$封闭式阳台建筑面积=3.0\times1.5\times1/2=2.25\text{m}^2$$

(22)有顶盖无围护结构的车棚、货棚、站台、加油站、收费站等,应按其顶盖水平投影面积的 1/2 计算建筑面积。

【**例 3-12**】 试计算图 3-21 所示有柱车棚的建筑面积。

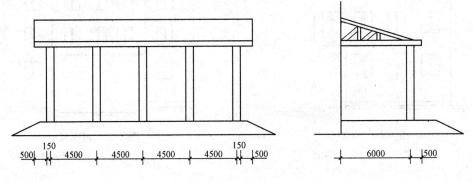

图 3-21 某有柱车棚示意图

【解】 有柱车棚建筑面积＝(4.5×4＋0.15×2＋0.5×2)×(6＋0.5)×1/2
＝62.73m²

(23)以幕墙作为围护结构的建筑物,应按幕墙外边线计算建筑面积。

注：设置在建筑物墙体外起装饰作用的幕墙,不计算建筑面积。

(24)建筑物的外墙外保温层,应按其保温材料的水平截面积计算,并计入自然层建筑面积。

注：建筑物外墙外侧有保温隔热层的,保温隔热层以保温材料的净厚度乘以外墙结构外边线长度按建筑物的自然层计算建筑面积,其外墙外边线长度不扣除门窗和建筑物外已计算建筑面积构件(如阳台、室外走廊、门斗、落地橱窗等部件)所占长度。当建筑物外已计算建筑面积的构件(如阳台、室外走廊、门斗、落地橱窗等部件)有保温隔热层时,其保温隔热层也不再计算建筑面积。外墙是斜面者按楼面楼板处的外墙外边线长度乘以保温材料的净厚度计算。外墙外保温以沿高度方向满铺为准,某层外墙外保温铺设高度未达到全部高度时(不包括阳台、室外走廊、门斗、落地橱窗、雨篷、飘窗等),不计算建筑面积。保温隔热层的建筑面积是以保温隔热材料的厚度来计算的,不包含抹灰层、防潮层、保护层(墙)的厚度。建筑外墙外保温如图 3-22 所示。

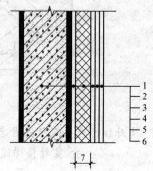

图 3-22 建筑外墙外保温示意图
1—墙体；2—粘结胶浆；3—保温材料；4—标准网
5—加强网；6—抹面胶浆；7—计算建筑面积部位

(25)与室内相通的变形缝,应按其自然层合并在建筑物建筑面积内计算。对于高低联跨的建筑物,当高低跨内部连通时,其变形缝应计算在低跨面积内。

注：与室内相通的变形缝是指暴露在建筑物内,在建筑物内可以看得见的变形缝。

(26)对于建筑物内的设备层、管道层、避难层等有结构层的楼层,结构层高在 2.20m 及以上的,应计算全面积；结构层高在 2.20m 以下的,应计算 1/2 面积。

2. 不应计算建筑面积的范围

(1)与建筑物内不相连通的建筑部件。

(2)骑楼(图 3-23)、过街楼(图 3-24)底层的开放公共空间和建筑物通道。

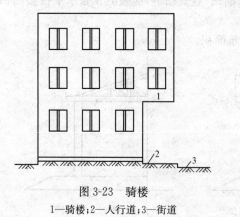

图 3-23 骑楼
1—骑楼；2—人行道；3—街道

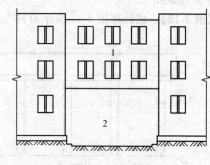

图 3-24 过街楼
1—过街楼；2—建筑物通道

【例 3-13】 计算图 3-25 所示建筑物的建筑面积。

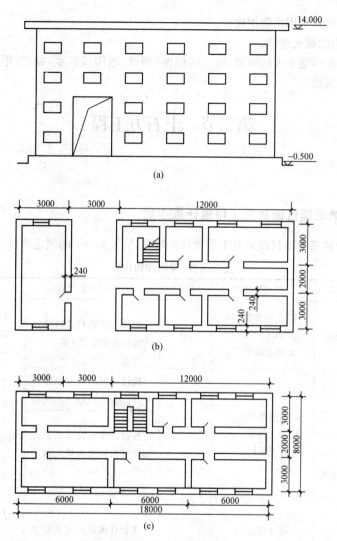

图 3-25 有通道穿过的建筑物示意图
(a)正立面示意图；(b)二层平面示意图；(c)三、四层平面示意图

【解】 骑楼、过街楼底层的开放公共空间和建筑物通道不应计算建筑面积。本例中，建筑物底部有通道穿过，通道部分不应计算建筑面积。

建筑面积 $= (18+0.24) \times (8+0.24) \times 4 - (3-0.24) \times (8+0.24) \times 2$
$= 555.71 m^2$

(3)舞台及后台悬挂幕布和布景的天桥、挑台等。

(4)露台、露天游泳池、花架、屋顶的水箱及装饰性结构构件。

(5)建筑物内的操作平台、上料平台、安装箱和罐体的平台。

(6)勒脚、附墙柱、垛、台阶、墙面抹灰、装饰面、镶贴块料面层、装饰性幕墙，主体结构外的空调室外机搁板(箱)、构件、配件，挑出宽度在 2.10m 以下的无柱雨篷和顶盖高度达到或超过两个楼层的无柱雨篷。

(7)窗台与室内地面高差在 0.45m 以下且结构净高在 2.10m 以下的凸(飘)窗，窗台与室内地面高差在 0.45m 及以上的凸(飘)窗。

(8)室外爬梯、室外专用消防钢楼梯。

(9)无围护结构的观光电梯。

(10)建筑物以外的地下人防通道,独立的烟囱、烟道、地沟、油(水)罐、气柜、水塔、贮油(水)池、贮仓、栈桥等构筑物。

第二节 土石方工程

一、土方工程

(一)工程量清单项目设置及工程量计算规则

土方工程工程量清单项目设置及工程量计算规则,应按表3-1的规定执行。

表3-1 土方工程(编码:010101)

项目编码	项目名称	项目特征	计量单位	工程量计算规则	工作内容
010101001	平整场地	1. 土壤类别 2. 弃土运距 3. 取土运距	m²	按设计图示尺寸以建筑物首层建筑面积计算	1. 土方挖填 2. 场地找平 3. 运输
010101002	挖一般土方	1. 土壤类别 2. 挖土深度 3. 弃土运距	m³	按设计图示尺寸以体积计算	1. 排地表水 2. 土方开挖 3. 围护(挡土板)及拆除 4. 基底钎探 5. 运输
010101003	挖沟槽土方			按设计图示尺寸以基础垫层底面积乘以挖土深度计算	
010101004	挖基坑土方				
010101005	冻土开挖	1. 冻土厚度 2. 弃土运距		按设计图示尺寸开挖面积乘厚度以体积计算	1. 爆破 2. 开挖 3. 清理 4. 运输
010101006	挖淤泥、流砂	1. 挖掘深度 2. 弃淤泥、流砂距离		按设计图示位置、界限以体积计算	1. 开挖 2. 运输
010101007	管沟土方	1. 土壤类别 2. 管外径 3. 挖沟深度 4. 回填要求	1. m 2. m³	1. 以米计量,按设计图示以管道中心线长度计算 2. 以立方米计量,按设计图示管底垫层面积乘以挖土深度计算;无管底垫层按管外径的水平投影面积乘以挖土深度计算。不扣除各类井的长度,井的土方并入	1. 排地表水 2. 土方开挖 3. 围护(挡土板)支撑 4. 运输 5. 回填

(二)项目特征描述

(1)平整场地。平整场地应描述土壤类别、弃土运距和取土运距。

1)土壤的分类应按表 3-2 确定,如土壤类别不能准确划分时,招标人可注明为综合,由投标人根据地勘报告决定报价。

表 3-2   土壤分类表

土壤分类	土壤名称	开挖方法
一、二类土	粉土、砂土(粉砂、细砂、中砂、粗砂、砾砂)、粉质黏土、弱中盐渍土、软土(淤泥质土、泥炭、泥炭质土)、软塑红黏土、冲填土	用锹,少许用镐、条锄开挖。机械能全部直接铲挖满载者
三类土	黏土、碎石土(圆砾、角砾)、混合土、可塑红黏土、硬塑红黏土、强盐渍土、素填土、压实填土	主要用镐、条锄,少许用锹开挖。机械需部分刨松方能铲挖满载者或可直接铲挖但不能满载者
四类土	碎石土(卵石、碎石、漂石、块石)、坚硬红黏土、超盐渍土、杂填土	全部用镐、条锄挖掘,少许用撬棍挖掘。机械需普遍刨松方能铲挖满载者

2)弃、取土运距可以不描述,但应注明由投标人根据施工现场实际情况自行考虑,决定报价。

(2)挖一般土方、沟槽土方、基坑土方。挖一般土方、沟槽土方、基坑土方应描述土壤类别、挖土深度和弃土运距。

挖土方平均厚度应按自然地面测量标高至设计地坪标高间的平均厚度确定。基础土方开挖深度应按基础垫层底表面标高至交付施工场地标高确定。无交付施工场地标高时,应按自然地面标高确定。

(3)冻土开挖。冻土开挖应描述冻土厚度和弃土运距。

(4)挖淤泥、流砂。挖淤泥、流砂应描述挖掘深度与弃淤泥、流砂的距离。

(5)管沟土方。管沟土方是指管道(给排水、工业、电力、通信)、光(电)缆沟[包括:人(手)孔、接口坑]及连接井(检查井)等的土方挖填,应描述土壤类别、管外径、挖沟深度和回填要求。

(三)工程量计算

1. 工程量计算方法

(1)方格网计算法。

1)根据需要平整区域的地形图(或直接测量地形)划分方格网。方格的大小视地形变化的复杂程度及计算要求的精度不同而不同,一般方格的大小为 20m×20m(也可 10m×10m)。然后按设计(总图或竖向布置图),在方格网上套划出方格角点的设计标高(即施工后需达到的高度)和自然标高(原地形高度)。设计标高与自然标高之差即为施工高度,"−"表示挖方,"+"表示填方。

2)当方格内相邻两角一为填方、一为挖方时,则应按比例分配计算出两角之间不挖不填的"零"点位置,并标于方格边上。再将各"零"点用直线连起来,就可将建筑场地划分为填、挖方区。

3)土石方工程量的计算公式可参照表 3-3 进行。如遇陡坡等突然变化起伏地段,由于高低悬殊,采用本方法也难准确时,就视具体情况另行补充计算。

表 3-3　　方格网点常用计算公式

序号	图　示	计算方式
1		方格内四角全为挖方或填方： $V=\dfrac{a^2}{4}(h_1+h_2+h_3+h_4)$
2		三角锥体，当三角锥体全为挖方或填方： $F=\dfrac{a^2}{2}\quad V=\dfrac{a^2}{6}(h_1+h_2+h_3)$
3		方格网内，一对角线为零线，另两角点一为挖方一为填方： $F_{挖}=F_{填}=\dfrac{a^2}{2}$ $V_{挖}=\dfrac{a^2}{6}h_1\quad V_{填}=\dfrac{a^2}{6}h_2$
4		方格网内，三角为挖(填)方，一角为填(挖)方： $b=\dfrac{ah_4}{h_1+h_4};c=\dfrac{ah_4}{h_3+h_4}$ $F_{填}=\dfrac{1}{2}bc;F_{挖}=a^2-\dfrac{1}{2}bc$ $V_{填}=\dfrac{h_4}{6}bc=\dfrac{a^2h_4^3}{6(h_1+h_4)(h_3+h_4)}$ $V_{挖}=\dfrac{a^2}{6}-(2h_1+h_2+2h_3-h_4)+V_{填}$
5		方格网内，两角为挖，两角为填： $b=\dfrac{ah_1}{h_1+h_4}$ $c=\dfrac{ah_2}{h_2+h_3}\quad d=a-b c=a-c$ $F_{挖}=\dfrac{1}{2}(b+c)a$ $F_{填}=\dfrac{1}{2}(d+e)a$ $V_{挖}=\dfrac{a}{4}(h_1+h_2)\dfrac{b+c}{2}$ $\quad=\dfrac{a}{8}(b+c)(h_1+h_2)$ $V_{填}=\dfrac{a}{4}(h_3+h_4)\dfrac{d+e}{2}$ $\quad=\dfrac{a}{8}(d+e)(h_3+h_4)$

4) 将挖方区、填方区所有方格计算出的工程量列表汇总，即得该建筑场地的土石方挖、填工程总量。

(2) 横截面计算法。横截面计算法适用于地形起伏变化较大或形状狭长地带，其方法是：

首先，根据地形图及总平面图，将要计算的场地划分成若干个横截面，相邻两个横截面距离视地形变化而定。在起伏变化大的地段，布置密一些(即距离短一些)，反之则可适当长一些。如线路横断面在平坦地区,可取 50m 一个,山坡地区可取 20m 一个,遇到变化大的地段再加测断面,然后,实测每个横截面特征点的标高,量出各点之间距离(如果测区已有比较精确的大比例尺地形图,也可在图上设置横截面,用比例尺直接量取距离,按等高线求算高程,方法简捷,但就其精度没有实测的高),按比例尺把每个横截面绘制到厘米方格纸上,并套上相应的设计断面,则自然地面和设计地面两轮廓线之间的部分,即是需要计算的施工部分。

具体计算步骤如下:

1)划分横截面:根据地形图(或直接测量)及竖向布置图,将要计算的场地划分横截面 $A-A'$、$B-B'$、$C-C'$ 等,划分原则为取垂直等高线或垂直主要建筑物边长,横截面之间的间距可不等,地形变化复杂的间距宜小,反之宜大一些,但不宜超过 100m。

2)划截面图形:按比例划制每个横截面自然地面和设计地面的轮廓线。设计地面轮廓线之间的部分,即为填方和挖方的截面。

3)计算横截面面积:按表 3-4 的面积计算公式,计算每个截面的填方或挖方截面面积。

表 3-4　　　　　　　　　常用横截面面积计算公式

图　示	面积计算公式
	$F = h(b + nh)$
	$F = h\left[b + \dfrac{h(m+n)}{2}\right]$
	$F = b\dfrac{h_1 + h_2}{2} + nh_1 h_2$
	$F = h_1 \dfrac{a_1 + a_2}{2} + h_2 \dfrac{a_2 + a_3}{2} + h_3 \dfrac{a_3 + a_4}{2} + h_4 \dfrac{a_4 + a_5}{2}$
	$F = \dfrac{1}{2}a(h_0 + 2h + h_n)$ $h = h_1 + h_2 + h_3 + \cdots + h_n$

4)根据截面面积计算土方量:

$$V = \dfrac{1}{2}(F_1 + F_2)L$$

式中　　V——相邻两截面间的土方量(m^3);

F_1、F_2——相邻两截面的挖(填)方截面面积(m^2);

L——相邻两截面间的间距(m)。

5)按土方量汇总(表 3-5):如图 3-26 中截面 $A-A'$ 所示,设桩号 $0+0.00$ 的填方横截面面积为 $2.80m^2$,挖方横截面面积为 $3.90m^2$;图 3-21 中截面 $B-B'$,桩号 $0+0.20$ 的填方横截面面积为 $2.35m^2$,挖方横截面面积为 $6.75m^2$,两桩间的距离为 20m,则其挖填方量各为:

$$V_{挖方} = \frac{1}{2} \times (3.90+6.75) \times 20 = 106.5 m^3$$

$$V_{填方} = \frac{1}{2} \times (2.80+2.35) \times 20 = 51.5 m^3$$

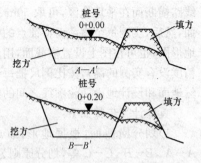

图 3-26 填方、挖方示意图

表 3-5 土方量汇总

截 面	填方面积/m²	挖方面积/m²	截面间距/m	填方体积/m³	挖方体积/m³
$A-A'$	2.80	3.90	20	28	39
$B-B'$	2.35	6.75	20	23.5	67.5
合 计				51.5	106.5

2. 工程量计算示例

【例 3-14】 某教学楼底层平面图如图 3-27 所示,三类土,弃土运距 150m,试计算清单平整场地工程量。

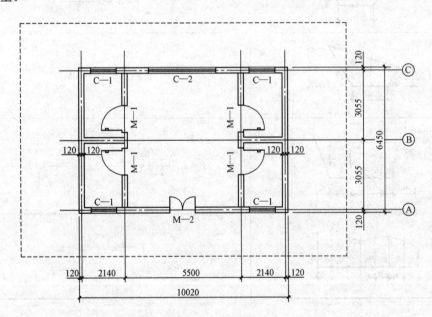

图 3-27 某建筑物底层平面图

【解】 (1)清单平整场地工程量:$S = 10.02 \times 6.45 = 64.63 m^2$

(2)分部分项工程量清单表,见表 3-6。

表 3-6　　　　　　　　　　　　分部分项工程量清单

项目编码	项目名称	项目特征描述	计量单位	工程量	金　　额/元		
					综合单价	合价	其中:暂估价
010101001001	平整场地	三类土 弃土运距150m	m²	64.63			

【例 3-15】 拟建某教学楼场地的大型土方方格网图如图 3-28 所示,图中方格边长为 30m,括号内为设计标高,无括号为地面实测标高,单位为 m。试计算施工标高、零线和土方工程量。

【解】 (1)求施工标高(图 3-29)。施工标高＝地面实测标高－设计标高。

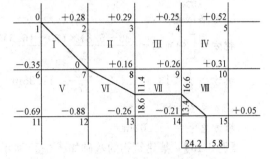

图 3-28　某场地的土方方格网　　　　图 3-29　某场地的施工标高示意图

(2)求零线。先求零点,从图 3-24 中可知 1 和 7 为零点,尚需求 8～13,9～14,14～15 线上的零点,如 8～13 线上的零点为:

$$x=\frac{ah_1}{h_1+h_2}=\frac{30\times 0.16}{0.16+0.26}=11.4\text{m}$$

另一段为 $a-x=30-11.4=18.6\text{m}$

其他线上的零点用同样的方法求得,求出零点后,连接各零点即为零线,图上折线为零线,以上为挖方区,以下为填方区。

(3)求土方量:

1)方格网Ⅰ:

$$挖方=\frac{1}{2}\times 30\times 30\times \frac{0.28}{3}=42\text{m}^3$$

$$填方=\frac{1}{2}\times 30\times 30\times \frac{0.35}{3}=52.5\text{m}^3$$

2)方格网Ⅱ:

$$挖方=30\times 30\times \frac{0.29+0.16+0.28}{4}=164.25\text{m}^3$$

3)方格网Ⅲ:

$$挖方=30\times 30\times \frac{0.25+0.26+0.16+0.29}{4}=216\text{m}^3$$

4)方格网Ⅳ:

$$挖方=30\times 30\times \frac{0.52+0.31+0.26+0.25}{4}=301.5\text{m}^3$$

5)方格网Ⅴ:

$$填方=30\times 30\times \frac{0.88+0.69+0.35}{4}=432\text{m}^3$$

6) 方格Ⅵ：

$$挖方 = \frac{1}{2} \times 30 \times 11.4 \times \frac{0.16}{3} = 9.12 \text{m}^3$$

$$填方 = \frac{1}{2} \times (30+18.6) \times 30 \times \frac{0.88+0.26}{4} = 207.77 \text{m}^3$$

7) 方格网Ⅶ：

$$挖方 = \frac{1}{2} \times (11.4+16.6) \times 30 \times \frac{0.16 \times 0.26}{4} = 44.10 \text{m}^3$$

$$填方 = \frac{1}{2} \times (13.4+18.6) \times 30 \times \frac{0.21+0.26}{4} = 56.40 \text{m}^3$$

8) 方格网Ⅷ：

$$挖方 = \left[30 \times 30 - \frac{(30-5.8) \times (30-16.6)}{2}\right] \times \frac{0.26+0.31+0.05}{5} = 91.49 \text{m}^3$$

$$填方 = \frac{1}{2} \times 13.4 \times 24.2 \times \frac{0.21}{7} = 11.35 \text{m}^3$$

挖方总量 = 868.46m³

填方总量 = 760.02m³

【例 3-16】 某建筑物的基础如图 3-30 所示，试计算挖四类土基槽工程量。

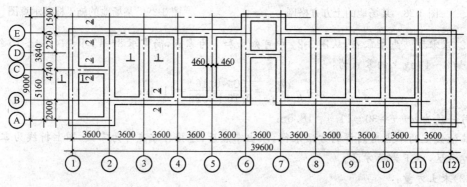

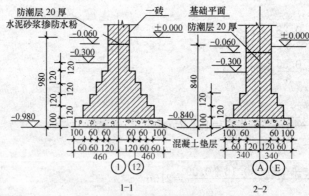

图 3-30 某建筑物基础示意图

【解】 计算顺序可按轴线编号，从左至右及由下而上进行，但基础宽度相同者应合并。

①、⑫轴：室外地面至槽底的深度×槽宽×长 = (0.98−0.3)×0.92×9×2 = 11.26m³

②、⑪轴：(0.98−0.3)×0.92×(9−0.68)×2 = 10.41m³

③、④、⑤、⑧、⑨、⑩轴：(0.98−0.3)×0.92×(7−0.68)×6 = 23.72m³

⑥、⑦轴:(0.98−0.3)×0.92×(8.5−0.68)×2=9.78m³
Ⓐ、Ⓑ、Ⓒ、Ⓓ、Ⓔ轴线:(0.84−0.3)×0.68×[39.6×2+(3.6−0.92)]=30.07m³
挖地槽工程量=11.26+10.41+23.72+9.78+30.07=85.24m³

二、石方工程

(一)工程量清单项目设置及工程量计算规则

石方工程工程量清单项目设置及工程量计算规则,应按表3-7的规定执行。

表3-7　　　　　　　　　石方工程(编码:010102)

项目编码	项目名称	项目特征	计量单位	工程量计算规则	工作内容
010102001	挖一般石方	1. 岩石类别 2. 开凿深度 3. 弃碴运距	m³	按设计图示尺寸以体积计算	1. 排地表水 2. 凿石 3. 运输
010102002	挖沟槽石方			按设计图示尺寸沟槽底面积乘以挖石深度以体积计算	
010102003	挖基坑石方			按设计图示尺寸基坑底面积乘以挖石深度以体积计算	
010102004	挖管沟石方	1. 岩石类别 2. 管外径 3. 挖沟深度	1. m 2. m³	1. 以米计量,按设计图示以管道中心线长度计算 2. 以立方米计量,按设计图示截面积乘以长度计算	1. 排地表水 2. 凿石 3. 回填 4. 运输

(二)项目特征描述

1. 挖一般石方、沟槽石方、基坑石方

挖一般石方、沟槽石方、基坑石方应描述岩石类别、开凿深度、弃碴运距。
(1)岩石的分类应按表3-8确定。

表3-8　　　　　　　　　岩石分类表

岩石分类		代表性岩石	开挖方法
极软岩		1. 全风化的各种岩石 2. 各种半成岩	部分用手凿工具、部分用爆破法开挖
软质岩	软岩	1. 强风化的坚硬岩或较硬岩 2. 中等风化—强风化的较软岩 3. 未风化—微风化的页岩、泥岩、泥质砂岩等	用风镐和爆破法开挖
	较软岩	1. 中等风化—强风化的坚硬岩或较硬岩 2. 未风化—微风化的凝灰岩、千枚岩、泥灰岩、砂质泥岩等	用爆破法开挖
硬质岩	较硬岩	1. 微风化的坚硬岩 2. 未风化—微风化的大理岩、板岩、石灰岩、白云岩、钙质砂岩等	用爆破法开挖
	坚硬岩	未风化—微风化的花岗岩、闪长岩、辉绿岩、玄武岩、安山岩、片麻岩、石英岩、石英砂岩、硅质砾岩、硅质石灰岩等	用爆破法开挖

(2)开凿深度。挖石应按自然地面测量标高至设计地坪标高的平均厚度确定。基础石方开挖深度应按基础垫层底表面标高至交付施工现场地标高确定,无交付施工场地标高时,应按自然地面标高确定。

(3)弃碴运距。弃碴运距可以不描述,但应注明由投标人根据施工现场实际情况自行考虑,决定报价。

2. 挖管沟石方

挖管沟石方应描述岩石类别、管外径、挖沟深度。

三、土石方回填

(一)工程量清单项目设置及工程量计算规则

土石方回填工程量清单项目设置及工程量计算规则,应按表3-9的规定执行。

表3-9　　　　　　　　　回填(编码:010103)

项目编码	项目名称	项目特征	计量单位	工程量计算规则	工作内容
010103001	回填方	1. 密实度要求 2. 填方材料品种 3. 填方粒径要求 4. 填方来源、运距	m³	按设计图示尺寸以体积计算 1. 场地回填:回填面积乘以平均回填厚度 2. 室内回填:主墙间面积乘以回填厚度,不扣除间隔墙 3. 基础回填:按挖方清单项目工程量减去自然地坪以下埋设的基础体积(包括基础垫层及其他构筑物)	1. 运输 2. 回填 3. 压实
010103002	余方弃置	1. 废弃料品种 2. 运距		按挖方清单项目工程量减去利用回填方体积(正数)计算	余方点装料运输至弃置点

(二)项目特征描述

1. 回填方

回填方应描述密实度要求,填方材料品种,填方粒径要求,填方来源、运距。

(1)填方密实度要求,在无特殊要求情况下,项目特征可描述为满足设计和规范的要求。

(2)填方材料品种可以不描述,但应注明由投标人根据设计要求验方后方可填入,并符合相关工程的质量规范要求。

(3)填方粒径要求,在无特殊要求情况下,项目特征可以不描述。

(4)如需买土回填应在项目特征填方来源中描述,并注明买方土方数量。

2. 余方弃置

余方弃置应描述废弃料的品种以及弃置运距。

(三)工程量计算

【例3-17】 试计算例3-16基槽回填土工程量。

【解】 应先计算混凝土垫层及砖基础的体积(计算长度和计算地槽的长度相同),将挖地槽工程量减去此体积即得出基础回填土夯实的工程量。

剖面 1—1：
混凝土垫层 = [9×2+(9-0.68)×2+(7-0.68)×6+(8.5-0.68)×2]×0.1×0.92
        = 8.11m³
砖基础 = [9×2+(9-0.24)×2+(7.0-0.24)×6+(8.5-0.24)×2]×(0.68-0.10+0.656)×0.24
     = 27.46m³

剖面 2—2：
混凝土垫层 = [39.6×2+(3.6-0.92)]×0.1×0.68 = 5.57m³
砖基础 = [39.6×2+(3.6-0.24)]×(0.54-0.1+0.197)×0.24 = 12.62m³
混凝土垫层总和 = 8.11+5.57 = 13.68m³
砖基础总和 = 27.46+12.62 = 40.08m³
基槽回填土夯实工程量 = 85.24-13.68-40.08 = 31.48m³
注：85.24m³ 的计算见例 3-16。

【例 3-18】 某工厂厂房平面图如图 3-31 所示,试根据图纸要求计算室内回填土工程量。

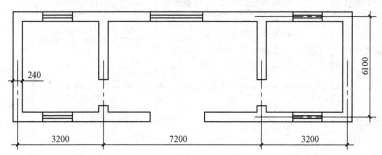

图 3-31 某工厂厂房平面图

图纸要求：
(1)外墙和内墙厚度均为 240mm。
(2)地面垫层与面层厚度之和为 180mm。
(3)室内外高差 480mm。

【解】 室内回填土 V = 室内净面积 × 室内回填土厚度
        = ($S_底 - L_中 ×$ 外墙厚 $- L_内 ×$ 内墙厚) × 室内回填土厚度
$L_中$ = (3.2+7.2+3.2+6.1)×2 = 39.4m
$L_内$ = (6.1-0.12×2)×2 = 11.72m
$S_底$ = (3.2+7.2+3.2+0.12×2)×(6.1+0.12×2) = 87.75m²
室内回填土 V = (87.75-39.4×0.24-11.72×0.24)×(0.48-0.18-0.17) = 9.81m²

第四章 地基处理与边坡支护工程清单工程量计算

第一节 地基处理

一、工程量清单项目设置及工程量计算规则

地基处理工程量清单项目设置及工程量计算规则，应按表 4-1 的规定执行。

表 4-1　　　　　　　　　地基处理（编码：010201）

项目编码	项目名称	项目特征	计量单位	工程量计算规则	工作内容
010201001	换填垫层	1. 材料种类及配比 2. 压实系数 3. 掺加剂品种	m³	按设计图示尺寸以体积计算	1. 分层铺填 2. 碾压、振密或夯实 3. 材料运输
010201002	铺设土工合成材料	1. 部位 2. 品种 3. 规格		按设计图示尺寸以面积计算	1. 挖填锚固沟 2. 铺设 3. 固定 4. 运输
010201003	预压地基	1. 排水竖井种类、断面尺寸、排列方式、间距、深度 2. 预压方法 3. 预压荷载、时间 4. 砂垫层厚度	m²	按设计图示处理范围以面积计算	1. 设置排水竖井、盲沟、滤水管 2. 铺设砂垫层、密封膜 3. 堆载、卸载或抽气设备安拆、抽真空 4. 材料运输
010201004	强夯地基	1. 夯击能量 2. 夯击遍数 3. 夯击点布置形式、间距 4. 地耐力要求 5. 夯填材料种类			1. 铺设夯填材料 2. 强夯 3. 夯填材料运输
010201005	振冲密实 （不填料）	1. 地层情况 2. 振密深度 3. 孔距			1. 振冲加密 2. 泥浆运输

续一

项目编码	项目名称	项目特征	计量单位	工程量计算规则	工作内容
010201006	振冲桩（填料）	1. 地层情况 2. 空桩长度、桩长 3. 桩径 4. 填充材料种类	1. m 2. m³	1. 以米计量，按设计图示尺寸以桩长计算 2. 以立方米计量，按设计桩截面乘以桩长以体积计算	1. 振冲成孔、填料、振实 2. 材料运输 3. 泥浆运输
010201007	砂石桩	1. 地层情况 2. 空桩长度、桩长 3. 桩径 4. 成孔方法 5. 材料种类、级配		1. 以米计量，按设计图示尺寸以桩长（包括桩尖）计算 2. 以立方米计量，按设计桩截面乘以桩长（包括桩尖）以体积计算	1. 成孔 2. 填充、振实 3. 材料运输
010201008	水泥粉煤灰碎石桩	1. 地层情况 2. 空桩长度、桩长 3. 桩径 4. 成孔方法 5. 混合料强度等级	m	按设计图示尺寸以桩长（包括桩尖）计算	1. 成孔 2. 混合料制作、灌注、养护 3. 材料运输
010201009	深层搅拌桩	1. 地层情况 2. 空桩长度、桩长 3. 桩截面尺寸 4. 水泥强度等级、掺量		按设计图示尺寸以桩长计算	1. 预搅下钻、水泥浆制作、喷浆搅拌提升成桩 2. 材料运输
010201010	粉喷桩	1. 地层情况 2. 空桩长度、桩长 3. 桩径 4. 粉体种类、掺量 5. 水泥强度等级、石灰粉要求			1. 预搅下钻、喷粉搅拌提升成桩 2. 材料运输
010201011	夯实水泥土桩	1. 地层情况 2. 空桩长度、桩长 3. 桩径 4. 成孔方法 5. 水泥强度等级 6. 混合料配比		按设计图示尺寸以桩长（包括桩尖）计算	1. 成孔、夯底 2. 水泥土拌和、填料、夯实 3. 材料运输
010201012	高压喷射注浆桩	1. 地层情况 2. 空桩长度、桩长 3. 桩截面 4. 注浆类型、方法 5. 水泥强度等级		按设计图示尺寸以桩长计算	1. 成孔 2. 水泥浆制作、高压喷射注浆 3. 材料运输

续二

项目编码	项目名称	项目特征	计量单位	工程量计算规则	工作内容
010201013	石灰桩	1. 地层情况 2. 空桩长度、桩长 3. 桩径 4. 成孔方法 5. 掺和料种类、配合比	m	按设计图示尺寸以桩长(包括桩尖)计算	1. 成孔 2. 混合料制作、运输、夯填
010201014	灰土(土)挤密桩	1. 地层情况 2. 空桩长度、桩长 3. 桩径 4. 成孔方法 5. 灰土级配	m		1. 成孔 2. 灰土拌和、运输、填充、夯实
010201015	柱锤冲扩桩	1. 地层情况 2. 空桩长度、桩长 3. 桩径 4. 成孔方法 5. 桩体材料种类、配合比		按设计图示尺寸以桩长计算	1. 安、拔套管 2. 冲孔、填料、夯实 3. 桩体材料制作、运输
010201016	注浆地基	1. 地层情况 2. 空钻深度、注浆深度 3. 注浆间距 4. 浆液种类及配比 5. 注浆方法 6. 水泥强度等级	1. m 2. m³	1. 以米计量,按设计图示尺寸以钻孔深度计算 2. 以立方米计量,按设计图示尺寸以加固体积计算	1. 成孔 2. 注浆导管制作、安装 3. 浆液制作、压浆 4. 材料运输
010201017	褥垫层	1. 厚度 2. 材料品种及比例	1. m² 2. m³	1. 以平方米计量,按设计图示尺寸以铺设面积计算 2. 以立方米计量,按设计图示尺寸以体积计算	材料拌和、运输、铺设、压实

二、项目特征描述

1. 换填垫层

换填垫层应描述材料种类及配比、压实系数、掺加剂品种。

(1)材料种类及配比。换填垫层按换填材料不同,有砂垫层、碎石垫层、灰土垫层和粉煤灰垫层等。

砂和砂石垫层适于处理3.0m以内的软弱、透水性强的地基土,不宜用于加固湿陷性黄土地基及渗透系数小的黏性土地基。素土、灰土垫层适用于加固深1~3m厚的软弱土、湿陷性黄土、杂填土等,还可用作结构的辅助防渗层。粉煤灰垫层可用作软弱土层换填地基的处理,以及用作大面积地坪的垫层等。

(2) 压实系数。

压实系数 λ_c 为土的控制干密度 ρ_d 与最大干密度 ρ_{max} 的比值。压实系数的选择可参考表 4-2 的数值。

表 4-2 压实系数选择

结构类型	填土部分	压实系数 λ_c
砌体承重结构和框架结构	在地基主要受力层范围内	≥0.97
	在地基主要受力层范围以下	≥0.95
框架结构	在地基主要受力层范围内	≥0.96
	在地基主要受力层范围以下	≥0.94

2. 铺设土工合成材料

铺设土工合成材料应描述部位、品种、规格。

土工合成材料可分为土工织物、土工膜、特种土工合成材料和复合型土工合成材料,目前以土工织物和加筋土应用较多。土工织物可以采用聚酯纤维(涤纶)、聚丙纤维(腈纶)和聚丙烯纤维(丙纶)等高分子化合物(聚合物)经加工后合成,适用于砂土、黏性土和软土地基。

加筋土适用于山区或城市道路的挡土墙、护坡、路堤、桥台、河坝以及水工结构和工业结构等工程上,还可以用于处理滑坡。

3. 预压地基

预压地基应描述排水竖井种类、断面尺寸、排列方式、间距、深度,预压方法,预压荷载、时间,砂垫层厚度。

(1) 砂井或塑料排水带直径。砂井直径主要取决于土的固结性和施工期限的要求。砂井分为普通砂井和袋装砂井。普通砂井直径可取 300~500mm,袋装砂井直径可取 70~120mm。

(2) 砂井或塑料排水带间距。可根据地基土的固结特性和预压时间要求达到的固结度来确定,一般按砂井径比 $n(n=d_e/d_w, d_e$ 为砂井的有效排水圆柱体直径, d_w 为砂井直径)确定。普通砂井可取 $n=6\sim8$,袋装或塑料排水带可取 $n=15\sim22$。

(3) 砂井排列方式。砂井的平面布置可采用等边三角形或正方形排列。一根砂井的有效排水圆柱体的直径 d_e 和砂井间距 l 的关系按下列规定取用:

等边三角形布置 $\qquad d_e=1.05l$

正方形布置 $\qquad d_e=1.13l$

(4) 砂井深度。砂井的深度应根据建筑物对地基的稳定性和变形要求确定。对以地基抗滑稳定性控制的工程,砂井深度至少应超过最危险滑动面 2m。对以沉降控制的建筑物,如压缩土层厚度不大,砂井宜贯穿压缩土层;对深厚的压缩土层,砂井深度应根据在限定的预压时间内消除的变形量确定。

(5) 预压时间。预压时间应根据建筑物的要求和固结情况来确定,一般达到如下条件即可卸荷:

1) 地面总沉降量达到预压荷载下计算最终沉降量的 80% 以上。

2) 理论计算的地基总固结度达 80% 以上。

3) 地基沉降速度已降到 0.5~1.0mm/天。

4. 强夯地基

强夯地基应描述夯击能量,夯击遍数,夯击点布置形式、间距,地耐力要求,夯填材料种类。

(1)锤重 M 与落距 h 的乘积称为夯击能(E),一般取 600~500kJ。

(2)夯击遍数应根据地基土的性质确定,一般情况下,可采用点夯 2~4 遍,最后以低能量(为前几遍能量的 1/5~1/4,锤击数为 2~4 击)满夯 1~2 遍,满夯可采用轻锤或低落距锤多次夯击,锤印搭接。

(3)夯击点布置可根据基础的平面形状,采用等边三角形、等腰三角形或正方形;对于条形基础夯点可成行布置;对于独立柱基础,可按柱网设置单夯点或成组布置,在基础下面必须布置夯点。夯击点间距取夯锤直径的 2.5~3.5 倍,一般为 5~15m,一般第一遍夯点的间距宜大,以便夯击能向深部传递。

5. 振冲密实(不填料)

振冲密实(不填料)应描述地层情况、振密深度、孔距。

(1)地层情况按表 3-2 和表 3-8 的规定,并根据岩土工程勘察报告按单位工程各地层所占比例(包括范围值)进行描述。对无法准确描述的地层情况,可注明由投标人根据岩土工程勘察报告自行决定报价。

(2)不加填料振冲加密孔距可为 2~3m。

6. 振冲桩(填料)

振冲桩(填料)应描述地层情况、空桩长度、桩长、桩径、填充材料种类。

(1)桩长应包括桩尖,空桩长度=孔深一桩长。

(2)填料种类有粗砂、中砂、砾砂、碎石、卵石、角砾、圆砾等。

7. 砂石桩

砂石桩应描述地层情况、空桩长度、桩长、桩径、成孔方法、材料种类、级配。

砂石桩适用于挤密松散的砂土、粉土、素填土和杂填土地基,砂石桩直径可采用 300~800mm,对饱和黏性土地基宜选用较大的直径。

8. 水泥粉煤灰碎石桩

水泥粉煤灰碎石桩应描述地层情况、空桩长度、桩长、桩径、成孔方法、混合料强度等级。

(1)水泥粉煤灰碎石桩适用于处理黏性土、粉土、砂土和已自重固结的素填土等地基。

(2)桩径:长螺旋钻中心压灌、干成孔和振动沉管成桩宜取 350~600mm;泥浆护壁钻孔灌注素混凝土成桩宜取 600~800mm;钢筋混凝土预制桩宜取 300~600mm。

9. 深层搅拌桩

深层搅拌桩应描述地层情况、空桩长度、桩长、桩截面尺寸、水泥强度等级、掺量。

10. 粉喷桩

粉喷桩应描述地层情况、空桩长度、桩长、桩径、粉体种类、掺量、水泥强度等级、石灰粉要求。

11. 夯实水泥土桩

夯实水泥土桩应描述地层情况、空桩长度、桩长、桩径、成孔方法、水泥强度等级、混合料配比。

夯实水泥土桩适用于处理地下水位以上的粉土、素填土、杂填土、黏性土等地基,桩孔直径宜为 300~600mm。

12. 高压喷射注浆桩

高压喷射注浆桩应描述地层情况、空桩长度、桩长、桩截面、注浆类型、方法、水泥强度等级。

高压喷射注浆类型包括旋喷、摆喷、定喷,高压喷射注浆方法包括单管法、双重管法、三重管法。

13. 石灰桩

石灰桩应描述地层情况、空桩长度、桩长、桩径、成孔方法、掺合料种类、配合比。

(1)石灰桩适用于处理饱和黏性土、淤泥、淤泥质土、素填土和杂填土等地基,不适用于地下水位下的砂类土。

(2)掺合料种类包括粉煤灰、火山灰、炉渣、黏性土等,生石灰与掺合料的配合比宜根据地质情况确定,生石灰与掺合料的体积比可选用1∶1或1∶2,对于淤泥、淤泥质土等软土可适当增加生石灰用。当产石膏和水泥时,掺加量为生石灰用量的3%~10%。

14. 灰土(土)挤密桩

灰土(土)挤密桩应描述地层情况、空桩长度、桩长、桩径、成孔方法、灰土级配。

(1)灰土(土)挤密桩适用于处理地下水位以上的湿陷性黄土、素填土和杂填土等地基。

(2)桩孔直径宜为300~450mm,并可根据所选用的成孔设备或成孔方法确定。

15. 柱锤冲扩桩

柱锤冲扩桩应描述地层情况、空桩长度、桩长、桩径、成孔方法、桩体材料种类、配合比。

(1)柱锤冲扩桩适用于处理地下水位以上的杂填土、粉土、黏性土、素填土和黄土等地基。

(2)桩径可取500~800mm。

(3)桩体材料可采用碎砖三合土、级配砂石、矿渣、灰土、水泥混合土等,其常用配合比参见表4-3。

表 4-3　　　　碎砖三合土、级配砂石、灰土、水泥混合土常用配合比

填料材料	碎砖三合土	级配砂石	灰土	水泥混合土
配合比	生石灰∶碎砖∶黏性土=1∶2∶4	石子∶砂=1∶0.6~0.9	石灰∶土=1∶3~4	水泥∶土=1∶7~9

16. 注浆地基

注浆地基应描述地层情况、空钻深度、注浆深度、注浆间距、浆液种类及配合比、注浆方法、水泥强度等级。

常用浆液类型见表4-4。材料及配合比见表4-5~表4-8。

表 4-4　　　　　　　　常用浆液类型

浆液		浆液类型
粒状浆液(悬液)	不稳定粒状浆液	水泥浆 水泥砂浆
	稳定粒状浆液	黏土浆 水泥黏土浆
化学浆液(溶液)	无机浆液	硅酸盐
	有机浆液	环氧树脂类 甲基丙烯酸酯类 丙烯酰胺类 木质素类 其他

表 4-5　　　　　　　　　　水泥注浆材料及配合比

名　称	说　明
水泥	42.5级普通硅酸盐水泥
水	饮用淡水
配合比	净水泥浆,水灰比 0.6～2.0。要求快凝可采用快凝水泥或掺入水泥用量 1%～2%的氯化钙;如要求缓凝可掺入水泥用量0.1%～0.5%的木质素磺酸钙。 在裂隙或孔隙较大、可灌性好的地层,可在浆液中掺入适量细砂或粉煤灰,比例为 1∶3～1∶0.5。对松散土层,可在水泥浆中掺加细粉质黏土配成水泥黏土浆,灰泥比为 1∶3～1∶8(水泥∶土,体积分数)

表 4-6　　　　　各种硅化法注浆的适用范围及化学溶液的浓度

硅化方法	土的种类	土的渗透系数/(m/d)	溶液的浓度($t=18℃$)	
			水玻璃 (模数 2.5～3.3)	氯化钙
压力双液 硅化	砂类土和黏性土	0.1～10 10～20 20～80	1.35～1.38 1.38～1.41 1.41～1.44	1.26～1.28
压力单液硅化	湿陷性黄土	0.1～2	1.13～1.25	—
压力混合液硅化	粗砂、细砂	—	水玻璃与铝酸钠 按体积比 1∶1 混合	—
电动双液硅化	各类土	≤0.1	1.13～1.21	1.07～1.11
加气硅化	砂土、湿陷性 黄土、一般黏性土	0.1～2	1.09～1.21	—

注:压力混合液硅化所用水玻璃模数为 2.4～2.8,波美度 40°;水玻璃铝酸钠浆液温度为 13～15℃,凝胶时间为 13～15s,浆液初期黏度为 $4×10^{-3}Pa·s$。

表 4-7　　　　　　　　　　土的渗透系数和灌注速度

土的名称	土的渗透系数/(m/d)	溶液灌注速度/(L/min)
砂类土	<1 1～5 10～20 20～80	1～2 2～5 2～3 3～5
湿陷性黄土	0.1～0.5 0.5～2.0	2～3 3～5

表 4-8　　　　　　　　　　　土的压力硅化加固半径

项次	土的类别	加固方法	土的渗透系数/(m/d)	土的加固半径/m
1	砂土	压力双液硅化法	2～10 10～20 20～50 50～80	0.3～0.4 0.4～0.6 0.6～0.8 0.8～1.0
2	粉砂	压力单液硅化法	0.3～0.5 0.5～1.0 1.0～2.0 2.0～5.0	0.3～0.4 0.4～0.6 0.6～0.8 0.8～1.0
3	湿陷性黄土	压力单液硅化法	0.1～0.3 0.3～0.5 0.5～1.0 1.0～2.0	0.3～0.4 0.4～0.6 0.6～0.9 0.9～1.0

17. 褥垫层

褥垫层应描述厚度、材料品种及比例。

三、工程量计算

【例 4-1】 如图 4-1 所示,实线范围为地基强夯范围。

(1)设计要求:不间隔夯击,设计击数 8 击,夯击能量为 500t·m,一遍夯击。试计算其工程量。

(2)设计要求:不间隔夯击,设计击数为 10 击,分两遍夯击,第一遍 5 击,第二遍 5 击,第二遍要求低锤满拍,设计夯击能量为 400t·m。试计算其工程量。

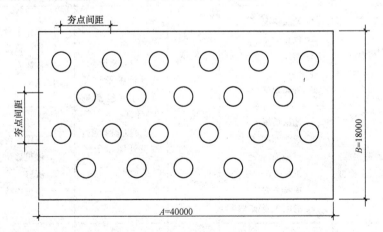

图 4-1　地基强夯示意图

【解】　计算公式:地基强夯的工程量按设计图尺寸以面积计算,则

(1)不间隔夯击,设计击数 8 击,夯击能量为 500t·m,一遍夯击的强夯工程数量:$40 \times 18 = 720 m^2$

(2)不间隔夯击,设计击数为 10 击,分两遍夯击,第一遍 5 击,第二遍 5 击,第二遍要求低锤满拍,设计夯击能量为 400t·m 的强夯工程数量:$40 \times 18 = 720 m^2$

第二节 基坑与边坡支护

一、工程量清单项目设置及工程量计算规则

基坑与边坡支护工程量清单项目设置及工程量计算规则，应按表 4-9 的规定执行。

表 4-9　　　　　　　　　基坑与边坡支护（编码：010202）

项目编码	项目名称	项目特征	计量单位	工程量计算规则	工作内容
010202001	地下连续墙	1. 地层情况 2. 导墙类型、截面 3. 墙体厚度 4. 成槽深度 5. 混凝土种类、强度等级 6. 接头形式	m^3	按设计图示墙中心线长乘以厚度乘以槽深以体积计算	1. 导墙挖填、制作、安装、拆除 2. 挖土成槽、固壁、清底置换 3. 混凝土制作、运输、灌注、养护 4. 接头处理 5. 土方、废泥浆外运 6. 打桩场地硬化及泥浆池、泥浆沟
010202002	咬合灌注桩	1. 地层情况 2. 桩长 3. 桩径 4. 混凝土种类、强度等级 5. 部位	1. m 2. 根	1. 以米计量，按设计图示尺寸以桩长计算 2. 以根计量，按设计图示数量计算	1. 成孔、固壁 2. 混凝土制作、运输、灌注、养护 3. 套管压拔 4. 土方、废泥浆外运 5. 打桩场地硬化及泥浆池、泥浆沟
010202003	圆木桩	1. 地层情况 2. 桩长 3. 材质 4. 尾径 5. 桩倾斜度	1. m 2. 根	1. 以米计量，按设计图示尺寸以桩长（包括桩尖）计算 2. 以根计量，按设计图示数量计算	1. 工作平台搭拆 2. 桩机移位 3. 桩靴安装 4. 沉桩
010202004	预制钢筋混凝土板桩	1. 地层情况 2. 送桩深度、桩长 3. 桩截面 4. 沉桩方法 5. 连接方式 6. 混凝土强度等级			1. 工作平台搭拆 2. 桩机移位 3. 沉桩 4. 板桩连接
010202005	型钢桩	1. 地层情况或部位 2. 送桩深度、桩长 3. 规格型号 4. 桩倾斜度 5. 防护材料种类 6. 是否拔出	1. t 2. 根	1. 以吨计量，按设计图示尺寸以质量计算 2. 以根计量，按设计图示数量计算	1. 工作平台搭拆 2. 桩机移位 3. 打（拔）桩 4. 接桩 5. 刷防护材料

续表

项目编码	项目名称	项目特征	计量单位	工程量计算规则	工作内容
010202006	钢板桩	1. 地层情况 2. 桩长 3. 板桩厚度	1. t 2. m^2	1. 以吨计量,按设计图示尺寸以质量计算 2. 以平方米计量,按设计图示墙中心线长乘以桩长以面积计算	1. 工作平台搭拆 2. 桩机移位 3. 打拔钢板桩
010202007	锚杆(锚索)	1. 地层情况 2. 锚杆(索)类型、部位 3. 钻孔深度 4. 钻孔直径 5. 杆体材料品种、规格、数量 6. 预应力 7. 浆液种类、强度等级	1. m 2. 根	1. 以米计量,按设计图示尺寸以钻孔深度计算 2. 以根计量,按设计图示数量计算	1. 钻孔、浆液制作、运输、压浆 2. 锚杆(锚索)制作、安装 3. 张拉锚固 4. 锚杆(锚索)施工平台搭设、拆除
010202008	土钉	1. 地层情况 2. 钻孔深度 3. 钻孔直径 4. 置入方法 5. 杆体材料品种、规格、数量 6. 浆液种类、强度等级			1. 钻孔、浆液制作、运输、压浆 2. 土钉制作、安装 3. 土钉施工平台搭设、拆除
010202009	喷射混凝土、水泥砂浆	1. 部位 2. 厚度 3. 材料种类 4. 混凝土(砂浆)类别、强度等级	m^2	按设计图示尺寸以面积计算	1. 修整边坡 2. 混凝土(砂浆)制作、运输、喷射、养护 3. 钻排水孔、安装排水管 4. 喷射施工平台搭设、拆除
010202010	钢筋混凝土支撑	1. 部位 2. 混凝土种类 3. 混凝土强度等级	m^3	按设计图示尺寸以体积计算	1. 模板(支架或支撑)制作、安装、拆除、堆放、运输及清理模内杂物、刷隔离剂等 2. 混凝土制作、运输、浇筑、振捣、养护
010202011	钢支撑	1. 部位 2. 钢材品种、规格 3. 探伤要求	t	按设计图示尺寸以质量计算。不扣除孔眼质量,焊条、铆钉、螺栓等不另增加质量	1. 支撑、铁件制作(摊销、租赁) 2. 支撑、铁件安装 3. 探伤 4. 刷漆 5. 拆除 6. 运输

二、项目特征描述

1. 地下连续墙

地下连续墙应描述地层情况,导墙类型、截面,墙体厚度,成槽深度,混凝土种类、强度等级,接头形式。

(1)地层情况按表 3-2 和表 3-8 的规定,并根据岩土工程勘察报告按单位工程各地层所占比例(包括范围值)进行描述。对无法准确描述的地层情况,可注明由投标人根据岩土工程勘察报告自行决定报价。

(2)导墙分为现浇钢筋混凝土结构、钢制或预制钢筋混凝土结构。

(3)混凝土种类有清水混凝土、彩色混凝土等,如在同一地区既使用预拌(商品)混凝土,又允许现场搅拌混凝土时,也应注明。

(4)地下连续墙交接处理方法有预留筋连接、丁字形连接、十字形连接、90°拐角连接、圆形或多边形连接、钝角拐角连接等,如图 4-2 所示。

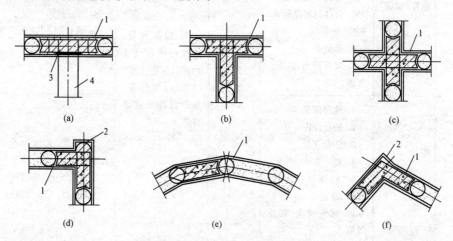

图 4-2 地下连续墙的交接处理方法
(a)预留筋连接;(b)丁字形连接;(c)十字形连接;(d)90°拐角连接;(e)圆形或多边形连接;(f)钝角拐角连接
1—导墙;2—导墙伸出部分;3—聚苯烯板;4—后浇墙

2. 咬合灌注桩

咬合灌注桩应描述地层情况,桩长,桩径,混凝土种类、强度等级、部位。

3. 圆木桩

圆木桩应描述土层情况,桩长,材质,尾径,桩倾斜度。

4. 预制钢筋混凝土板桩

预制钢筋混凝土板桩应描述地层情况,送桩深度、桩长,桩截面,沉桩方法,连接方式,混凝土强度等级。

5. 型钢桩

型钢桩应描述地层情况或部位,送桩深度、桩长,规格型号,桩倾斜度,防护材料种类,是否拔出。

6. 钢板桩

钢板桩应描述地层情况、桩长、板桩厚度。

7. 锚杆(锚索)

锚杆(锚索)应描述地层情况,锚杆(索)类型、部位,钻孔深度,钻孔直径,杆体材料品种、规格、数量,预应力,浆液种类,强度等级。

(1)锚杆有三种基本类型,即圆柱体注浆锚杆、扩孔注浆锚杆、多头扩孔注浆锚杆,如图 4-3 所示。

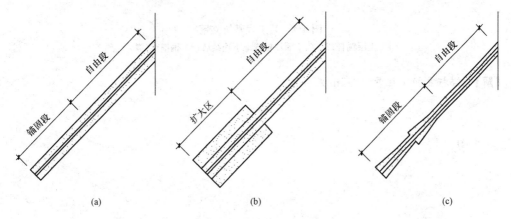

图 4-3 锚杆的基本类型
(a)圆柱体注浆锚杆;(b)扩孔注浆锚杆;(c)多头扩孔注浆锚杆

(2)杆体材料常用的有钢筋、钢丝束和钢绞线。

(3)灌浆浆液为水泥砂浆或水泥浆。水泥通常采用质量良好的普通硅酸盐水泥,压力型锚杆宜采用高强度水泥。

8. 土钉

土钉应描述地层情况,钻孔深度,钻孔直径,置入方法,杆体材料品种、规格、数量,浆液种类、强度等级。

(1)杆体材料常采用钢筋、钢管、型钢等。

(2)土钉置入方式常采用钻孔注浆型、直接打入型、打入注浆型。

(3)注浆材料一般采用水泥浆或水泥砂浆。

9. 喷射混凝土、水泥砂浆

喷射混凝土、水泥砂浆应描述部位、厚度、材料种类、混凝土(砂浆)类别、强度等级。

10. 钢筋混凝土支撑

钢筋混凝土支撑应描述部位、混凝土种类、混凝土强度等级。

11. 钢支撑

钢支撑应描述部位,钢材品种、规格,探伤要求。

三、工程量计算

【例 4-2】 如图 4-4 所示,某工程基坑立壁采用多锚支护,锚孔直径 80mm,深度 2.5m,C25

混凝土。试计算其工程量。

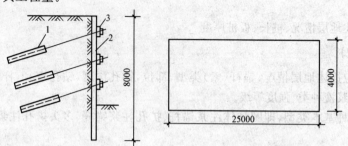

图 4-4　某工程基坑立壁
1—土层锚杆；2—挡土灌注桩或地下连续墙；3—钢横梁（撑）

【解】　锚杆支护工程量=2.5m 或 3 根

第五章 桩基工程清单工程量计算

第一节 打　桩

一、工程量清单项目设置及工程量计算规则

打桩工程量清单项目设置及工程量计算规则,应按表 5-1 的规定执行。

表 5-1　　　　　　　　　　打桩(编码:010301)

项目编码	项目名称	项目特征	计量单位	工程量计算规则	工作内容
010301001	预制钢筋混凝土方桩	1. 地层情况 2. 送桩深度、桩长 3. 桩截面 4. 桩倾斜度 5. 沉桩方法 6. 接桩方式 7. 混凝土强度等级	1. m 2. m³ 3. 根	1. 以米计量,按设计图示尺寸以桩长(包括桩尖)计算 2. 以立方米计量,按设计图示截面积乘以桩长(包括桩尖)以体积计算 3. 以根计量,按设计图示数量计算	1. 工作平台搭拆 2. 桩机竖拆、移位 3. 沉桩 4. 接桩 5. 送桩
010301002	预制钢筋混凝土管桩	1. 地层情况 2. 送桩深度、桩长 3. 桩外径、壁厚 4. 桩倾斜度 5. 沉桩方法 6. 桩尖类型 7. 混凝土强度等级 8. 填充材料种类 9. 防护材料种类			1. 工作平台搭拆 2. 桩机竖拆、移位 3. 沉桩 4. 接桩 5. 送桩 6. 桩尖制作安装 7. 填充材料、刷防护材料
010301003	钢管桩	1. 地层情况 2. 送桩深度、桩长 3. 材质 4. 管径、壁厚 5. 桩倾斜度 6. 沉桩方法 7. 填充材料种类 8. 防护材料种类	1. t 2. 根	1. 以吨计量,按设计图示尺寸以质量计算 2. 以根计量,按设计图示数量计算	1. 工作平台搭拆 2. 桩机竖拆、移位 3. 沉桩 4. 接桩 5. 送桩 6. 切割钢管、精割盖帽 7. 管内取土 8. 填充材料、刷防护材料
010301004	截(凿)桩头	1. 桩类型 2. 桩头截面、高度 3. 混凝土强度等级 4. 有无钢筋	1. m³ 2. 根	1. 以立方米计量,按设计桩截面乘以桩头长度以体积计算 2. 以根计量,按设计图示数量计算	1. 截(切割)桩头 2. 凿平 3. 废料外运

二、项目特征描述

1. 预制钢筋混凝土方桩

预制钢筋混凝土方桩应描述地层情况,送桩深度、桩长、桩截面、桩倾斜度、沉桩方法、接桩方式、混凝土强度等级。

(1)地层情况按表 3-2 和表 3-8 的规定,并根据岩土工程勘察报告按单位工程各地层所占比例(包括范围值)进行描述。对无法准确描述的地层情况,可注明由投标人根据岩土工程勘察报告自行决定报价。

(2)桩截面、混凝土强度等级可直接用标准图代号或设计桩型进行描述。

(3)沉桩的方法有锤击法、振动法和静力压桩法等。

(4)接桩的方式有焊接、法兰连接和机械快速连接(螺纹式、啮合式)三种形式。

2. 预制钢筋混凝土管桩

预制钢筋混凝土管桩应描述地层情况,送桩深度、桩长、桩外径、壁厚、桩倾斜度、沉桩方法,桩尖类型、混凝土强度等级,填充材料种类、防护材料种类。

3. 钢管桩

钢管桩应描述地层情况,送桩深度、桩长,材质、管径、壁厚、桩倾斜度、沉桩方法、填充材料种类、防护材料种类。

常用钢管桩规格见表 5-2。

表 5-2　　　　　　　　　　　常用钢管桩规格

钢管桩尺寸			质量		面积		
外径/mm	厚度/mm	内径/mm	/(kg/m)	/(m/t)	断面面积/cm²	外包面积/m²	外表面积/(m²/m)
406.4	9	388.4	88.2	11.34	112.4	0.130	1.28
	12	382.4	117	8.55	148.7		
609.6	9	591.6	133	7.52	169.8	0.292	1.92
	12	585.6	177	5.65	225.3		
	14	581.6	206	4.85	262.0		
	16	577.6	234	4.27	298.4		
914.4	12	890.4	311	3.75	340.2	0.567	2.87
	14	886.4	351	3.22	396.0		
	16	882.4	420	2.85	451.6		
	19	876.4	297	2.38	534.5		

4. 截(凿)桩头

截(凿)桩头应描述桩类型、桩头截面、高度、混凝土强度等级、有无钢筋。

桩类型可直接用标准图代号或设计桩型进行描述。

三、工程量计算

1. 工程量计算主要数据

(1)预制钢筋混凝土方桩的体积可参照表 5-3 进行计算。

表 5-3　　　　　　　　　　　预制钢筋混凝土方桩体积表

桩截面 /mm	桩尖长 /mm	桩长 /m	混凝土体积/m³	
			A	B
250×250	400	3.00	0.171	0.188
		3.50	0.202	0.229
		4.00	0.233	0.250
		5.00	0.296	0.312
		每增减 0.5	0.031	0.031
300×300	400	3.00	0.246	0.270
		3.50	0.291	0.315
		4.00	0.336	0.360
		5.00	0.426	0.450
		每增减 0.5	0.045	0.045
320×320	400	3.00	0.280	0.307
		3.50	0.331	0.358
		4.00	0.382	0.410
		5.00	0.485	0.512
		每增减 0.5	0.051	0.051
350×350	400	3.00	0.335	0.368
		3.50	0.396	0.429
		4.00	0.457	0.490
		5.00	0.580	0.613
		6.00	0.702	0.735
		8.00	0.947	0.980
		每增减 0.5	0.0613	0.0613
400×400	400	5.00	0.757	0.800
		6.00	0.917	0.960
		7.00	1.077	1.120
		8.00	1.237	1.280
		10.00	1.557	1.600
		12.00	1.877	1.920
		15.00	2.357	2.400
		每增减 0.5	0.080	0.080

注：1. 混凝土体积栏中，A 栏为理论计算体积；B 栏为按工程量计算的体积。

2. 桩长包括桩尖长度。混凝土体积理论计算公式：

$$V = (L \times A) + \frac{1}{3} A \cdot H$$

式中　V——体积(m^3)；

　　　L——桩长(不包括桩尖长)(m)；

　　　A——桩截面面积(mm^2)；

　　　H——桩尖长(m)。

2. 工程量计算实例

【例 5-1】 某工程需用预制钢筋混凝土方桩 200 根（图 5-1），预制混凝土管桩 150 根（图 5-2），已知混凝土强度等级为 C40，土壤类别为四类土，试计算该工程打钢筋混凝土桩及管桩的工程数量。

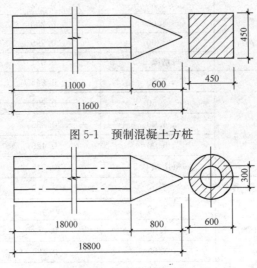

图 5-1 预制混凝土方桩

图 5-2 预制混凝土管桩

【解】 (1)土壤类别为四类土，打单桩长度 11.6m，断面 450mm×450mm，混凝土强度等级为 C40 的预制混凝土桩的工程数量为 200 根（或 11.6×200=2320m）。

(2)土壤类别为四类土，钢筋混凝土管桩单根长度 18.8m，外径 600mm，内径 300mm，管内灌注 C10 细石混凝土，混凝土强度等级为 C40 的预制混凝土管桩的工程数量为 150 根。

或按设计图示截面积乘以桩长以体积计算为：

(1)方桩单根工程量：$V_{桩}=S_{截}\times H=0.45\times 0.45\times (11+0.6)=2.349m^3$

总工程量 $=2.349\times 200=469.8m^3$

(2)管桩单根工程量：$V_{桩}=\pi\times 0.3^2\times 18.8-\pi\times 0.15^2\times 18=4.04m^3$

总工程量 $=4.04\times 150=606m^3$

【例 5-2】 某建筑物基础打预制钢筋混凝土方桩 120 根，桩长（桩顶面至桩尖底）9.5m，断面尺寸为 250mm×250mm。试计算打桩工程量。

【解】 桩长为 9.5m，断面尺寸为 250mm×250mm，数量为 120 根，打预制钢筋混凝土方桩的工程量为 9.5×120=1140m（或 120 根）。

或按设计图示截面面积乘以桩长以体积计算为：

$V=F\times L\times N=0.25\times 0.25\times 9.5\times 120=71.25m^3$

第二节 灌注桩

一、工程量清单项目设置及工程量计算规则

灌注桩工程量清单项目设置及工程量计算规则，应按表 5-4 的规定执行。

第五章 桩基工程清单工程量计算

表 5-4　　　　　　　　　　灌注桩(编码:010302)

项目编码	项目名称	项目特征	计量单位	工程量计算规则	工作内容
010302001	泥浆护壁成孔灌注桩	1. 地层情况 2. 空桩长度、桩长 3. 桩径 4. 成孔方法 5. 护筒类型、长度 6. 混凝土种类、强度等级	1. m 2. m³ 3. 根	1. 以米计量,按设计图示尺寸以桩长(包括桩尖)计算 2. 以立方米计量,按不同截面在桩上范围内以体积计算 3. 以根计量,按设计图示数量计算	1. 护筒埋设 2. 成孔、固壁 3. 混凝土制作、运输、灌注、养护 4. 土方、废泥浆外运 5. 打桩场地硬化及泥浆池、泥浆沟
010302002	沉管灌注桩	1. 地层情况 2. 空桩长度、桩长 3. 复打长度 4. 桩径 5. 沉管方法 6. 桩尖类型 7. 混凝土种类、强度等级			1. 打(沉)拔钢管 2. 桩尖制作、安装 3. 混凝土制作、运输、灌注、养护
010302003	干作业成孔灌注桩	1. 地层情况 2. 空桩长度、桩长 3. 桩径 4. 扩孔直径、高度 5. 成孔方法 6. 混凝土种类、强度等级			1. 成孔、扩孔 2. 混凝土制作、运输、灌注、振捣、养护
010302004	挖孔桩土(石)方	1. 地层情况 2. 挖孔深度 3. 弃土(石)运距	m³	按设计图示尺寸(含护壁)截面积乘以挖孔深度以立方米计算	1. 排地表水 2. 挖土、凿石 3. 基底钎探 4. 运输
010302005	人工挖孔灌注桩	1. 桩芯长度 2. 桩芯直径、扩底直径、扩底高度 3. 护壁厚度、高度 4. 护壁混凝土种类、强度等级 5. 桩芯混凝土种类、强度等级	1. m³ 2. 根	1. 以立方米计量,按桩芯混凝土体积计算 2. 以根计量,按设计图示数量计算	1. 护壁制作 2. 混凝土制作、运输、灌注、振捣、养护
010302006	钻孔压浆桩	1. 地层情况 2. 空钻长度、桩长 3. 钻孔直径 4. 水泥强度等级	1. m 2. 根	1. 以米计量,按设计图示尺寸以桩长计算 2. 以根计量,按设计图示数量计算	钻孔、下注浆管、投放骨料、浆液制作、运输、压浆
010302007	灌注桩后压浆	1. 注浆导管材料、规格 2. 注浆导管长度 3. 单孔注浆量 4. 水泥强度等级	孔	按设计图示以注浆孔数计算	1. 注浆导管制作、安装 2. 浆液制作、运输、压浆

二、项目特征描述

1. 泥浆护壁成孔灌注桩

泥浆护壁成孔灌注桩应描述地层情况、空桩长度、桩长、桩径、成孔方法、护筒类型、长度、混凝土种类、强度等级。

(1)地层情况按表3-2和表3-8的规定,并根据岩土工程勘察报告按单位工程各地层所占比例(包括范围值)进行描述。对无法准确描述的地层情况,可注明由投标人根据岩土工程勘察报告自行决定报价。

(2)桩长应包括桩尖,空桩长度=孔深-桩长,孔深为自然地面至设计桩底的深度。

(3)桩径、混凝土强度等级可直接用标准图代号或设计桩型进行描述。

(4)混凝土种类:指清水混凝土、彩色混凝土、水下混凝土等,如在同一地区既使用预拌(商品)混凝土,又允许现场搅拌混凝土时,也应注明。

(5)泥浆护壁成孔灌注桩成孔方法包括冲击钻成孔、冲抓锥成孔、回旋钻成孔、潜水钻成孔、泥浆护壁的旋挖成孔等。

2. 沉管灌注桩

沉管灌注桩应描述地层情况、空桩长度、桩长、复打长度、桩径、沉管方法、桩尖类型、混凝土种类、强度等级。

沉管灌注桩的沉管方法包括锤击沉管法、振动沉管法、振动冲击沉管法、内夯沉管法等。

3. 干作业成孔灌注桩

干作业成孔灌注桩应描述地层情况、空桩长度、桩长、桩径、扩孔直径、高度、成孔方法、混凝土种类、强度等级。

干作业成孔灌注桩成孔方法包括螺旋钻成孔、螺旋钻成孔扩底、干作业的旋挖成孔等。

4. 挖孔桩土(石)方

挖孔桩土(石)方应描述地层情况、挖孔深度、弃土(石)运距。

5. 人工挖孔灌注桩

人工挖孔灌注桩应描述桩芯长度、桩芯直径、扩底直径、扩底高度、护壁厚度、高度、护壁混凝土种类、强度等级,桩芯混凝土种类、强度等级。

人工挖孔桩混凝土护壁的厚度不应小于100mm,混凝土强度等级不应低于桩身混凝土强度等级。

6. 钻孔压浆桩

钻孔压浆桩应描述地层情况、空钻长度、桩长、钻孔直径、水泥强度等级。

7. 灌注桩后压浆

灌注桩后压浆应描述注浆导管材料、规格、注浆导管长度、单孔注浆量,水泥强度等级。

后注浆导管应采用钢管,单桩注浆量应根据桩径、桩长、桩端桩侧图层性质、单桩承载力增幅及是否复式注浆等因素确定,可按下式估算:

$$G_c = \alpha_p d + \alpha_s n d$$

式中 G_c ——注浆量,以水泥质量计(kg)。

α_p、α_s ——分别为桩端、桩侧注浆量经验系数,$\alpha_p = 1.5 \sim 1.8$,$\alpha_s = 0.5 \sim 0.7$;对于卵、砾石、中粗砂取较高值;

n——桩侧注浆断面数；

d——基桩设计直径(m)；

三、工程量计算

【例 5-3】 某工程处理湿陷性黄土地基，采用冲击沉管挤密灌注粉煤灰混凝土短桩 820 根，桩长为 10m(包括桩尖)，桩径为 400mm。试计算其工程量。

【解】 沉管灌注桩工程量 $=10\times820=8200$m

或沉管灌注桩工程量 $=820$ 根

或沉管灌注桩工程量 $=0.4^2\times\pi\times1/4\times10\times820=1029.92$m^3

第六章

砌筑工程清单工程量计算

第一节 砖砌体工程

一、工程量清单项目设置及工程量计算规则

砖砌体工程工程量清单项目设置及工程量计算规则，应按表6-1的规定执行。

表6-1　　　　　　　　　　砖砌体（编码：010401）

项目编码	项目名称	项目特征	计量单位	工程量计算规则	工作内容
010401001	砖基础	1. 砖品种、规格、强度等级 2. 基础类型 3. 砂浆强度等级 4. 防潮层材料种类		按设计图示尺寸以体积计算 包括附墙垛基础宽出部分体积，扣除地梁（圈梁）、构造柱所占体积，不扣除基础大放脚T形接头处的重叠部分及嵌入基础内的钢筋、铁件、管道、基础砂浆防潮层和单个面积≤0.3m^2的孔洞所占体积，靠墙暖气沟的挑檐不增加 基础长度：外墙按中心线，内墙按净长计算	1. 砂浆制作、运输 2. 砌砖 3. 防潮层铺设 4. 材料运输
010401002	砖砌挖孔桩护壁	1. 砖品种、规格、强度等级 2. 砂浆强度等级		按设计图示尺寸以立方米计算	1. 砂浆制作、运输 2. 砌砖 3. 材料运输
010401003	实心砖墙		m^3	按设计图示尺寸以体积计算 扣除门窗、洞口、嵌入墙内的钢筋混凝土柱、梁、圈梁、挑梁、过梁及凹进墙内的壁龛、管槽、暖气槽、消火栓箱所占体积，不扣除梁头、板头、檩头、垫木、木楞头、沿椽木、木砖、门窗走头、砖墙内加固钢筋、木筋、铁件、钢管及单个面积≤0.3m^2的孔洞所占体积。凸出墙面的腰线、挑檐、压顶、窗台线、虎头砖、门窗套的体积亦不增加。凸出墙面的砖垛并入墙体体积内计算。 1. 墙长度：外墙按中心线，内墙按净长计算 2. 墙高度： （1）外墙：斜（坡）屋面无檐口天棚者算至屋面板底；有屋架且室内外均有天棚者算至屋架下弦底另加200mm；无天棚者算至屋架下弦底另加300mm，出檐宽度超过600mm时按实砌高度计算；与钢筋混凝土楼板隔层者算至板顶。平屋顶算至钢筋混凝土板底	1. 砂浆制作、运输 2. 砌砖 3. 刮缝 4. 砖压顶砌筑 5. 材料运输
010401004	多孔砖墙	1. 砖品种、规格、强度等级 2. 墙体类型 3. 砂浆强度等级、配合比			
010401005	空心砖墙				

第六章 砌筑工程清单工程量计算

续一

项目编码	项目名称	项目特征	计量单位	工程量计算规则	工作内容
010401003	实心砖墙	1. 砖品种、规格、强度等级 2. 墙体类型 3. 砂浆强度等级、配合比	m³	(2)内墙:位于屋架下弦者,算至屋架下弦底;无屋架者算至天棚底另加100mm;有钢筋混凝土楼板隔层者算至楼板顶;有框架梁时算至梁底 (3)女儿墙:从屋面板上表面算至女儿墙顶面(如有混凝土压顶时算至压顶下表面) (4)内、外山墙:按其平均高度计算 3. 框架间墙:不分内外墙按墙体净尺寸以体积计算 4. 围墙:高度算至压顶上表面(如有混凝土压顶时算至压顶下表面),围墙柱并入围墙体积内	1. 砂浆制作、运输 2. 砌砖 3. 刮缝 4. 砖压顶砌筑 5. 材料运输
010401004	多孔砖墙				
010401005	空心砖墙				
010401006	空斗墙	1. 砖品种、规格、强度等级 2. 墙体类型 3. 砂浆强度等级、配合比	m³	按设计图示尺寸以空斗墙外形体积计算。墙角、内外墙交接处、门窗洞口立边、窗台砖、屋檐处的实砌部分体积并入空斗墙体积内	1. 砂浆制作、运输 2. 砌砖 3. 装填充料 4. 刮缝 5. 材料运输
010401007	空花墙			按设计图示尺寸以空花部分外形体积计算,不扣除空洞部分体积	
010401008	填充墙	1. 砖品种、规格、强度等级 2. 墙体类型 3. 填充材料种类及厚度 4. 砂浆强度等级、配合比		按设计图示尺寸以填充墙外形体积计算	
010401009	实心砖柱	1. 砖品种、规格、强度等级 2. 柱类型 3. 砂浆强度等级、配合比		按设计图示尺寸以体积计算。扣除混凝土及钢筋混凝土梁垫、梁头、板头所占体积	1. 砂浆制作、运输 2. 砌砖 3. 刮缝 4. 材料运输
010401010	多孔砖柱				
010401011	砖检查井	1. 井截面、深度 2. 砖品种、规格、强度等级 3. 垫层材料种类、厚度 4. 底板厚度 5. 井盖安装 6. 混凝土强度等级 7. 砂浆强度等级 8. 防潮层材料种类	座	按设计图示数量计算	1. 砂浆制作、运输 2. 铺设垫层 3. 底板混凝土制作、运输、浇筑、振捣、养护 4. 砌砖 5. 刮缝 6. 井池底、壁抹灰 7. 抹防潮层 8. 材料运输

续二

项目编码	项目名称	项目特征	计量单位	工程量计算规则	工作内容
010401012	零星砌砖	1. 零星砌砖名称、部位 2. 砖品种、规格、强度等级 3. 砂浆强度等级、配合比	1. m³ 2. m² 3. m 4. 个	1. 以立方米计量,按设计图示尺寸截面积乘以长度计算 2. 以平方米计量,按设计图示尺寸水平投影面积计算 3. 以米计量,按设计图示尺寸以长度计算 4. 以个计量,按设计图示数量计算	1. 砂浆制作、运输 2. 砌砖 3. 刮缝 4. 材料运输
010401013	砖散水、地坪	1. 砖品种、规格、强度等级 2. 垫层材料种类、厚度 3. 散水、地坪厚度 4. 面层种类、厚度 5. 砂浆强度等级	m²	按设计图示尺寸以面积计算	1. 土方挖、运、填 2. 地基找平、夯实 3. 铺设垫层 4. 砌砖散水、地坪 5. 抹砂浆面层
010401014	砖地沟、明沟	1. 砖品种、规格、强度等级 2. 沟截面尺寸 3. 垫层材料种类、厚度 4. 混凝土强度等级 5. 砂浆强度等级	m	以米计量,按设计图示以中心线长度计算	1. 土方挖、运、填 2. 铺设垫层 3. 底板混凝土制作、运输、浇筑、振捣、养护 4. 砌砖 5. 刮缝、抹灰 6. 材料运输

二、项目特征描述

(1)砖基础。砖基础应描述砖品种、规格、强度等级,基础类型,砂浆强度等级,防潮层材料种类。

1)砖砌体品种有烧结普通砖、黏土砖、非烧结硅酸盐砖、粉煤灰砖等。

2)砖基础类型有带形基础和独立基础。

3)防潮层材料有防水砂浆、细石混凝土、油毡等。

(2)砖砌挖孔桩护壁。砖砌挖孔桩护壁应描述砖品种、规格、强度等级,砂浆强度等级。

(3)实心砖墙、多孔砖墙、空心砖墙。实心砖墙、多孔砖墙、空心砖墙应描述砖品种、规格、强度等级,墙体类型,砂浆强度等级,配合比。

(4)空斗墙、空花墙。空斗墙、空花墙应描述砖品种、规格、强度等级,墙体类型,砂浆强度等级、配合比。

(5)填充墙。填充墙应描述砖品种、规格、强度等级,墙体类型,填充材料种类及厚度,砂浆强度等级、配合比。

(6)实心砖柱、多孔砖柱。实心砖柱、多孔砖柱应描述砖品种、规格、强度等级、柱类型,砂浆强度等级、配合比。

(7)砖检查井。砖检查井应描述井截面、深度,砖品种、规格、强度等级,垫层材料种类、厚度,底板厚度,井盖安装,混凝土强度等级,砂浆强度等级,防潮层材料种类。

(8)零星砌砖。零星砌砖应描述零星砌砖名称、部位,砖品种、规格、强度等级,砂浆强度等级、配合比。

(9)砖散水、地坪。砖散水、地坪应描述砖品种、规格、强度等级,垫层材料种类、厚度,散水、地坪厚度,面层种类、厚度,砂浆强度等级。

(10)砖地沟、明沟。砖地沟、明沟应描述砖品种、规格、强度等级,沟截面尺寸,垫层材料种类、厚度,混凝土强度等级,砂浆强度等级。

三、工程量计算

1. 工程量计算主要数据

(1)条形砖基础工程量计算方法如下:

条形基础:
$$V_{外墙基} = S_{断} L_{中} + V_{垛基}$$
$$V_{内墙基} = S_{断} L_{净}$$

其中条形砖基断面面积

$$S_{断} = (基础高度 + 大放脚折加高度) \times 基础墙厚$$

或

$$S_{断} = 基础高度 \times 基础墙厚 + 大放脚增加面积$$

砖基础的大放脚形式有等高式和间隔式,如图 6-1(a)、(b)所示。大放脚的折加高度或大放脚增加面积可根据砖基础的大放脚形式、大放脚错台层数从表6-2、表6-3中查得。

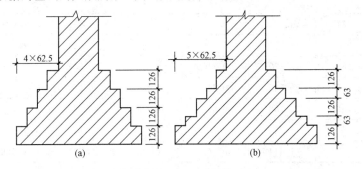

图 6-1 砖基础大放脚形式
(a)等高式;(b)间隔式

表 6-2   标准砖等高式砖墙基大放脚折加高度表

放脚层数	折加高度/m						增加断面面积/m²
	1/2砖 (0.115)	1砖 (0.24)	1$\frac{1}{2}$砖 (0.365)	2砖 (0.49)	2$\frac{1}{2}$砖 (0.615)	3砖 (0.74)	
一	0.137	0.066	0.043	0.032	0.026	0.021	0.01575
二	0.411	0.197	0.129	0.096	0.077	0.064	0.04725
三	0.822	0.394	0.259	0.193	0.154	0.128	0.0945
四	1.369	0.656	0.432	0.321	0.259	0.213	0.1575

续表

放脚层数	折加高度/m						增加断面面积/m²
	1/2砖 (0.115)	1砖 (0.24)	$1\frac{1}{2}$砖 (0.365)	2砖 (0.49)	$2\frac{1}{2}$砖 (0.615)	3砖 (0.74)	
五	2.054	0.984	0.647	0.482	0.384	0.319	0.2363
六	2.876	1.378	0.906	0.675	0.538	0.447	0.3308
七		1.838	1.208	0.900	0.717	0.596	0.4410
八		2.363	1.553	1.157	0.922	0.766	0.5670
九		2.953	1.942	1.447	1.153	0.958	0.7088
十		3.609	2.373	1.768	1.409	1.171	0.8663

注：1. 本表按标准砖双面放脚，每层等高12.6cm（二皮砖，二灰缝）砌出6.25cm计算。
2. 本表折加墙基高度的计算，以240mm×115mm×53mm标准砖，1cm灰缝及双面大放脚为准。
3. 折加高度(m) = $\dfrac{\text{放脚断面面积}(m^2)}{\text{墙厚}(m)}$
4. 采用折加高度数字时，取两位小数，第三位以后四舍五入。采用增加断面数字时，取三位小数，第四位以后四舍五入。

表6-3　　　　　　　　　　标准砖墙基间隔式大放脚折加高度表

放脚层数	折加高度/m						增加断面面积/m²
	1/2砖 (0.115)	1砖 (0.24)	$1\frac{1}{2}$砖 (0.365)	2砖 (0.49)	$2\frac{1}{2}$砖 (0.615)	3砖 (0.74)	
一	0.137	0.066	0.043	0.032	0.026	0.021	0.0158
二	0.343	0.164	0.108	0.080	0.064	0.053	0.0394
三	0.685	0.320	0.216	0.161	0.128	0.106	0.0788
四	1.096	0.525	0.345	0.257	0.205	0.170	0.1260
五	1.643	0.788	0.518	0.386	0.307	0.255	0.1890
六	2.260	1.083	0.712	0.530	0.423	0.331	0.2597
七		1.444	0.949	0.707	0.563	0.468	0.3465
八			1.208	0.900	0.717	0.596	0.4410
九			1.125	0.896	0.745		0.5513
十				1.088	0.905		0.6694

注：1. 本表适用于间隔式砖墙基大放脚（即底层为二皮开始高12.6cm，上层为一皮砖高6.3cm，每边每层砌出6.25cm）。
2. 本表折加墙基高度的计算，以240mm×115mm×53mm标准砖，1cm灰缝及双面大放脚为准。
3. 本表砖墙基础体积计算公式与上表（等高式砖墙基）相同。

垛基是大放脚突出部分的基础，如图6-2所示，为了方便使用，垛基工程量可直接查表6-4计算：

$$V_{\text{垛基}} = \text{垛基正身体积} + \text{放脚部分体积}$$

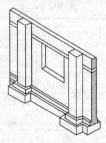

图6-2　垛基

表 6-4　　　　　　　　　　　　　　砖垛基础体积　　　　　　　　　　　m³/每个砖垛基础

项目		突出墙面宽	$\frac{1}{2}$砖(12.5cm)		1砖(25cm)			1$\frac{1}{2}$砖(37.8cm)			2砖(50cm)		
		砖垛尺寸/mm	125×240	125×365	250×240	250×365	250×490	375×365	375×490	375×615	500×490	500×615	500×740
垛基正身体积	垛基高	80cm	0.024	0.037	0.048	0.073	0.098	0.110	0.147	0.184	0.196	0.246	0.296
		90cm	0.027	0.014	0.054	0.028	0.110	0.123	0.165	0.208	0.221	0.277	0.333
		100cm	0.030	0.046	0.060	0.091	0.123	0.137	0.184	0.231	0.245	0.308	0.370
		110cm	0.033	0.050	0.066	0.100	0.135	0.151	0.202	0.254	0.270	0.338	0.407
		120cm	0.036	0.055	0.072	0.110	0.147	0.164	0.221	0.277	0.294	0.369	0.444
		130cm	0.039	0.059	0.078	0.119	0.159	0.178	0.239	0.300	0.319	0.400	0.481
		140cm	0.042	0.064	0.084	0.128	0.172	0.192	0.257	0.323	0.343	0.431	0.518
		150cm	0.045	0.068	0.090	0.137	0.184	0.205	0.276	0.346	0.368	0.461	0.555
		160cm	0.048	0.073	0.096	0.146	0.196	0.219	0.294	0.369	0.392	0.492	0.592
		170cm	0.051	0.078	0.102	0.155	0.208	0.233	0.312	0.392	0.417	0.523	0.629
		180cm	0.054	0.082	0.108	0.164	0.221	0.246	0.331	0.415	0.441	0.554	0.666
		每增减5cm	0.0015	0.0023	0.0030	0.0045	0.0062	0.0063	0.0092	0.0115	0.0126	0.0154	0.1850
放脚部分体积	层数	比值	等高式/间隔式		等高式/间隔式			等高式/间隔式			等高式/间隔式		
		一	0.002/0.002		0.004/0.004			0.006/0.006			0.008/0.008		
		二	0.006/0.005		0.012/0.010			0.018/0.015			0.023/0.020		
		三	0.012/0.010		0.023/0.020			0.035/0.029			0.047/0.039		
		四	0.020/0.016		0.039/0.032			0.059/0.047			0.078/0.063		
		五	0.029/0.024		0.059/0.047			0.088/0.070			0.117/0.094		
		六	0.041/0.032		0.082/0.065			0.123/0.097			0.164/0.129		
		七	0.055/0.043		0.109/0.086			0.164/0.129			0.221/0.172		
		八	0.070/0.055		0.141/0.109			0.211/0.164			0.284/0.225		

(2)砖墙体工程量计算。砖墙体有外墙、内墙、女儿墙、围墙之分,要注意墙体砖品种、规格、强度等级、墙体类型、墙体厚度、墙体高度、砂浆强度等级、配合比不同时要分开计算。

1)外墙。

$$V_{外}=(H_{外}L_{中}-F_{洞})b+V_{增减}$$

式中　$H_{外}$——外墙高度(m);

　　　$L_{中}$——外墙中心线长度(m);

　　　$F_{洞}$——门窗洞口、过人洞、空圈面积(m²);

　　　$V_{增减}$——相应的增减体积,其中$V_{增}$是指有墙垛时增加的墙垛体积(m³);

　　　b——墙体厚度(cm)。

注:对于砖垛工程量的计算可查表6-5。

表 6-5　　　　　　标准砖附墙砖垛或附墙烟囱、通风道折算墙身面积系数

墙身厚度 D/cm 突出断面 a×b /cm	$\frac{1}{2}$砖 11.5	$\frac{3}{4}$砖 18	1砖 24	$1\frac{1}{2}$砖 36.5	2砖 49	$2\frac{1}{2}$砖 61.5
12.25×24	0.2609	0.1685	0.1250	0.0822	0.0612	0.0488
12.5×36.5	0.3970	0.2562	0.1900	0.1249	0.0930	0.0741
12.5×49	0.5330	0.3444	0.2554	0.1680	0.1251	0.0997
12.5×61.5	0.6687	0.4320	0.3204	0.2107	0.1569	0.1250
25×24	0.5218	0.3371	0.2500	0.1644	0.1224	0.0976
25×36.5	0.7938	0.5129	0.3804	0.2500	0.1862	0.1485
25×49	1.0625	0.6882	0.5104	0.2356	0.2499	0.1992
25×61.5	1.3374	0.8641	0.6410	0.4214	0.3138	0.2501
37.5×24	0.7826	0.5056	0.3751	0.2466	0.1836	0.1463
37.5×36.5	1.1904	0.7691	0.5700	0.3751	0.2793	0.2226
37.5×49	1.5983	1.0326	0.7650	0.5036	0.3749	0.2989
37.5×61.5	2.0047	1.2955	0.9608	0.6318	0.4704	0.3750
50×24	1.0435	0.6742	0.5000	0.3288	0.2446	0.1951
50×36.5	1.5870	1.0253	0.7604	0.5000	0.3724	0.2967
50×49	2.1304	1.3764	1.0208	0.6712	0.5000	0.3980
50×61.5	2.6739	1.7273	1.2813	0.8425	0.6261	0.4997
62.5×36.5	1.9813	1.2821	0.9510	0.6249	0.4653	0.3709
62.5×49	2.6635	1.7208	1.3763	0.8390	0.6249	0.4980
62.5×61.5	3.3426	2.1600	1.6016	1.0532	0.7842	0.6250
74×36.5	2.3487	1.5174	1.1254	0.7400	0.5510	0.4392

注：表中 a 为突出墙面尺寸(cm)；b 为砖垛(或附墙烟囱、通风道)的宽度(cm)。

2)内墙。

$$V_{内} = (H_{内}L_{净} - F_{洞})b + V_{增减}$$

式中　$H_{内}$——内墙高度(m)；

　　　$L_{净}$——内墙净长度(m)；

　　　$F_{洞}$——门窗洞口、过人洞、空圈面积(m^2)；

　　　$V_{增减}$——计算墙体时相应的增减体积(m^3)；

　　　b——墙体厚度(cm)。

3)女儿墙。

$$V_{女} = H_{女}L_{中}b + V_{增减}$$

式中 $H_女$——女儿墙高度(m);
$L_中$——女儿墙中心线长度(m);
b——女儿墙厚度(cm)。

4)砖围墙。高度算至压顶上表面(如有混凝土压顶时算至压顶下表面),围墙柱并入围墙体积内计算。

(3)砖墙用砖和砂浆计算。砖墙用砖和砂浆计算公式,见表6-6。

表6-6　　　　　　　　　砖墙用砖和砂浆计算公式

项　目	计　算　公　式
一斗一卧空斗墙用砖和砂浆	一斗一卧空斗墙用砖和砂浆理论计算公式: $砖 = \dfrac{一斗一卧一层砖的块数}{墙厚 \times 一斗一卧砖高 \times 墙长}$ $砂浆 = \dfrac{(墙长 \times 4 \times 立砖净空 \times 10 + 斗砖宽 \times 20 + 斗砖长 \times 12.52) \times 0.01 \times 0.053}{墙厚 \times 一斗一卧砖高 \times 墙长}$
各种不同厚度的墙用砖和砂浆	砖墙:每1m³砖砌体各种不同厚度的墙用砖和砂浆净用量的理论计算公式: (1) $砖 = \dfrac{1}{墙厚 \times (砖长 + 灰缝) \times (砖厚 + 灰缝)} \times K$ 式中　K——墙厚的砖数×2(墙厚的砖数是指0.5、1、1.5、2、……)。 (2)砂浆 = 1 - 砖数净用量×每块砖体积 标准砖规格为240mm×115mm×53mm,每块砖的体积为0.0014628m³,灰缝横竖方向均为1cm
方形砖柱用砖和砂浆	方形砖柱用砖和砂浆用量理论计算公式: $砖 = \dfrac{一层砖的块数}{长 \times 宽 \times (一层砖厚 + 灰缝)}$ 砂浆 = 1 - 砖数净用量×每块砖体积
圆形砖柱用砖和砂浆	圆形砖柱用砖和砂浆理论计算公式: $砖 = \dfrac{1}{\pi/4 \times 0.49 \times 0.49 \times (砖厚 + 灰缝)}$ $砂浆 = 1 - 每块砖体积 \times \dfrac{1}{(长 \times 1/2 灰缝) \times (宽 + 灰缝) \times (厚 + 灰缝)}$

(4)砖砌山墙计算。

1)山墙(尖)面积计算公式:

坡度 $1:2(26°34') = L^2 \times 0.125$

坡度 $1:4(14°02') = L^2 \times 0.0625$

坡度 $1:12(4°45') = L^2 \times 0.02083$

公式中坡度为 $H:S$,如图6-3所示。

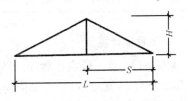

图6-3　山墙(尖)面积计算坡度比

2)山尖墙面积。山尖墙面积见表6-7。

表 6-7　　　　　　　　　　　　　山尖墙面积参考表

长度 L/m	坡度 (H:S)			长度 L/m	坡度 (H:S)		
	1:2	1:4	1:12		1:2	1:4	1:12
	山尖面积/m²				山尖面积/m²		
4.0	2.00	1.00	0.33	10.4	13.52	6.76	2.25
4.2	2.21	1.10	0.37	10.6	14.05	7.02	2.34
4.4	2.42	1.21	0.40	10.8	14.58	7.29	2.43
4.6	2.65	1.32	0.44	11.0	15.13	7.56	2.53
4.8	2.88	1.44	0.48	11.2	15.68	7.84	2.61
5.0	3.13	1.56	0.52	11.4	16.25	8.12	2.71
5.2	3.38	1.69	0.56	11.6	16.82	8.41	2.80
5.4	3.65	1.82	0.61	11.8	17.41	8.70	2.90
5.6	3.92	1.96	0.65	12.0	18.00	9.00	3.00
5.8	4.21	2.10	0.70	12.2	18.61	9.30	3.10
6.0	4.50	2.25	0.75	12.4	19.22	9.61	3.20
6.2	4.81	2.40	0.80	12.6	19.85	9.92	3.31
6.4	5.12	2.56	0.85	12.8	20.43	10.24	3.41
6.6	5.45	2.72	0.91	13.0	21.13	10.56	3.52
6.8	5.78	2.89	0.96	13.2	21.73	10.89	3.63
7.0	6.13	3.06	1.02	13.4	22.45	11.22	3.74
7.2	6.43	3.24	1.08	13.6	23.12	11.56	3.85
7.4	6.85	3.42	1.14	13.8	23.81	11.90	3.97
7.6	7.22	3.61	1.20	14.0	24.50	12.23	4.08
7.8	7.61	3.80	1.27	14.2	25.21	12.60	4.20
8.0	8.00	4.00	1.33	14.4	25.92	12.96	4.32
8.2	8.41	4.20	1.40	14.6	26.65	13.32	4.44
8.4	8.82	4.41	1.47	14.8	27.33	13.69	4.56
8.6	9.25	4.62	1.54	15.0	28.13	14.06	4.69
8.8	9.68	4.84	1.61	15.2	28.88	14.44	4.81
9.0	10.13	5.06	1.69	15.4	29.65	14.82	4.94
9.2	10.58	5.29	1.76	15.6	30.42	15.21	5.07
9.4	11.05	5.52	1.84	15.8	21.21	15.60	5.20
9.6	11.52	5.76	1.92	16.0	32.00	16.00	5.33
9.8	12.01	6.00	2.00	16.2	32.81	16.40	5.47
10.0	12.50	6.25	2.08	16.4	33.62	16.81	5.60
10.2	13.01	6.50	2.17	16.6	34.45	17.22	5.76

2. 工程量计算示例

【例 6-1】 设一砖墙基础, 长 120m, 厚 365mm, 每隔 10m 设有附墙砖垛, 墙垛断面尺寸为: 突出墙面 250mm, 宽 490mm, 砖基础高度 1.85m, 墙基础等高放脚 5 层, 最底层放脚高度为两皮砖, 试计算砖墙基础工程量。

【解】 (1) 条形墙基工程量。大放脚增加断面面积为 $0.2363m^2$, 则:

墙基体积 $=120\times(0.365\times1.85+0.2363)=109.386m^3$

(2)垛基工程量。按题意,垛数 $n=13$ 个,$d=0.25$,则:
垛基体积 $=(0.49\times1.85+0.2363)\times0.25\times13=3.714\text{m}^3$

(3)砖墙基础工程量。$V=109.386+3.714=113.1\text{m}^3$

【例 6-2】 某单层建筑物如图 6-4、图 6-5 所示,墙身为 M5.0 混合砂浆砌筑 MU10 标准黏土砖,内外墙厚均为 240mm,外墙瓷砖贴面,GZ 从基础圈梁到女儿墙顶,门窗洞口上全部采用预制钢筋混凝土过梁。M1:1500mm×2700mm;M2:1000mm×2700mm;C1:1800mm×1800mm;C2:1500mm×1800mm。试计算该工程砖砌体工程量。

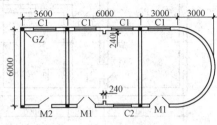

图 6-4 单层建筑物(一)

【解】 (1)240mm 厚,3.6m 高,M5.0 混合砂浆砌筑 MU10 标准黏土砖,原浆勾缝外墙工程量:

$H_{外}=3.6\text{m}$

$L_{中}=6+(3.6+6+3)\times2+\pi\times3-0.24\times6+0.24\times2$
$=39.66\text{m}$

扣门窗洞口:

$F_{洞}=1.5\times2.7\times2+1\times2.7\times1+1.8\times1.8\times$
$4+1.5\times1.8\times1=26.46\text{m}^2$

扣钢筋混凝土过梁体积:

$V=[(1.5+0.5)\times2+(1.0+0.5)\times1+(1.8+0.5)\times$
$4+(1.5+0.5)\times1]\times0.24\times0.24=0.96\text{m}^3$

工程量:$V=(3.6\times39.66-26.46)\times0.24-0.96=26.96\text{m}^3$

其中弧形墙工程量:$3.6\times\pi\times3\times0.24=8.14\text{m}^3$

(2)240mm 厚,3.6m 高,M5.0 混合砂浆砌筑 MU10 标准黏土砖,内墙工程量:

$H_{内}=3.6\text{m}$

$L_{净}=(6-0.24)\times2=11.52\text{m}$

$V=3.6\times11.52\times0.24=9.95\text{m}^3$

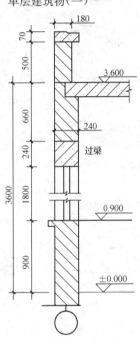

图 6-5 单层建筑物(二)

【例 6-3】 试计算某食堂工程空心砖内墙工程量,如图 6-6 所示。

【解】 根据工程量计算规则,空心砖墙工程量按图示尺寸以体积(m^3)计算。计算时应扣除门窗洞口、钢筋混凝土过梁所占体积。

根据图 6-6 可知:内墙厚 0.115m;内墙高 3.8m。

内墙长:$L_{内}=(6.8-0.37\times2)+(1.6-0.115)+(4.7-0.37/2-0.115/2)+(3-0.115/2-0.37/2)$
$=14.76\text{m}$

门洞口面积:$1.1\times2.8\times3=9.24\text{m}^2$

过梁体积:$0.15\times0.12\times1.5\times3=0.08\text{m}^3$

砖墙工程量:$V=$ 墙厚×(墙高×墙长-门窗洞口面积)-埋件体积
$=0.115\times(3.8\times14.76-9.24)-0.08$
$=5.31\text{m}^3$

【例 6-4】 试计算图 6-7 所示一砖无眠空斗围墙工程量。

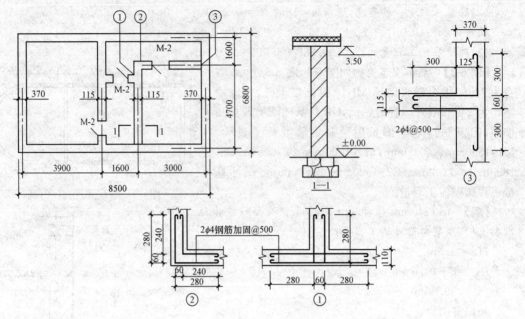

图 6-6 某空心砖墙示意图
注：M-2 1100×2800mm

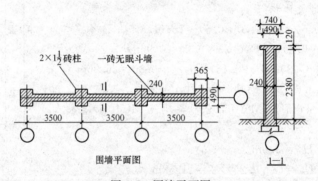

图 6-7 围墙平面图

【解】 一砖无眠空斗围墙工程量＝墙身工程量＋砖压顶工程量
$$= (3.5-0.365) \times 3 \times 2.38 \times 0.24 + (3.5-0.365) \times 3 \times 0.12 \times 0.49$$
$$= 5.92 m^3$$

$2 \times 1\frac{1}{2}$ 砖柱工程量 $= 0.49 \times 0.365 \times 2.38 \times 4 + 0.74 \times 0.365 \times 0.12 \times 4 = 1.83 m^3$

第二节 砌块砌体

一、工程量清单项目设置及工程量计算规则

砌块砌体工程量清单项目设置及工程量计算规则，应按表 6-8 的规定执行。

表 6-8　　　　　　　　　砌块砌体(编码:010402)

项目编码	项目名称	项目特征	计量单位	工程量计算规则	工作内容
010402001	砌块墙	1. 砌块品种、规格、强度等级 2. 墙体类型 3. 砂浆强度等级	m³	按设计图示尺寸以体积计算 扣除门窗、洞口、嵌入墙内的钢筋混凝土柱、梁、圈梁、挑梁、过梁及凹进墙内的壁龛、管槽、暖气槽、消火栓箱所占体积,不扣除梁头、板头、檩头、垫木、木楞头、沿椽木、木砖、门窗走头、砌块墙内加固钢筋、木筋、铁件、钢管及单个面积≤0.3m²的孔洞所占体积。凸出墙面的腰线、挑檐、压顶、窗台线、虎头砖、门窗套的体积亦不增加。凸出墙面的砖垛并入墙体积内计算 1. 墙长度:外墙按中心线,内墙按净长计算 2. 墙高度: (1)外墙:斜(坡)屋面无檐口天棚者算至屋面板底;有屋架且室内外均有天棚者算至屋架下弦另加 200mm;无天棚者算至屋架下弦另加 300mm,出檐宽度超过 600mm 时按实砌高度计算;与钢筋混凝土楼板隔层者算至板顶;平屋面算至钢筋混凝土板底 (2)内墙:位于屋架下弦者,算至屋架下弦底;无屋架者算至天棚底另加 100mm;有钢筋混凝土楼板隔层者算至楼板顶;有框架梁时算至梁底 (3)女儿墙:从屋面板上表面算至女儿墙顶面(如有混凝土压顶时算至压顶下表面) (4)内、外山墙:按其平均高度计算 3. 框架间墙:不分内外墙按墙体净尺寸以体积计算 4. 围墙:高度算至压顶上表面(如有混凝土压顶时算至压顶下表面),围墙柱并入围墙体积内	1. 砂浆制作、运输 2. 砌砖、砌块 3. 勾缝 4. 材料运输
010402002	砌块柱			按设计图示尺寸以体积计算 扣除混凝土及钢筋混凝土梁垫、梁头、板头所占体积	

二、项目特征描述

1. 砌块墙

砌块墙应描述砌块品种、规格、强度等级、墙体类型、砂浆强度等级。

砌块品种有中小型混凝土砌块、硅酸盐砌块、粉煤灰砌块等。

2. 砌块柱

砌块柱应描述砌块品种、规格、强度等级、墙体类型、砂浆强度等级。

三、工程量计算

【例 6-5】 某单层建筑物框架结构平面图如图 6-8 所示,墙身用 M5.0 混合砂浆砌筑加气混凝土砌块,厚度为 240mm;女儿墙砌筑煤矸石空心砖,混凝土压顶断面 240mm×60mm,墙厚均为 240mm;隔墙为 120mm 厚实心砖墙。框架柱断面 240mm×240mm 到女儿墙顶,框架梁断面 240mm×500mm,门窗洞口上均采用现浇钢筋混凝土过梁,断面 240mm×180mm。M1:1560mm×2700mm;M2:1000mm×2700mm;C1:1800mm×1800mm;C2:1560mm×1800mm。试计算墙体工程量。

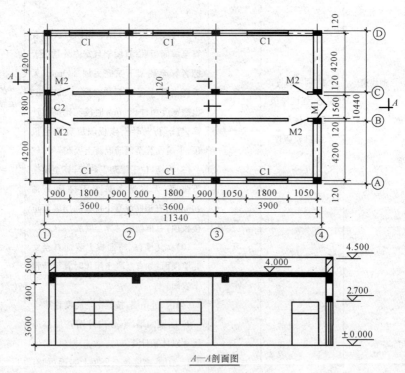

图 6-8 单层建筑物框架结构平面图

【解】 (1)砌块墙工程量:

砌块墙工程量=(砌块墙中心线长度×高度−门窗洞口面积)×墙厚−构件体积

砌块墙工程量=[(11.34−0.24+10.44−0.24−0.24×6)×2×3.6−(1.56×2.7+1.8×1.8×6+1.56×1.8)]×0.24−[1.56×2+(1.8+0.5)×6]×0.24×0.18=27.24m³

(2)空心砖墙工程量：

空心砖墙工程量=(空心砖墙中心线长度×高度-门窗洞口面积)×墙厚-构件体积

空心砖墙工程量=(11.34-0.24+10.44-0.24-0.24×6)×2×(0.50-0.06)×0.24
              =4.19m³

(3)实心砖墙工程量：

实心砖墙工程量=(内墙净长×高度-门窗洞口面积)×墙厚-构件体积

实心砖墙工程量=[(11.34-0.24-0.24×3)×3.6-1.00×2.70×2]×0.12×2=7.67m³

【例 6-6】 如图 6-9 所示，已知混凝土漏空花格墙厚度为 120mm，用 M2.5 水泥砂浆砌筑 300mm×300mm×120mm 的混凝土漏空花格砌块，试计算其工程量。

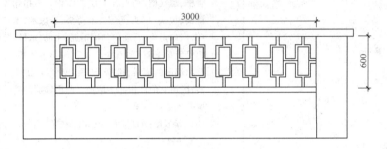

图 6-9 空花墙

【解】 M2.5 水泥砂浆砌筑 300mm×300mm×120mm 的混凝土漏空花格砌块墙工程量为

$$V=0.6×3.0×0.12=0.22m^3$$

第三节 石砌体

一、工程量清单项目设置及工程量计算规则

石砌体工程工程量清单项目设置及工程量计算规则，应按表 6-9 的规定执行。

表 6-9 石砌体(编码:010403)

项目编码	项目名称	项目特征	计量单位	工程量计算规则	工作内容
010403001	石基础	1. 石料种类、规格 2. 基础类型 3. 砂浆强度等级	m³	按设计图示尺寸以体积计算 包括附墙垛基础宽出部分体积，不扣除基础砂浆防潮层及单个面积≤0.3m² 的孔洞所占体积，靠墙暖气沟的挑檐不增加体积。 基础长度：外墙按中心线，内墙按净长计算	1. 砂浆制作、运输 2. 吊装 3. 砌石 4. 防潮层铺设 5. 材料运输

续一

项目编码	项目名称	项目特征	计量单位	工程量计算规则	工作内容
010403002	石勒脚			按设计图示尺寸以体积计算,扣除单个面积>0.3m² 的孔洞所占的体积	
010403003	石墙	1. 石料种类、规格 2. 石表面加工要求 3. 勾缝要求 4. 砂浆强度等级、配合比	m³	按设计图示尺寸以体积计算 扣除门窗、洞口、嵌入墙内的钢筋混凝土柱、梁、圈梁、挑梁、过梁及凹进墙内的壁龛、管槽、暖气槽、消火栓箱所占体积。不扣除梁头、板头、檩头、垫木、木楞头、沿椽木、木砖、门窗走头、石墙内加固钢筋、木筋、铁件、钢管及单个面积≤0.3m² 的孔洞所占体积。凸出墙面的腰线、挑檐、压顶、窗台线、虎头砖、门窗套的体积亦不增加。凸出墙面的砖垛并入墙体体积内计算 1. 墙长度:外墙按中心线、内墙按净长计算; 2. 墙高度: (1)外墙:斜(坡)屋面无檐口天棚者算至屋面板底;有屋架且室内外均有天棚者算至屋架下弦底另加 200mm;无天棚者算至屋架下弦底另加 300mm,出檐宽度超过600mm 时按实砌高度计算;有钢筋混凝土楼板隔层者算至板顶;平屋面算至钢筋混凝土板底 (2)内墙:位于屋架下弦者,算至屋架下弦底;无屋架者算至天棚底另加 100mm;有钢筋混凝土楼板隔层者算至楼板顶;有框架梁时算至梁底 (3)女儿墙:从屋面板上表面算至女儿墙顶面(如有混凝土压顶时算至压顶下表面) (4)内、外山墙:按其平均高度计算 3. 围墙:高度算至压顶上表面(如有混凝土压顶时算至压顶下表面),围墙柱并入围墙体积内	1. 砂浆制作、运输 2. 吊装 3. 砌石 4. 石表面加工 5. 勾缝 6. 材料运输
010403004	石挡土墙			按设计图示尺寸以体积计算	1. 砂浆制作、运输 2. 吊装 3. 砌石 4. 变形缝、泄水孔、压顶抹灰 5. 滤水层 6. 勾缝 7. 材料运输

第六章　砌筑工程清单工程量计算　111

续二

项目编码	项目名称	项目特征	计量单位	工程量计算规则	工作内容
010403005	石柱	1. 石料种类、规格 2. 石表面加工要求 3. 勾缝要求 4. 砂浆强度等级、配合比	m³	按设计图示尺寸以体积计算	1. 砂浆制作、运输 2. 吊装 3. 砌石 4. 石表面加工 5. 勾缝 6. 材料运输
010403006	石栏杆		m	按设计图示以长度计算	
010403007	石护坡	1. 垫层材料种类、厚度 2. 石料种类、规格 3. 护坡厚度、高度 4. 石表面加工要求 5. 勾缝要求 6. 砂浆强度等级、配合比	m³	按设计图示尺寸以体积计算	1. 铺设垫层 2. 石料加工 3. 砂浆制作、运输 4. 砌石 5. 石表面加工 6. 勾缝 7. 材料运输
010403008	石台阶				
010403009	石坡道		m²	按设计图示以水平投影面积计算	
010403010	石地沟、石明沟	1. 沟截面尺寸 2. 土壤类别、运距 3. 垫层材料种类、厚度 4. 石料种类、规格 5. 石表面加工要求 6. 勾缝要求 7. 砂浆强度等级、配合比	m	按设计图示以中心线长度计算	1. 土方挖、运 2. 砂浆制作、运输 3. 铺设垫层 4. 砌石 5. 石表面加工 6. 勾缝 7. 回填 8. 材料运输

二、项目特征描述

1. 石基础

石基础应描述石料种类、规格，基础类型，砂浆强度等级。

(1)石料规格有粗料石、细料石等。

(2)石料种类有砂石、青石等。

(3)基础类型有柱基、墙基、直形、弧形等。

2. 石勒脚、石墙等

石勒脚、石墙、石挡土墙、石柱、石栏杆应描述石料种类、规格，石表面加工要求，勾缝要求，砂浆强度等级、配合比。

(1) 石勒脚、石墙石料规格是指粗料石、细料石等,石挡土墙石料规格是指粗料石、细料石、块石、毛石、卵石等。

(2) 石勒脚、石墙石料种类是指砂石、青石、大理石、花岗石等,石挡土墙石料种类指砂石、青石、石灰石等。

3. 石护坡、石台阶、石坡道

石护坡、石台阶、石坡道应描述垫层材料种类、厚度,石料种类、规格,护坡厚度、高度,石表面加工要求,勾缝要求,砂浆强度等级、配合比。

石料规格是指粗料石、细料石、片石、块石、毛石、卵石等。

4. 石地沟、明沟

石地沟、明沟应描述沟截面尺寸,土壤类别、运距,垫层材料种类、厚度,石料种类、规格,石表面加工要求,勾缝要求,砂浆强度等级、配合比。

三、工程量计算

1. 工程量计算主要数据

(1) 条形毛石基础工程量的计算。条形毛石基础工程量的计算,可参照表 6-10 进行。

表 6-10　　　　条形毛石基础工程量表(定值)

基础阶数	图示	截面尺寸			截面面积 /m²	毛石砌体 /(m³/10m)	材料消耗	
		顶宽	底宽	高			毛石	砂浆
		mm					m³	
一阶式		600	600	600	0.36	3.60	4.14	1.44
		700	700	600	0.42	4.20	4.83	1.68
		800	800	600	0.48	4.80	5.52	1.92
		900	900	600	0.54	5.40	6.21	2.16
		600	600	1000	0.60	6.00	6.90	2.40
		700	700	1000	0.70	7.00	8.05	2.80
		800	800	1000	0.80	8.00	9.20	3.20
		900	900	1000	0.90	9.00	10.12	3.60
二阶式		600	1000	800	0.64	6.40	7.36	2.56
		700	1100	800	0.72	7.20	8.28	2.88
		800	1200	800	0.80	8.00	9.20	3.20
		900	1300	800	0.88	8.80	10.12	3.52
		600	1000	1200	1.04	9.40	11.96	4.16
		700	1100	1200	1.16	11.60	13.34	4.64
		800	1200	1200	1.28	12.80	14.72	5.12
		900	1300	1200	1.40	14.00	16.10	5.60

续表

基础阶数	图示	截面尺寸			截面面积 /m²	毛石砌体 /(m³/10m)	材料消耗	
		顶宽	底宽	高			毛石	砂浆
		mm					m³	
三阶式		600	1400	1200	1.20	12.00	13.80	4.80
		700	1500	1200	1.32	13.20	15.18	5.28
		800	1600	1200	1.44	14.40	16.56	5.76
		900	1700	1200	1.56	15.60	17.94	6.24
		600	1400	1600	1.76	17.60	20.24	7.04
		700	1500	1600	1.92	19.20	22.08	7.68
		800	1600	1600	2.08	20.80	23.92	8.92
		900	1700	1600	2.24	22.40	25.76	8.96

(2)条形毛石基础断面面积的计算。条形毛石基础断面面积可参照表6-11进行计算。

表 6-11　　　　　　　　毛石条形基础断面面积参考表

宽度/mm	断面面积/m²										
	高度/mm										
	400	450	500	550	600	650	700	750	800	850	900	950
500	0.200	0.225	0.250	0.275	0.300	0.325	0.350	0.375	0.400	0.425	0.450	0.475
550	0.220	0.243	0.275	0.303	0.330	0.358	0.385	0.413	0.440	0.468	0.495	0.523
600	0.240	0.270	0.300	0.330	0.360	0.390	0.420	0.450	0.480	0.510	0.540	0.570
650	0.260	0.293	0.325	0.358	0.390	0.423	0.455	0.488	0.520	0.553	0.585	0.518
700	0.280	0.315	0.350	0.385	0.420	0.455	0.490	0.525	0.560	0.595	0.630	0.665
750	0.300	0.338	0.375	0.413	0.450	0.488	0.525	0.563	0.600	0.638	0.675	0.713
800	0.320	0.360	0.400	0.440	0.480	0.520	0.560	0.600	0.640	0.680	0.720	0.760
850	0.340	0.383	0.425	0.468	0.510	0.553	0.595	0.638	0.680	0.723	0.765	0.808
900	0.360	0.405	0.450	0.495	0.540	0.585	0.630	0.675	0.720	0.765	0.810	0.855
950	0.380	0.428	0.475	0.523	0.570	0.618	0.665	0.713	0.760	0.808	0.855	0.903
1000	0.400	0.450	0.500	0.550	0.600	0.650	0.700	0.750	0.800	0.850	0.900	0.950
1050	0.420	0.473	0.525	0.578	0.630	0.683	0.735	0.788	0.840	0.893	0.945	0.998
1100	0.440	0.495	0.550	0.605	0.660	0.715	0.770	0.825	0.880	0.935	0.990	1.050
1150	0.460	0.518	0.575	0.633	0.690	0.748	0.805	0.863	0.920	0.978	1.040	1.093
1200	0.480	0.540	0.600	0.660	0.720	0.780	0.840	0.900	0.960	1.020	1.080	1.140
1250	0.500	0.563	0.625	0.688	0.750	0.813	0.875	0.933	1.000	1.063	1.125	1.188
1300	0.520	0.585	0.650	0.715	0.780	0.845	0.910	0.975	1.040	1.105	1.170	1.235
1350	0.540	0.608	0.675	0.743	0.810	0.878	0.945	1.013	1.080	1.148	1.215	1.283
1400	0.560	0.630	0.700	0.770	0.840	0.910	0.980	1.050	1.120	1.19	1.260	1.330
1450	0.580	0.653	0.725	0.798	0.870	0.943	1.015	1.088	1.160	1.233	1.305	1.378
1500	0.600	0.675	0.750	0.825	0.900	0.975	1.050	1.125	1.200	1.275	1.350	1.425
1600	0.640	0.720	0.800	0.880	0.960	1.040	1.120	1.200	1.280	1.360	1.440	1.520
1700	0.680	0.765	0.850	0.935	1.020	1.105	1.190	1.275	1.360	1.445	1.530	1.615
1800	0.720	0.810	0.900	0.990	1.080	1.170	1.260	1.350	1.440	1.530	1.620	1.710
2000	0.800	0.900	1.000	1.100	1.200	1.300	1.400	1.500	1.600	1.700	1.800	1.900

2. 工程量计算示例

【例 6-7】 如图 6-10 所示,某挡土墙工程用 M2.5 混合砂浆砌筑毛石,用原浆勾缝,长度 200m,试计算其工程量。

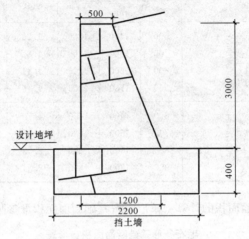

图 6-10 某挡土墙工程

【解】 (1)石挡土墙的工程量计算公式:
$$V = 按设计图示尺寸以体积计算$$
则 M2.5 混合砂浆砌筑毛石,原浆勾缝毛石挡土墙工程量计算如下:
$$V = (0.5+1.2) \times 3/2 \times 200 = 510.00 \text{m}^3$$

(2)挡土墙毛石基础的工程量计算公式:
$$V = 按设计图示尺寸以体积计算$$
则 M2.5 混合砂浆砌筑毛石挡土墙基础工程量计算如下:
$$V = 0.4 \times 2.2 \times 200 = 176.00 \text{m}^3$$

第四节 垫 层

一、工程量清单项目设置及工程量计算规则

垫层工程量清单项目设置及工程量计算规则,应按表 6-12 的规定执行。

表 6-12　　　　　　垫层(编码:010404)

项目编码	项目名称	项目特征	计量单位	工程量计算规则	工作内容
010404001	垫层	垫层材料种类、配合比、厚度	m³	按设计图示尺寸以立方米计算	1. 垫层材料的拌制 2. 垫层铺设 3. 材料运输

二、项目特征描述

垫层应描述垫层材料种类、配合比和厚度。

第七章 混凝土及钢筋混凝土工程清单工程量计算

第一节 现浇混凝土工程

一、现浇混凝土基础

1. 工程量清单项目设置及工程量计算规则

现浇混凝土基础工程量清单项目设置及工程量计算规则,应按表7-1的规定执行。

表7-1 现浇混凝土基础

项目编码	项目名称	项目特征	计量单位	工程量计算规则	工作内容
010501001	垫层	1. 混凝土种类 2. 混凝土强度等级	m³	按设计图示尺寸以体积计算。不扣除伸入承台基础的桩头所占体积	1. 模板及支撑制作、安装、拆除、堆放、运输及清理模内杂物、刷隔离剂 2. 混凝土制作、运输、浇筑、振捣、养护
010501002	带形基础				
010501003	独立基础				
010501004	满堂基础				
010501005	桩承台基础				
010501006	设备基础	1. 混凝土种类 2. 混凝土强度等级 3. 灌浆材料及其强度等级			

2. 项目特征描述

垫层、带形基础、独立基础、满堂基础、承台基础应描述混凝土种类和混凝土强度等级,设备基础应描述混凝土种类、混凝土强度等级、灌浆材料及其强度等级;如为毛石混凝土基础,应注明毛石所占比例。

现浇构件砾(碎)石混凝土强度等级选用可参见表7-2。

表7-2 现浇构件砾(碎)石混凝土选用表

工 程 项 目	单 位	混凝土强度等级	石子最大粒径/mm
毛石混凝土带形基础、挡土墙和地下室墙	m³	C10	40
毛石混凝土独立基础、设备基础	m³	C10	40
混凝土台阶	m²	C10	40
带形基础、独立基础、杯形基础、满堂基础、设备基础、直形墙、地下室墙及挡土墙、电梯井壁等	m³	C20	40

工程项目	单位	混凝土强度等级	石子最大粒径/mm
矩形柱、圆形柱、构造柱、基础梁、单梁、连续梁、异形梁、圈过梁、弧、拱形梁、有梁板、无梁板、平板等	m³	C20	40
整体楼梯	m²	C20	40
阳台、雨篷、地沟、厂库房门框、挑檐天沟、压顶	m³	C20	20
池槽、屋面钢丝网混凝土	m³	C20	10
屋顶水箱、零星构件	m³	C20	20
垫块	m³	C20	40

3. 工程量计算

(1)工程量计算主要数据。

1)锥形独立基础工程量计算。一般情况下,锥形独立基础(图7-1)的下部为矩形,上部为截头锥体,可分别计算相加后得其体积,即

$$V = ABh_1 + \frac{h-h_1}{6}[AB+ab+(A+a)(B+b)]$$

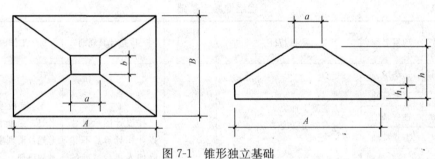

图 7-1 锥形独立基础

(2)杯形基础工程量计算。杯形基础的体积可参照表7-3计算。

表 7-3 杯形基础的体积表

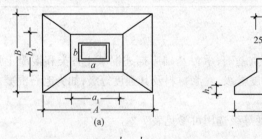

$$V = ABh_3 + \frac{h_1-h_3}{6}[AB+(A+a_1)(B+b_1)+a_1b_1] +$$
$$a_1b_1(H-h_1)-(H-h_2)(a-0.025)(b-0.025)$$

柱断面 /mm	杯形柱基规格尺寸/mm										基础混凝土用量/(m³/个)
	A	B	a	a_1	b	b_1	H	h_1	h_2	h_3	
	1300	1300	550	1000	550	1000	600	300	200	200	0.66
400×400	1400	1400	550	1000	550	1000	600	300	200	200	0.73
	1500	1500	550	1000	550	1000	600	300	200	200	0.80

续表

柱断面 /mm	杯形柱基规格尺寸/mm										基础混凝土用量/(m³/个)
	A	B	a	a_1	b	b_1	H	h_1	h_2	h_3	
400×400	1600	1600	550	1000	550	1000	600	300	250	200	0.87
	1700	1700	550	1000	550	1000	700	300	250	200	1.04
	1800	1800	550	1000	550	1000	700	300	250	200	1.13
	1900	1900	550	1000	550	1000	700	300	250	200	1.22
	2000	2000	550	1100	550	1100	800	400	250	200	1.63
	2100	2100	550	1100	550	1100	800	400	250	200	1.74
	2200	2200	550	1100	550	1100	800	400	250	200	1.86
	2300	2300	550	1200	550	1200	800	400	250	200	2.12
400×600	2300	1900	750	1400	550	1200	800	400	250	200	1.92
	2300	2100	750	1450	550	1250	800	400	250	200	2.13
	2400	2200	750	1450	550	1250	800	400	250	200	2.26
	2500	2300	750	1450	550	1250	800	400	250	200	2.40
	2600	2400	750	1550	550	1350	800	400	250	200	2.68
	3000	2700	750	1550	550	1350	1000	500	300	200	2.83
	3300	3900	750	1550	550	1350	1000	600	300	200	4.63
400×700	2500	2300	850	1550	550	1350	900	500	250	200	2.76
	2700	2500	850	1550	550	1350	900	500	250	200	3.16
	3000	2700	850	1550	550	1350	1000	500	300	200	3.89
	3300	2900	850	1550	550	1350	1000	600	300	200	4.60
	4000	2800	850	1750	550	1350	1000	700	300	200	6.02
400×800	3000	2700	950	1700	550	1350	1000	500	300	200	3.90
	3300	2900	950	1750	550	1350	1000	600	300	200	4.65
	4000	2800	950	1750	550	1350	1000	700	300	250	5.98
	4500	3000	950	1850	550	1350	1000	800	300	250	7.93
500×800	3000	2700	950	1700	650	1450	1000	500	300	200	3.96
	3300	2900	950	1750	650	1450	1000	600	300	200	4.70
	4000	2800	950	1750	650	1450	1000	700	300	200	6.02
	4500	3000	950	1850	650	1450	1200	800	300	250	7.99
500×1000	4000	2800	1150	1950	650	1450	1200	800	300	250	6.90
	4500	3000	1150	1950	650	1450	1200	800	300	250	8.00

3) 现浇无筋倒圆台基础工程量计算。

倒圆台基础体积计算公式(图7-2)为:

$$V = \frac{\pi h_1}{3}(R^2 + r^2 + Rr) + \pi R^2 h_2 + \frac{\pi h_3}{3}\left[R^2 + \left(\frac{a_1}{2}\right)^2 + R\frac{a_1}{2}\right] + a_1 b_1 h_4 - \frac{h_5}{3}\left[(a+0.1+0.025\times2)(b+0.1+0.025\times2) + ab + \sqrt{(a+0.1+0.025\times2)(b+0.1+0.025\times2)ab}\right]$$

式中 a——柱长边尺寸(m);

a_1——杯口外包长边尺寸(m);

R——底最大半径(m);

r——底面半径(m);

b——柱短边尺寸(m);

b_1——杯口外包短边尺寸(m);

h、$h_{1\sim5}$——断面高度(m);

π——3.1416。

4)现浇钢筋混凝土倒圆锥形薄壳基础工程量计算。现浇钢筋混凝土倒圆锥形薄壳基础体积计算公式,如图7-3所示。

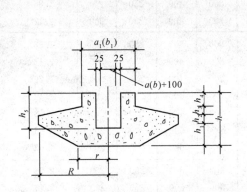

图7-2 倒圆台基础

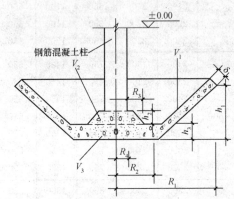

图7-3 现浇钢筋混凝土倒圆锥形薄壳基础

$$V = V_1 + V_2 + V_3$$

$$V_1(薄壳部分) = \pi(R_1 + R_2)\delta h_1 \cos\theta$$

$$V_2(截头圆锥体部分) = \frac{\pi h_2}{3}(R_3^2 + R_3 R_4 + R_4^2)$$

$$V_3(圆体部分) = \pi R_2^2 h_2$$

(公式中半径、高度、厚度均以"m"为计算单位。)

(2)工程量计算示例。

【例7-1】 某现浇钢筋混凝土带形基础尺寸,如图7-4所示。试计算现浇钢筋混凝土带形基础混凝土工程量。

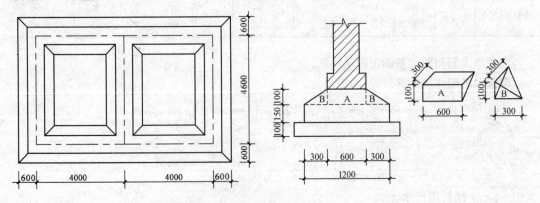

图7-4 现浇钢筋混凝土带形基础

【解】 带形基础混凝土工程量＝设计外墙中心线长度×设计断面＋设计内墙基础图示长度×设计断面

$= [(8.00+4.60)\times2+4.60-1.20]\times(1.20\times0.15+0.90\times0.10)+0.60\times0.30\times0.10(A折合体积)+0.30\times0.10\div2\times0.30\div3\times4(B体积)$

$= 7.75\text{m}^3$

【例 7-2】 试计算图 7-5 所示现浇钢筋混凝土独立基础混凝土工程量。

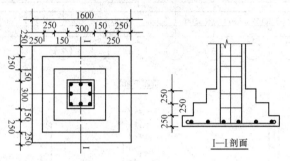

图 7-5 现浇钢筋混凝土独立基础

【解】 计算公式：现浇钢筋混凝土独立基础工程量＝设计图示体积

现浇钢筋混凝土独立基础混凝土工程量$=(1.6\times1.6+1.1\times1.1+0.6\times0.6)\times0.25$

$=1.03\text{m}^3$

【例 7-3】 有梁式满堂基础尺寸，如图 7-6 所示。试计算有梁式满堂基础混凝土工程量。

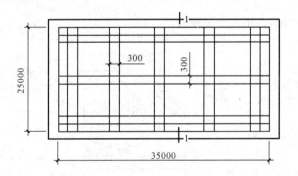 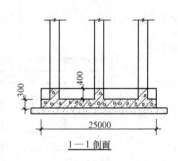

图 7-6 有梁式满堂基础

【解】 有梁式满堂基础混凝土工程量＝图示长度×图示宽度×厚度＋翻梁体积

满堂基础(C20)混凝土工程量$=35\times25\times0.3+0.3\times0.4\times[35\times3+(25-0.3\times3)\times5]$

$=289.56\text{m}^3$

【例 7-4】 试计算图 7-7 所示现浇钢筋混凝土满堂基础混凝土工程量。

【解】 混凝土工程量按"底板体积＋墙下部凸出部分体积"计算。

工程量$=(31.5+1+1)\times10\times0.3+[(31.5+8)\times2+(6.0-0.24)\times8+(31.5-0.24)+(2.0-0.24)\times8]\times(0.24+0.24+0.1+0.1)\times1/2\times0.1$

$=106.29\text{m}^3$

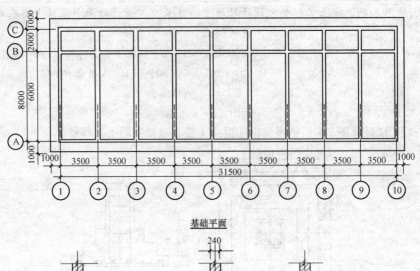

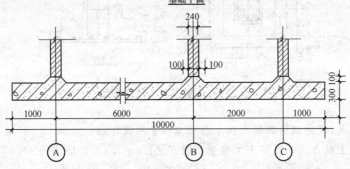

图 7-7 满堂基础

【例 7-5】 试计算图 7-8 现浇独立桩承台的混凝土工程量。

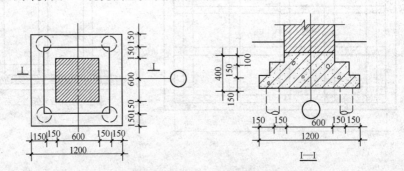

图 7-8 现浇独立桩承台

【解】 混凝土工程量按承台体积(不扣除桩头)计算。

工程量 $=1.2\times1.2\times0.15+0.9\times0.9\times0.15+0.6\times0.6\times0.1=0.37\text{m}^3$

二、现浇混凝土柱

1. 工程量清单项目设置及工程量计算规则

现浇混凝土柱工程量清单项目设置及工程量计算规则,应按表 7-4 的规定执行。

第七章 混凝土及钢筋混凝土工程清单工程量计算

表 7-4   现浇混凝土柱(编码:010502)

项目编码	项目名称	项目特征	计量单位	工程量计算规则	工作内容
010502001	矩形柱	1. 混凝土种类 2. 混凝土强度等级	m^3	按设计图示尺寸以体积计算 柱高: 1. 有梁板的柱高,应自柱基上表面(或楼板上表面)至上一层楼板上表面之间的高度计算 2. 无梁板的柱高,应自柱基上表面(或楼板上表面)至柱帽下表面之间的高度计算 3. 框架柱的柱高,应自柱基上表面至柱顶高度计算 4. 构造柱按全高计算,嵌接墙体部分(马牙槎)并入柱身体积 5. 依附柱上的牛腿和升板的柱帽,并入柱身体积计算	1. 模板及支架(撑)制作、安装、拆除、堆放、运输及清理模内杂物、刷隔离剂等 2. 混凝土制作、运输、浇筑、振捣、养护
010502002	构造柱				
010502003	异形柱	1. 柱形 2. 混凝土种类 3. 混凝土强度等级			

2. 项目特征描述

矩形柱、构造柱应描述混凝土种类、混凝土强度等级,异形柱应描述柱形状、混凝土种类、混凝土强度等级。

3. 工程量计算

(1) 工程量计算主要规则。

1) 有梁板的柱高,自柱基上表面(或楼板上表面)至上一层楼板上表面之间的高度计算,如图 7-9(a)所示。

2) 无梁板的柱高,自柱基上表面(或楼板上表面)至柱帽下表面之间的高度计算,如图 7-9(b)所示。

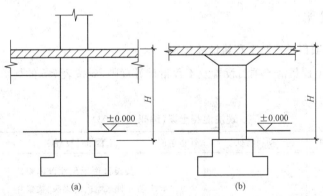

图 7-9 钢筋混凝土柱

3) 框架柱的柱高,自柱基上表面至柱顶高度计算,如图 7-10 所示。
4) 构造柱按设计高度计算,与墙嵌接部分的体积并入柱身体积内计算,如图 7-11(a)所示。
5) 依附柱上的牛腿,并入柱体积内计算,如图 7-11(b)所示。

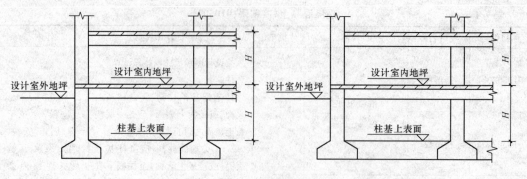

图 7-10 框架柱

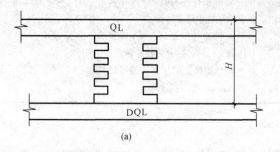

图 7-11 构造柱

(2)工程量计算示例。

【例 7-6】 如图 7-12 所示构造柱,总高为 24m,16 根,混凝土强度等级为 C25,试计算构造柱现浇混凝土工程量。

【解】 计算公式:

构造柱工程量=(图示柱宽度+咬口宽度)×厚度×图示高度

构造柱(C25)混凝土工程量=(0.24+0.06)×0.24×24×16=27.65m³

三、现浇混凝土梁

1. 工程量清单项目设置及工程量计算规则

现浇混凝土梁工程量清单项目设置及工程量计算规则,应按表 7-5 的规定执行。

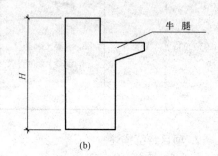

图 7-12 构造柱

表 7-5 现浇混凝土梁(编码:010503)

项目编码	项目名称	项目特征	计量单位	工程量计算规则	工作内容
010503001	基础梁	1. 混凝土种类 2. 混凝土强度等级	m³	按设计图示尺寸以体积计算。伸入墙内的梁头、梁垫并入梁体积内 梁长(示意图如图 7-12): 1. 梁与柱连接时,梁长算至柱侧面 2. 主梁与次梁连接时,次梁长算至主梁侧面	1. 模板及支架(撑)制作、安装、拆除、堆放、运输及清理模内杂物、刷隔离剂等 2. 混凝土制作、运输、浇筑、振捣、养护
010503002	矩形梁				
010503003	异形梁				
010503004	圈梁				
010503005	过梁				
010503006	弧形、拱形梁				

2. 项目特征描述

基础梁、矩形梁、异形梁、圈梁、过梁、弧形梁、拱形梁应描述混凝土种类和混凝土强度等级。

3. 工程量计算

(1) 工程量计算主要规则。

1) 梁与柱连接时,梁长算至柱侧面,如图 7-13 所示。

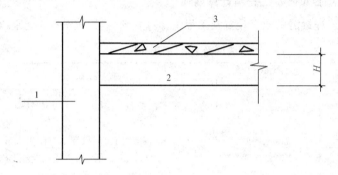

图 7-13　现浇混凝土梁
1—柱;2—梁;3—板

2) 主梁与次梁连接时,次梁长算至主梁侧面。伸入墙体内的梁头、梁垫体积并入梁体积内计算,如图 7-14 所示。

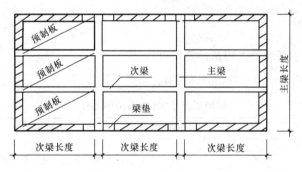

图 7-14　主梁与次梁

(2) 工程量计算示例。

【例 7-7】　现浇混凝土花篮梁 10 根,混凝土强度等级 C25,梁端有现浇梁垫,尺寸如图 7-15 所示。商品混凝土,运距为 3km(混凝土搅拌站为 25m³/h),试计算现浇混凝土花篮梁工程量。

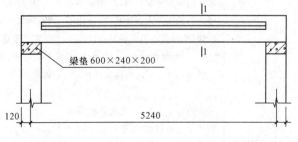 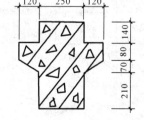

图 7-15　花篮梁尺寸

【解】 计算公式:现浇混凝土花篮梁工程量=图示断面面积×梁长+梁垫体积

现浇混凝土花篮梁工程量=[0.25×(0.21+0.07+0.08+0.14)×(5.24+0.12×2)+(0.08+0.07+0.08)×0.12×(5.24−0.12×2)+0.6×0.24×0.2×2]×10=8.81m^3

四、现浇混凝土墙

1. 工程量清单项目设置及工程量计算规则

现浇混凝土墙工程量清单项目设置及工程量计算规则,应按表7-6的规定执行。

表7-6　　　　　　　　现浇混凝土墙(编码:010504)

项目编码	项目名称	项目特征	计量单位	工程量计算规则	工作内容
010504001	直形墙	1. 混凝土种类 2. 混凝土强度等级	m^3	按设计图示尺寸以体积计算 扣除门窗洞口及单个面积>0.3m^2的孔洞所占体积,墙垛及突出墙面部分并入墙体体积内计算	1. 模板及支架(撑)制作、安装、拆除、堆放、运输及清理模内杂物、刷隔离剂等 2. 混凝土制作、运输、浇筑、振捣、养护
010504002	弧形墙				
010504003	短肢剪力墙				
010504004	挡土墙				

2. 项目特征描述

直形墙、弧形墙、短肢剪力墙、挡土墙应描述混凝土种类和混凝土强度等级。

五、现浇混凝土板

1. 工程量清单项目设置及工程量计算规则

现浇混凝土板工程量清单项目设置及工程量计算规则,应按表7-7的规定执行。

表7-7　　　　　　　　现浇混凝土板(编码:010505)

项目编码	项目名称	项目特征	计量单位	工程量计算规则	工作内容
010505001	有梁板	1. 混凝土种类 2. 混凝土强度等级	m^3	按设计图示尺寸以体积计算,不扣除单个面积≤0.3m^2的柱、垛以及孔洞所占体积。 压形钢板混凝土楼板扣除构件内压形钢板所占体积。 有梁板(包括主、次梁与板)按梁、板体积之和计算,无梁板按板和柱帽体积之和计算,各类板伸入墙内的板头并入板体积内,薄壳板的肋、基梁并入薄壳体积内计算	1. 模板及支架(撑)制作、安装、拆除、堆放、运输及清理模内杂物、刷隔离剂等 2. 混凝土制作、运输、浇筑、振捣、养护
010505002	无梁板				
010505003	平板				
010505004	拱板				
010505005	薄壳板				
010505006	栏板				
010505007	天沟(檐沟)、挑檐板			按设计图示尺寸以体积计算	
010505008	雨篷、悬挑板、阳台板			按设计图示尺寸以墙外部分体积计算。包括伸出墙外的牛腿和雨篷反挑檐的体积	

续表

项目编码	项目名称	项目特征	计量单位	工程量计算规则	工作内容
010505009	空心板	1. 混凝土种类 2. 混凝土强度等级	m³	按设计图示尺寸以体积计算。空心板(GBF高强薄壁蜂巢芯板等)应扣除空心部分体积	1. 模板及支架(撑)制作、安装、拆除、堆放、运输及清理模内杂物、刷隔离剂等 2. 混凝土制作、运输、浇筑、振捣、养护
010505010	其他板			按设计图示尺寸以体积计算	

2. 项目特征描述

有梁板、无梁板、平板、拱板、薄壳板、栏板、天沟(檐沟)、挑檐板、雨篷、悬挑板、阳台板、空心板、其他板应描述混凝土种类和混凝土强度等级。

3. 工程量计算

(1)工程量计算主要数据。

现浇挑檐、天沟板、雨篷、阳台与板(包括屋面板、楼板)连接时,以外墙外边线为分界线;与圈梁(包括其他梁)连接时,以梁外边线为分界线。外边线以外为挑檐、天沟、雨篷或阳台。如图7-16和图7-17所示。

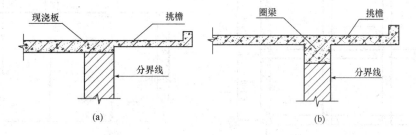

图 7-16 现浇挑檐与圈梁

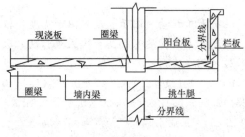

图 7-17 阳台与楼板

(2)工程量计算示例。

【例7-8】 某工程现浇钢筋混凝土无梁板尺寸如图7-18所示,试计算现浇钢筋混凝土无梁板混凝土工程量。

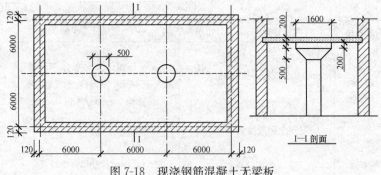

图 7-18 现浇钢筋混凝土无梁板

【解】 计算公式：

现浇钢筋混凝土无梁板混凝土工程量＝图示长度×图示宽度×板厚＋柱帽体积

现浇钢筋混凝土无梁板混凝土工程量＝18×12×0.2＋3.14×0.8×0.8×0.2×2＋(0.25×0.25＋0.8×0.8＋0.25×0.8)×3.14×0.5÷3×2

＝44.95m³

【例 7-9】 某现浇钢筋混凝土有梁板，如图 7-19 所示，试计算有梁板的工程量。

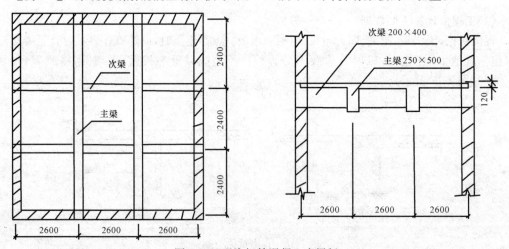

图 7-19 现浇钢筋混凝土有梁板

【解】 计算公式：

现浇钢筋混凝土有梁板混凝土工程量＝图示长度×图示宽度×板厚＋主梁及次梁体积

主梁及次梁体积＝主梁长度×主梁宽度×肋高＋次梁净长度×次梁宽度×肋高

现浇板工程量＝(2.6×3)×(2.4×3)×0.12＝6.74m³

板下梁工程量＝0.25×(0.5－0.12)×2.4×3×2＋0.2×(0.4－0.12)×(2.6×3－0.5)×2
＋0.25×0.50×0.12×4＋0.20×0.40×0.12×4＝2.284m³

有梁板工程量＝6.74＋2.284＝9.024m³

【例 7-10】 试计算图 7-20 所示现浇钢筋混凝土阳台板混凝土工程量。

【解】 计算公式：现浇钢筋混凝土阳台板混凝土工程量＝水平投影面积×板厚＋牛腿体积

现浇钢筋混凝土阳台板混凝土工程量＝3.5×1.2×0.1＋1.2×0.24×(0.2＋0.35)/2×2

（折合）

＝0.58m³

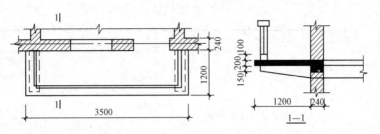

图 7-20 现浇钢筋混凝土阳台板

六、现浇混凝土楼梯

1. 工程量清单项目设置及工程量计算规则

现浇混凝土楼梯工程量清单项目设置及工程量计算规则,应按表 7-8 的规定执行。

表 7-8　　　　　　　　现浇混凝土楼梯(编码:010506)

项目编码	项目名称	项目特征	计量单位	工程量计算规则	工作内容
010506001	直形楼梯	1. 混凝土种类 2. 混凝土强度等级	1. m² 2. m³	1. 以平方米计量,按设计图示尺寸以水平投影面积计算。不扣除宽度≤500mm 的楼梯井,伸入墙内部分不计算 2. 以立方米计量,按设计图示尺寸以体积计算	1. 模板及支架(撑)制作、安装、拆除、堆放、运输及清理模内杂物、刷隔离剂等 2. 混凝土制作、运输、浇筑、振捣、养护
010506002	弧形楼梯				

2. 项目特征描述

直形楼梯、弧形楼梯应描述混凝土种类、混凝土强度等级。

七、现浇混凝土其他构件

1. 工程量清单项目设置及工程量计算规则

现浇混凝土其他构件工程量清单项目设置及工程量计算规则,应按表 7-9 的规定执行。

表 7-9　　　　　　　　现浇混凝土其他构件(编码:010507)

项目编码	项目名称	项目特征	计量单位	工程量计算规则	工作内容
010507001	散水、坡道	1. 垫层材料种类、厚度 2. 面层厚度 3. 混凝土种类 4. 混凝土强度等级 5. 变形缝填塞材料种类	m²	按设计图示尺寸以水平投影面积计算。不扣除单个≤0.3m² 的孔洞所占面积	1. 地基夯实 2. 铺设垫层 3. 模板及支撑制作、安装、拆除、堆放、运输及清理模内杂物、刷隔离剂等 4. 混凝土制作、运输、浇筑、振捣、养护 5. 变形缝填塞
010507002	室外地坪	1. 地坪厚度 2. 混凝土强度等级			

续表

项目编码	项目名称	项目特征	计量单位	工程量计算规则	工作内容
010507003	电缆沟、地沟	1. 土壤类别 2. 沟截面净空尺寸 3. 垫层材料种类、厚度 4. 混凝土种类 5. 混凝土强度等级 6. 防护材料种类	m	按设计图示以中心线长度计算	1. 挖填、运土石方 2. 铺设垫层 3. 模板及支撑制作、安装、拆除、堆放、运输及清理模内杂物、刷隔离剂等 4. 混凝土制作、运输、浇筑、振捣、养护 5. 刷防护材料
010507004	台阶	1. 踏步高、宽 2. 混凝土种类 3. 混凝土强度等级	1. m² 2. m³	1. 以平方米计量,按设计图示尺寸水平投影面积计算 2. 以立方米计量,按设计图示尺寸以体积计算	1. 模板及支撑制作、安装、拆除、堆放、运输及清理模内杂物、刷隔离剂等 2. 混凝土制作、运输、浇筑、振捣、养护
010507005	扶手、压顶	1. 断面尺寸 2. 混凝土种类 3. 混凝土强度等级	1. m 2. m³	1. 以米计量,按设计图示的中心线延长米计算 2. 以立方米计量,按设计图示尺寸以体积计算	1. 模板及支架(撑)制作、安装、拆除、堆放、运输及清理模内杂物、刷隔离剂等 2. 混凝土制作、运输、浇筑、振捣、养护
010507006	化粪池、检查井	1. 部位 2. 混凝土强度等级 3. 防水、抗渗要求	1. m³ 2. 座	1. 按设计图示尺寸以体积计算 2. 以座计量,按设计图示数量计算	
010507007	其他构件	1. 构件的类型 2. 构件规格 3. 部位 4. 混凝土种类 5. 混凝土强度等级	m³		

2. 项目特征描述

(1)散水、坡道。散水、坡道应描述垫层材料种类、厚度,面层厚度,混凝土种类,混凝土强度等级,变形缝填塞材料种类。

(2)室外地坪。室外地坪应描述地坪厚度、混凝土强度等级。

(3)电缆沟、地沟。电缆沟、地沟应描述土壤类别,沟截面净空尺寸,垫层材料种类、厚度,混凝土种类,混凝土强度等级,防护材料种类。

(4)台阶。台阶应描述踏步高、宽,混凝土种类,混凝土强度等级。常用适宜踏步尺寸见表7-10。

第七章 混凝土及钢筋混凝土工程清单工程量计算

表 7-10　　　　　常用适宜踏步尺寸

名称	住宅	学校、办公楼	剧院、食堂	医院（病人用）	幼儿园
踏步高/mm	156～175	140～160	120～150	150	120～150
踏步宽/mm	250～300	280～3340	300～350	300	260～300

（5）扶手、压顶。扶手、压顶应描述断面尺寸、混凝土种类、混凝土强度等级。常见扶手断面尺寸如图 7-21 所示。

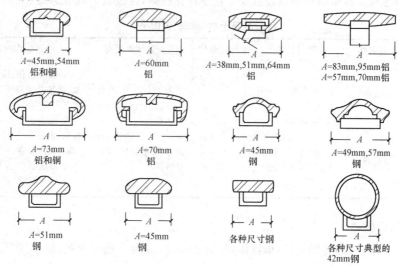

图 7-21　常见扶手断面尺寸

（6）化粪池、检查井。化粪池、检查井应描述部位，混凝土强度等级，防水、抗渗要求。
（7）其他构件。其他构件应描述构件的类型、构件规格、部位、混凝土种类、混凝土强度等级。

八、后浇带

1. 工程量清单项目设置及工程量计算规则

后浇带工程量清单项目设置及工程量计算规则，应按表 7-11 的规定执行。

表 7-11　　　　　后浇带（编码：010508）

项目编码	项目名称	项目特征	计量单位	工程量计算规则	工作内容
010508001	后浇带	1. 混凝土种类 2. 混凝土强度等级	m³	按设计图示尺寸以体积计算	1. 模板及支架（撑）制作、安装、拆除、堆放、运输及清理模内杂物、刷隔离剂等 2. 混凝土制作、运输、浇筑、振捣、养护及混凝土交接面、钢筋等的清理

2. 项目特征描述

后浇带应描述混凝土种类和混凝土强度等级。

第二节 预制混凝土工程

一、预制混凝土柱

1. 工程量清单项目设置及工程量计算规则

预制混凝土柱工程量清单项目设置及工程量计算规则,应按表 7-12 的规定执行。

表 7-12　　　　预制混凝土柱(编码:010509)

项目编码	项目名称	项目特征	计量单位	工程量计算规则	工作内容
010509001	矩形柱	1. 图代号 2. 单件体积 3. 安装高度 4. 混凝土强度等级 5. 砂浆(细石混凝土)强度等级、配合比	1. m³ 2. 根	1. 以立方米计量,按设计图示尺寸以体积计算 2. 以根计量,按设计图示尺寸以数量计算	1. 模板制作、安装、拆除、堆放、运输及清理模内杂物、刷隔离剂等 2. 混凝土制作、运输、浇筑、振捣、养护 3. 构件运输、安装 4. 砂浆制作、运输 5. 接头灌缝、养护
010509002	异形柱				

2. 项目特征描述

矩形柱、异形柱应描述图代号,单件体积,安装高度,混凝土强度等级,砂浆(细石混凝土)强度等级、配合比。

预制构件砾(碎)石混凝土强度等级选用可参见表 7-13。

表 7-13　　　　预制构件砾(碎)石混凝土选用表

工程项目	单位	混凝土强度等级	石子最大粒径/mm
柱、矩形梁、T形梁、基础梁、过梁、吊车梁、托架梁、风道大梁、拱形梁	m³	C20	40
屋架、天窗架、天窗端壁	m³	C20	20
桩尖	m³	C20	10
平板、大型屋面板、平顶板、漏花隔断板、挑檐天沟板、零星构件	m³	C20	20
升板、檩条、支架、垫块	m³	C20	40
空心板	m³	C20	10
阳台栏杆	m	C20	20
栏杆带花斗等	m	C20	20
实心楼梯段、楼梯斜梁	m³	C20	40
架空隔热层	m³	C30	20
漏空花格	m²	C20	10
碗柜	m²	C20	10
吊车梁、托架梁、屋面梁	m³	C30	40
铰拱屋架、檩条支撑	m³	C40	20
大型屋面板	m³	C40	40
空心板	m³	C30	10
拱形屋架	m³	C30	40
多孔板、平顶板、挂瓦板、天沟板	m³	C20	10

二、预制混凝土梁

1. 工程量清单项目设置及工程量计算规则

预制混凝土梁工程量清单项目设置及工程量计算规则,应按表7-14的规定执行。

表7-14　　　　　　　预制混凝土梁(编码:010510)

项目编码	项目名称	项目特征	计量单位	工程量计算规则	工作内容
010510001	矩形梁	1. 图代号 2. 单件体积 3. 安装高度 4. 混凝土强度等级 5. 砂浆(细石混凝土)强度等级、配合比	1. m³ 2. 根	1. 以立方米计量,按设计图示尺寸以体积计算 2. 以根计量,按设计图示尺寸以数量计算	1. 模板制作、安装、拆除、堆放、运输及清理模内杂物、刷隔离剂等 2. 混凝土制作、运输、浇筑、振捣、养护 3. 构件运输、安装 4. 砂浆制作、运输 5. 接头灌缝、养护
010510002	异形梁	″	″	″	″
010510003	过梁	″	″	″	″
010510004	拱形梁	″	″	″	″
010510005	鱼腹式吊车梁	″	″	″	″
010510006	其他梁	″	″	″	″

2. 项目特征描述

矩形梁、异形梁、过梁、拱形梁、鱼腹式吊车梁、其他梁应描述图代号,单件体积,安装高度,混凝土强度等级,砂浆(细石混凝土)强度等级、配合比。

三、预制混凝土屋架

1. 工程量清单项目设置及工程量计算规则

预制混凝土屋架工程量清单项目设置及工程量计算规则,应按表7-15的规定执行。

表7-15　　　　　　　预制混凝土屋架(编码:010511)

项目编码	项目名称	项目特征	计量单位	工程量计算规则	工作内容
010511001	折线型	1. 图代号 2. 单件体积 3. 安装高度 4. 混凝土强度等级 5. 砂浆(细石混凝土)强度等级、配合比	1. m³ 2. 榀	1. 以立方米计量,按设计图示尺寸以体积计算 2. 以榀计量,按设计图示尺寸以数量计算	1. 模板制作、安装、拆除、堆放、运输及清理模内杂物、刷隔离剂等 2. 混凝土制作、运输、浇筑、振捣、养护 3. 构件运输、安装 4. 砂浆制作、运输 5. 接头灌缝、养护
010511002	组合	″	″	″	″
010511003	薄腹	″	″	″	″
010511004	门式钢架	″	″	″	″
010511005	天窗架	″	″	″	″

2. 项目特征描述

折线型、组合、薄腹、门式钢架、天窗架应描述图代号,单件体积,安装高度,混凝土强度等级,砂浆(细石混凝土)强度等级、配合比。

四、预制混凝土板

1. 工程量清单项目设置及工程量计算规则

预制混凝土板工程量清单项目设置及工程量计算规则,应按表7-16的规定执行。

表 7-16　　　　　　　　预制混凝土板（编码：010512）

项目编码	项目名称	项目特征	计量单位	工程量计算规则	工作内容
010512001	平板	1. 图代号 2. 单件体积 3. 安装高度 4. 混凝土强度等级 5. 砂浆（细石混凝土）强度等级、配合比	1. m³ 2. 块	1. 以立方米计量，按设计图示尺寸以体积计算。不扣除单个面积 ≤ 300mm × 300mm 的孔洞所占体积，扣除空心板空洞体积 2. 以块计量，按设计图示尺寸以数量计算	1. 模板制作、安装、拆除、堆放、运输及清理模内杂物、刷隔离剂等 2. 混凝土制作、运输、浇筑、振捣、养护 3. 构件运输、安装 4. 砂浆制作、运输 5. 接头灌缝、养护
010512002	空心板				
010512003	槽形板				
010512004	网架板				
010512005	折线板	1. 单件体积 2. 安装高度 3. 混凝土强度等级 4. 砂浆强度等级、配合比	1. m³ 2. 块 （套）	1. 以立方米计量，按设计图示尺寸以体积计算。 2. 以块计量，按设计图示尺寸以数量计算	
010512006	带肋板				
010512007	大型板				
010512008	沟盖板、井盖板、井圈				

2. 项目特征描述

平板、空心板、槽形板、网架板、折线板、带肋板、大型板应描述图代号，单件体积，安装高度，混凝土强度等级，砂浆（细石混凝土）强度等级、配合比。

沟盖板、井盖板、井圈应描述单件体积，安装高度，混凝土强度等级，砂浆强度等级、配合比。

3. 工程量计算

【例 7-11】　图 7-22 所示为某工程预制天沟板示意图，试计算 15 块预制天沟板工程量。

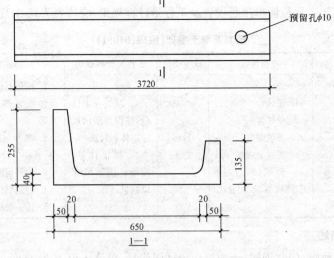

图 7-22　某工程预制天沟板示意图

【解】　V = 断面积 × 长度 × 块数 = $[(0.05+0.07) \times 1/2 \times (0.255-0.04) + 0.65 \times 0.04 + (0.05+0.07) \times 1/2 \times (0.135-0.04)] \times 3.72 \times 15$

　　　= 2.49 m³

五、预制混凝土楼梯

1. 工程量清单项目设置及工程量计算规则

预制混凝土楼梯工程量清单项目设置及工程量计算规则,应按表 7-17 的规定执行。

表 7-17　　　　　　　　预制混凝土楼梯(编码:010513)

项目编码	项目名称	项目特征	计量单位	工程量计算规则	工作内容
010513001	楼梯	1. 楼梯类型 2. 单件体积 3. 混凝土强度等级 4. 砂浆(细石混凝土)强度等级	1. m³ 2. 段	1. 以立方米计量,按设计图示尺寸以体积计算。扣除空心踏步板空洞体积 2. 以段计量,按设计图示数量计算	1. 模板制作、安装、拆除、堆放、运输及清理模内杂物、刷隔离剂等 2. 混凝土制作、运输、浇筑、振捣、养护 3. 构件运输、安装 4. 砂浆制作、运输 5. 接头灌缝、养护

2. 项目特征描述

预制混凝土楼梯应描述楼梯类型,单件体积,混凝土强度等级,砂浆(细石混凝土)强度等级。

六、其他预制构件

1. 工程量清单项目设置及工程量计算规则

其他预制构件工程量清单项目设置及工程量计算规则,应按表 7-18 的规定执行。

表 7-18　　　　　　　　其他预制构件(编码:010514)

项目编码	项目名称	项目特征	计量单位	工程量计算规则	工作内容
010514001	垃圾道、通风道、烟道	1. 单件体积 2. 混凝土强度等级 3. 砂浆强度等级	1. m³ 2. m² 3. 根(块、套)	1. 以立方米计量,按设计图示尺寸以体积计算。不扣除单个面积≤300mm×300mm 的孔洞所占体积,扣除烟道、垃圾道、通风道的孔洞所占体积 2. 以平方米计量,按设计图示尺寸以面积计算。不扣除单个面积≤300mm×300mm 的孔洞所占面积 3. 以根计量,按设计图示尺寸以数量计算	1. 模板制作、安装、拆除、堆放、运输及清理模内杂物、刷隔离剂等 2. 混凝土制作、运输、浇筑、振捣、养护 3. 构件运输、安装 4. 砂浆制作、运输 5. 接头灌缝、养护
010514002	其他构件	1. 单件体积 2. 构件的类型 3. 混凝土强度等级 4. 砂浆强度等级			

2. 项目特征描述

垃圾道、通风道、烟道应描述单件体积,混凝土强度等级,砂浆强度等级。其他构件应描述单件体积,构件的类型,混凝土强度等级,砂浆强度等级。

第三节 钢筋工程

一、工程量清单项目设置及工程量计算规则

钢筋工程工程量清单项目设置及工程量计算规则,应按表 7-19 的规定执行。

表 7-19　　　　钢筋工程(编码:010515)

项目编码	项目名称	项目特征	计量单位	工程量计算规则	工作内容
010515001	现浇构件钢筋	钢筋种类、规格	t	按设计图示钢筋(网)长度(面积)乘单位理论质量计算	1. 钢筋制作、运输 2. 钢筋安装 3. 焊接(绑扎)
010515002	预制构件钢筋				
010515003	钢筋网片				1. 钢筋网制作、运输 2. 钢筋网安装 3. 焊接(绑扎)
010515004	钢筋笼				1. 钢筋笼制作、运输 2. 钢筋笼安装 3. 焊接(绑扎)
010515005	先张法预应力钢筋	1. 钢筋种类、规格 2. 锚具种类		按设计图示钢筋长度乘以单位理论质量计算	1. 钢筋制作、运输 2. 钢筋张拉
010515006	后张法预应力钢筋	1. 钢筋种类、规格 2. 钢丝种类、规格 3. 钢绞线种类、规格 4. 锚具种类 5. 砂浆强度等级		按设计图示钢筋(丝束、绞线)长度乘以单位理论质量计算 1. 低合金钢筋两端均采用螺杆锚具时,钢筋长度按孔道长度减去 0.35m 计算,螺杆另行计算 2. 低合金钢筋一端采用镦头插片,另一端采用螺杆锚具时,钢筋长度按孔道长度计算,螺杆另行计算 3. 低合金钢筋一端采用镦头插片,另一端采用帮条锚具时,钢筋增加 0.15m 计算;两端均采用帮条锚具时,钢筋长度按孔道长度增加 0.3m 计算 4. 低合金钢筋采用后张混凝土自锚时,钢筋长度按孔道长度增加 0.35m 计算 5. 低合金钢筋(钢绞线)采用 JM、XM、QM 型锚具,孔道长度≤20m 时,钢筋长度按孔道长度增加 1m 计算,孔道长度>20m 时,钢筋长度按孔道长度增加 1.8m 计算 6. 碳素钢丝采用锥形锚具,孔道长度≤20m 时,钢丝束长度按孔道长度增加 1m 计算,孔道长度>20m 时,钢丝束长度按孔道长度增加 1.8m 计算 7. 碳素钢丝采用镦头锚具时,钢丝束长度按孔道长度增加 0.35m 计算	1. 钢筋、钢丝、钢绞线制作、运输 2. 钢筋、钢丝、钢绞线安装 3. 预埋管孔道铺设 4. 锚具安装 5. 砂浆制作、运输 6. 孔道压浆、养护
010515007	预应力钢丝				
010515008	预应力钢绞线				

第七章 混凝土及钢筋混凝土工程清单工程量计算 135

续表

项目编码	项目名称	项目特征	计量单位	工程量计算规则	工作内容
010515009	支撑钢筋（铁马）	1. 钢筋种类 2. 规格	t	按钢筋长度乘以单位理论质量计算	钢筋制作、焊接、安装
010515010	声测管	1. 材质 2. 规格型号		按设计图示尺寸以质量计算	1. 检测管截断、封头 2. 套管制作、焊接 3. 定位、固定

二、项目特征描述

1. 构件钢筋、钢筋网片、钢筋笼

现浇构件钢筋、预制构件钢筋、钢筋网片、钢筋笼应描述钢筋种类和规格。

常见钢筋的规格可参考表 7-20～表 7-24。

表 7-20　　　　　　热轧带肋钢筋的公称横截面面积与理论质量

公称直径 /mm	公称截面 面积/mm²	理论质量 /(kg·m⁻¹)	公称直径 /mm	公称截面 面积/mm²	理论质量 /(kg·m⁻¹)
6	28.27	0.222	22	380.1	2.98
8	50.27	0.395	25	490.9	3.85
10	78.54	0.617	28	615.8	4.83
12	113.1	0.888	32	804.2	6.31
14	153.9	1.21	36	1018	7.99
16	201.1	1.58	40	1257	9.87
18	254.5	2.00	50	1964	15.42
20	314.2	2.47			

表 7-21　　　　　　热轧光圆钢筋公称横截面面积与理论质量

公称直径/mm	公称横截面面积/mm²	理论质量/(kg·m⁻¹)
6(6.5)	28.27(33.18)	0.222(0.260)
8	50.27	0.395
10	78.54	0.617
12	113.1	0.888
14	153.9	1.21
16	201.1	1.58
18	254.5	2.00
20	314.2	2.47
22	380.1	2.98

注：表中理论质量按密度为 7.85g/cm³ 计算。公称直径 6.5mm 的产品为过渡性产品。

表 7-22　　　　　　　　　三面肋和二面肋钢筋的尺寸、质量及允许偏差

公称直径 /mm	公称横截面面积 /mm²	质量		横肋中点高		横肋1/4处高 $h_{1/4}$ /mm	横肋顶宽 b /mm	横肋间隙		相对肋面积 f_r 不小于
		理论质量 /(kg/m)	允许偏差 (%)	h /mm	允许偏差 /mm			l /mm	允许偏差 (%)	
4	12.6	0.099		0.30		0.24		4.0		0.036
4.5	15.9	0.125		0.32		0.26		4.0		0.039
5	19.6	0.154		0.32		0.26		4.0		0.039
5.5	23.7	0.186		0.40	+0.10 −0.05	2.32		5.0		0.039
6	28.3	0.222		0.40		0.32		5.0		0.039
6.5	33.2	0.261		0.46		0.37		5.0		0.045
7	38.5	0.302		0.46		0.37		5.0		0.045
7.5	44.2	0.347		0.55		0.44		6.0		0.045
8	50.3	0.395	±4	0.55		0.44	0.2d	6.0	±15	0.045
8.5	56.7	0.445		0.55		0.44		7.0		0.045
9	63.6	0.499		0.75		0.60		7.0		0.52
9.5	70.8	0.556		0.75		0.60		7.0		0.52
10	78.5	0.617		0.75	±0.10	0.60		7.0		0.52
10.5	86.5	0.579		0.75		0.60		7.4		0.52
11	95.0	0.745		0.85		0.63		7.4		0.056
11.5	103.3	0.845		0.85		0.76		8.4		0.056
12	113.1	0.885		0.85		0.76		8.4		0.056

注:1. 横肋1/4处高,横肋顶宽供孔型设计用;
　　2. 二面肋钢筋允许有高度不大于重量的横肋。

表 7-23　　　　　　　　　冷轧扭钢筋规格及截面参数

强度级别	型号	标志直径 d/mm	公称截面面积 A_s/mm²	等效直径 d_0/mm	截面周长 u/mm	理论质量 G/(kg·m⁻¹)
CTB550	Ⅰ	6.5	29.50	6.1	23.40	0.232
		8	45.30	7.6	30.00	0.356
		10	68.30	9.3	36.40	0.536
		12	96.14	11.1	43.40	0.755
	Ⅱ	6.5	29.20	6.1	21.60	0.229
		8	42.30	7.3	26.02	0.332
		10	66.10	9.2	32.52	0.519
		12	92.74	10.9	38.52	0.728
	Ⅲ	6.5	29.86	6.2	19.48	0.234
		8	45.24	7.6	23.88	0.355
		10	70.69	9.5	29.95	0.555
CTB650	预应力Ⅲ	6.5	28.20	6.0	18.82	0.221
		8	42.73	7.4	23.17	0.335
		10	66.76	9.2	28.96	0.524

第七章 混凝土及钢筋混凝土工程清单工程量计算

表 7-24　　　　　　　　　　余热处理钢筋规格

公称直径/mm	公称截面面积/mm²	理论质量/(kg·m⁻¹)	公称直径/mm	公称截面面积/mm²	理论质量/(kg·m⁻¹)
8	50.27	0.395	22	380.1	2.98
10	78.54	0.617	25	490.9	3.85
12	113.1	0.888	28	615.8	4.83
14	153.9	1.21	32	804.2	6.31
16	201.1	1.58	36	1018	7.99
18	254.5	2.00	40	1257	9.87
20	314.2	2.47	—	—	—

2. 先张法预应力钢筋

先张法预应力钢筋应描述钢筋种类、规格，锚具种类。

锚具种类有支承式锚具、锥塞式锚具、夹片式锚具、锚具垫板等。

3. 后张法预应力钢筋、预应力钢丝、预应力钢绞线

后张法预应力钢筋、预应力钢丝、预应力钢绞线应描述钢筋种类、规格，钢丝种类、规格，钢绞线种类、规格，锚具种类，砂浆强度等级。

常用钢丝、钢绞线规格可参考表 7-25～表 7-30。

表 7-25　　　　　　　光圆钢丝尺寸及允许偏差、每米参考质量

公称直径 d_n/mm	直径允许偏差/mm	公称横截面面积 S_n/mm²	每米参考质量/(g/m)
3.00	±0.04	7.07	55.5
4.00		12.57	98.6
5.00	±0.05	19.63	154
6.00		28.27	222
6.25		30.68	241
7.00		38.48	302
8.00	±0.06	50.26	394
9.00		63.62	499
10.00		78.54	616
12.00		113.1	888

表 7-26　　　　　　　螺旋肋钢丝的尺寸及允许偏差

公称直径 d_n/mm	螺旋肋数量/条	基圆尺寸		外轮廓尺寸		单肋尺寸 宽度 a/mm	螺旋肋导程 C/mm
		基圆直径 D_1/mm	允许偏差/mm	外轮廓直径 D/mm	允许偏差/mm		
4.00	4	3.85	±0.05	4.25	±0.05	0.90～1.30	24～30
4.80	4	4.60		5.10		1.30～1.70	28～36
5.00	4	4.80		5.30			
6.00	4	5.80		6.30		1.60～2.00	30～38
6.25	4	6.005		6.70			30～40

续表

公称直径 d_n/mm	螺旋肋数量/条	基圆尺寸		外轮廓尺寸		单肋尺寸	螺旋肋导程 C/mm
		基圆直径 D_1/mm	允许偏差 /mm	外轮廓直径 D/mm	允许偏差 /mm	宽度 a/mm	
7.00	4	7.73	±0.05	7.46	±0.10	1.80~2.20	35~45
8.00	4	7.75		8.45		2.00~2.40	40~50
9.00	4	8.75		9.45		2.10~2.70	42~52
10.00	4	9.75		10.45		2.50~3.00	45~58

表 7-27　　　　　三面刻痕钢丝尺寸及允许偏差

公称直径 d_n/mm	刻痕深度		刻痕长度		节距	
	公称深度 a /mm	允许偏差 /mm	公称长度 b /mm	允许偏差 /mm	公称节距 L /mm	允许偏差 /mm
≤5.00	0.12	±0.05	3.5	±0.05	5.5	±0.05
>5.00	0.15		5.0		8.0	

注:公称直径指横截面积等同于光圆钢丝横截面积时所对应的直径。

表 7-28　　　　1×2 结构钢绞线尺寸及允许偏差、每米参考质量

钢绞线结构	公称直径/mm		钢绞线参考允许偏差/mm	钢绞线公称截面面积/mm²	每米钢绞线参考质量/(g/m)
	钢绞线	钢丝			
1×2	5.00	2.50	+0.15 −0.05	9.82	77.1
	5.80	2.90		13.2	104
	8.00	4.00	+0.25 −0.10	25.1	197
	10.00	5.00		39.3	309
	12.00	6.00		56.5	444

表 7-29　　　　1×3 结构钢绞线尺寸及允许偏差、每米参考质量

钢绞线结构	公称直径 /mm		钢绞线测量尺寸/mm	钢绞线测量尺寸允许偏差/mm	钢绞线参考截面面积/mm²	每米钢绞线参考质量/(g/m)
	钢绞线	钢丝				
1×3	6.20	2.90	5.41	+0.15 −0.05	19.8	155
	6.50	3.00	5.60		21.2	166
	8.60	4.00	7.46	+0.20 −0.10	37.7	296
	8.74	4.05	7.56		38.6	303
	10.80	5.00	9.33		58.9	462
	12.90	6.00	11.20		84.8	666
1×3I	8.74	4.05	7.56		38.6	303

第七章 混凝土及钢筋混凝土工程清单工程量计算

表 7-30　　　　1×7 结构钢绞线的尺寸及允许偏差、每米参考质量

钢绞线结构	公称直径 D_n/mm	直径允许偏差/mm	钢绞线参考截面面积 S_n/mm²	每米钢绞线参考质量 /(g/m)	中心钢丝直径 d_0 加大范围(%) 不小于
1×7	9.50	+0.30 / −0.15	54.8	430	2.5
	11.10		74.2	582	
	12.70		98.7	775	
	15.20	+0.40 / −0.20	140	1101	
	15.70		150	1178	
	17.80		191	1500	
	21.60		285	2237	
(1×7)C	12.70	+0.40 / −0.20	112	890	
	15.20		165	1295	
	18.00		223	1750	

4. 支撑钢筋

支撑钢筋(马铁)应描述钢筋种类、规格。

5. 声测管

声测管应描述材质、规格型号。

三、工程量计算

1. 工程量计算主要数据

(1)钢筋单位理论质量。钢筋每米理论质量=0.006165×d^2(d 为钢筋直径)或按表 7-31 计算。

表 7-31　　　　　　　　钢筋计算常用数据表　　　　　　　　　　mm

直径 d	理论质量 /(kg/m)	横截面面积/cm²	直径倍数								
			3d	6.25d	8d	10d	12.5d	20d	25d	30d	35d	40d
4	0.099	0.126	12	25	32	40	50	80	100	120	140	160
6	0.222	0.283	18	38	48	60	75	120	150	180	210	240
6.5	0.260	0.332	20	41	52	65	81	130	163	195	228	260
8	0.395	0.503	24	50	64	80	100	160	200	240	280	320
9	0.490	0.635	27	57	72	90	113	180	225	270	315	360
10	0.617	0.785	30	63	80	100	125	200	250	300	350	400
12	0.888	1.131	36	75	96	120	150	240	300	360	420	480
14	1.208	1.539	42	88	112	140	175	280	350	420	490	560
16	1.578	2.011	48	100	128	160	200	320	400	480	560	640
18	1.998	2.545	54	113	144	180	225	360	450	540	630	720
19	2.230	2.835	57	119	152	190	238	380	475	570	665	760
20	2.466	3.142	60	125	160	220	250	400	500	600	700	800

续表

直径 d	理论质量 /(kg/m)	横截面面积/cm²	直径倍数								
			3d	6.25d	8d	10d	12.5d	20d	25d	30d	35d	40d
22	2.984	3.301	66	138	176	220	275	440	550	660	770	880
24	3.551	4.524	72	150	192	240	300	480	600	720	840	960
25	3.850	4.909	75	157	200	250	313	500	625	750	875	1000
26	4.170	5.309	78	163	208	260	325	520	650	780	910	1040
28	4.830	6.153	84	175	224	280	350	560	700	840	980	1160
30	5.550	7.069	90	188	240	300	375	600	750	900	1050	1200
32	6.310	8.043	96	200	256	320	400	640	800	960	1120	1280
34	7.130	9.079	102	213	272	340	425	680	850	1020	1190	1360
35	7.500	9.620	105	219	280	350	438	700	875	1050	1225	1400
36	7.990	10.179	108	225	288	360	450	720	900	1080	1200	1440
40	9.865	12.561	120	250	320	400	500	800	1000	1220	1400	1600

(2)冷拉钢筋质量换算。冷拉钢筋质量的换算可参照表7-32进行。

表7-32 冷拉钢筋质量换算表

冷拉前直径/mm			5	6	8	9	10	12	14	15
冷拉前质量/(kg/m)			0.154	0.222	0.395	0.499	0.617	0.888	1.208	1.387
冷拉后质量/(kg/m)	钢筋伸长率(%)	4	0.148	0.214	0.38	0.48	0.594	0.854	1.162	1.334
		5	0.147	0.211	0.376	0.475	0.588	0.846	1.152	1.324
		6	0.145	0.209	0.375	0.471	0.582	0.838	1.142	1.311
		7	0.144	0.208	0.369	0.466	0.577	0.83	1.132	1.299
		8	0.143	0.205	0.366	0.462	0.571	0.822	1.119	1.284
冷拉前直径/mm			16	18	19	20	22	24	25	28
冷拉前质量/(kg/m)			1.578	1.998	2.226	2.466	2.984	3.55	3.853	4.834
冷拉后质量/(kg/m)	钢筋伸长率(%)	4	1.518	1.992	2.14	2.372	2.871	3.414	3.705	4.648
		5	1.505	1.905	2.12	2.352	2.838	3.381	3.667	4.6
		6	1.491	1.887	2.104	2.33	2.811	3.349	3.632	4.557
		7	1.477	1.869	2.084	2.308	2.785	3.318	3.598	4.514
		8	1.441	1.85	2.061	2.214	2.763	3.288	3.568	4.476

(3)钢筋长度的计算。

1)直筋(图7-23和表7-33)计算公式为：

$$钢筋净长 = L - 2b + 12.5D$$

2)弯筋：计算弯筋斜长度的基本原理。如图7-24所示，D为钢筋的直径，H'为弯筋需要弯起的高度，A为局部钢筋的斜长度，B为A向水平面的垂直投影长度。

假使以起弯点P为圆心，以A长为半径作圆弧向B的延长线投影，则$A = B + A'$，A'就是A与B的长度差。

θ为弯筋在垂直平面中要求弯起的水平面所形成的角度(夹角);在工程上一般以30°、45°和60°为最普遍,45°尤为常见。

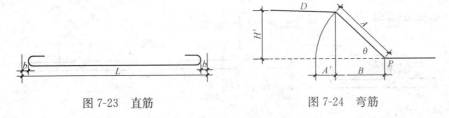

图 7-23 直筋　　　　　图 7-24 弯筋

表 7-33　　　　钢筋弯头、搭接长度计算表

钢筋直径 D /mm	保护层 b/cm			钢筋直径 D /mm	保护层 b/cm		
	1.5	2.0	2.5		1.5	2.0	2.5
	按 L 增加长度/cm				按 L 增加长度/cm		
4	2.0	1.0	—	22	24.5	23.5	22.5
6	4.5	3.5	2.5	24	27.0	26.0	25.0
8	7.0	6.0	5.0	25	28.3	27.3	26.3
9	8.3	7.3	6.3	26	29.5	28.5	27.5
10	9.5	8.5	7.5	28	32.0	31.0	30.0
12	12.0	11.0	10.0	30	34.5	33.5	32.5
14	14.5	13.5	12.5	32	37.0	36.0	35.0
16	17.0	16.0	15.0	35	40.8	39.8	38.8
18	19.5	18.5	17.5	38	44.5	43.5	42.5
19	20.8	19.8	18.8	40	47.0	46.0	45.0
20	22.0	21.0	20.0				

弯筋斜长度的计算可按表 7-34 确定。

表 7-34　　　　弯筋斜长度的计算表

弯起角度 θ(°)	30	45	60	弯起角度 θ(°)		30	45	60
$A' = \tan\dfrac{\theta}{2} H'$	0.268	0.414	0.577	弯起高度 H' 每 5cm 增加长度/cm	一端	1.34	2.07	2.885
					两端	2.68	4.14	5.77

3) 弯钩增加长度:根据规范要求,绑扎骨架中的受力钢筋,应在末端做弯钩。HPB235 级钢筋末端做 180°弯钩其圆弧弯曲直径不应小于钢筋直径的 2.5 倍,平直部分长度不宜小于钢筋直径的 3 倍;HRB335、HRB400 级钢筋末端需做 90°或 135°弯折时,HRB335 级钢筋的弯曲直径不宜小于钢筋直径的 4 倍;HRB400 级钢筋不宜小于钢筋直径的 5 倍。

钢筋弯钩增加长度(图 7-25)计算(弯曲直径为 2.5d,平直部分为 3d)计算值为:

半圆弯钩 $= (2.5d + 1d) \times \pi \times \dfrac{180}{360} - 2.5d/2 - 1d + (平直)3d = 6.25d$ [图7-25(a)];

直弯钩 $= (2.5d + 1d) \times \pi \times \dfrac{180-90}{360} - 2.5d/2 - 1d + (平直)3d = 3.5d$ [图7-25(b)];

斜弯钩 $= (2.5d + 1d) \times \pi \times \dfrac{180-45}{360} - 2.5d/2 - 1d + (平直)3d = 4.9d$ [图7-25(c)]。

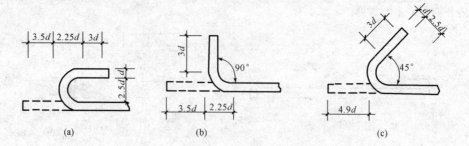

图 7-25 弯钩
(a)半圆弯钩；(b)直弯钩；(c)斜弯钩

如果弯曲直径为 $4d$，其计算值则为：

直弯钩 $= (4d + 1d) \times \pi \times \dfrac{180 - 90}{360} - 4d/2 - 1d + 3d = 3.9d$；

斜弯钩 $= (4d + 1d) \times \pi \times \dfrac{180 - 45}{360} - 4d/2 - 1d + 3d = 5.9d$。

如果弯曲直径为 $5d$，其计算值则为：

直弯钩 $= (5d + 1d) \times \pi \times \dfrac{180 - 90}{360} - 5d/2 - 1d + 3d = 4.2d$；

斜弯钩 $= (5d + 1d) \times \pi \times \dfrac{180 - 45}{360} - 5d/2 - 1d + 3d = 6.6d$。

注：钢筋的下料长度是钢筋的中心线长度。

4) 箍筋：

① 计算方法：

包围箍[图 7-26(a)]的长度 $= 2(A + B) +$ 弯钩增加长度

开口箍[图 7-26(b)]的长度 $= 2A + B +$ 弯钩增加长度

箍筋弯钩增加长度见表 7-35。

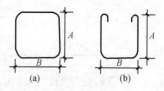

图 7-26 箍筋
(a)包围箍；(b)开口箍

表 7-35　　　　　　　　箍筋弯钩增加长度

弯钩形式		180°	90°	135°
弯钩增加值	一般结构	8.25d	5.5d	6.87d
	有抗震要求结构	13.25d	10.5d	11.87d

② 用于圆柱的螺旋箍(图 7-27)的长度计算公式为：

$L = N\sqrt{P^2 + (D - 2a - d)^2 \pi^2} +$ 弯钩增加长度

式中　N——螺旋箍圈数；

　　　a——钢筋保护层厚度(mm)；

　　　D——圆柱直径(mm)；

　　　P——螺距(mm)。

(4) 钢筋绑扎接头的搭接长度。受拉钢筋绑扎接头的搭接长度，按表 7-36 计算；受压钢筋绑扎接头的搭接长度按受拉钢筋的 0.7 倍计算。

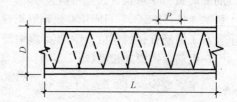

图 7-27 螺旋箍

第七章 混凝土及钢筋混凝土工程清单工程量计算

表 7-36　　　　　　　　　受拉钢筋绑扎接头的搭接长度

钢筋类型 \ 混凝土强度等级	C20	C25	C25 以上
HPB235 级钢筋	35d	30d	25d
HRB335 级钢筋	45d	40d	35d
HRB400 级钢筋	55d	50d	45d
冷拔低碳钢丝	300mm		

注：1. 当 HRB335、HRB400 钢筋直径 d 大于 25mm 时，其受拉钢筋的搭接长度应按表中数值增加 $5d$ 采用。
2. 当螺纹钢筋直径 d 不大于 25mm 时，其受拉钢筋的搭接长度应按表中值减少 $5d$ 采用。
3. 当混凝土在凝固过程中受力钢筋易受扰动时，其搭接长度宜适当增加。
4. 在任何情况下，纵向受拉钢筋的搭接长度不应小于 300mm；受压钢筋的搭接长度不应小于 200mm。
5. 轻骨料混凝土的钢筋绑扎接头搭接长度应按普通混凝土搭接长度增加 $5d$，对冷拔低碳钢丝增加 50mm。
6. 当混凝土强度等级低于 C20 时，HPB235、HRB335 级钢筋的搭接长度应按表中 C20 的数值相应增加 $10d$，HRB335 级钢筋不宜采用。
7. 对有抗震要求的受力钢筋的搭接长度，对一、二级抗震等级应增加 $5d$。
8. 两根直径不同钢筋的搭接长度，以较细钢筋的直径计算。

2. 工程量计算示例

【例 7-12】 有梁式满堂基础，梁板配筋如图 7-28 所示。试计算满堂基础的钢筋工程量。

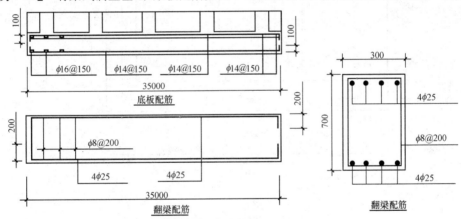

图 7-28　梁板配筋

【解】 计算公式：现浇混凝土钢筋工程量＝设计图示钢筋长度×单位理论质量
(1)满堂基础底板钢筋：
底板下部(Φ16)钢筋根数＝(35－0.07)÷0.15＋1＝234 根
(Φ16)钢筋质量＝(25－0.07＋0.10×2)×234×1.578＝9279.30kg＝9.279t
底板下部(Φ14)钢筋根数＝(25－0.07)÷0.15＋1≈168 根
(Φ14)钢筋质量＝(35－0.07＋0.10×2)×168×1.208＝7129.42kg＝7.129t
底板上部(Φ14)钢筋质量＝(25－0.07＋0.10×2)×234×1.208＋7129.42＝14233kg
　　　　　　　　　　＝14.233t
现浇构件 HRB335 级钢筋(Φ16)工程量＝9.279t
现浇构件 HRB335 级钢筋(Φ14)工程量＝7.129＋14.233＝21.362t
(2)满堂基础翻梁钢筋：

梁纵向受力钢筋(Φ25)质量=[(25-0.07+0.2×2)×8×5+(35-0.07+0.2×2)×8×3]× 3.853=7171kg=7.171t

梁箍筋(φ8)根数=[(25-0.07)÷0.2+1]×5+[(35-0.07)÷0.2+1]×3
=1156 根

梁箍筋(φ8)质量=[(0.3-0.07+0.008+0.7-0.07+0.008)×2+4.9×0.008×2]×1156× 0.395=835.79kg=0.836t

现浇构件 HRB335 级钢筋(Φ25)工程量=7.171t

现浇构件 HPB235 级箍筋(φ8)工程量=0.836t

【例 7-13】 某独立小型住宅，基础平面及剖面配筋如图 7-29 所示。基础有 100mm 厚混凝土垫层；外墙拐角处，按基础宽度范围将分布筋改为受力筋；在内外墙丁字接头处受力筋铺至外墙中心线。试计算钢筋混凝土条形基础的钢筋工程量计算。

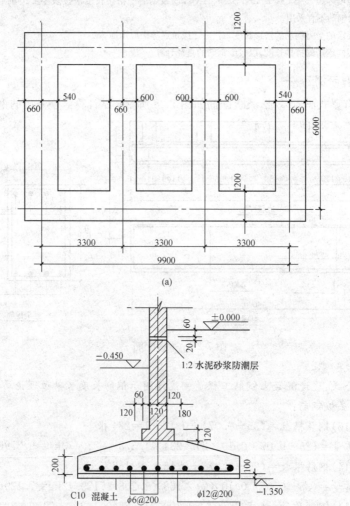

图 7-29　钢筋混凝土条形基础
(a)基础平面；(b)基础配筋断面

【解】 (1)计算钢筋长度。

1)受力筋($\phi 12@200$)长度。

一根受力筋长度 $L = 1.2 - 2 \times 0.035$(有垫层) $+ 6.25 \times 0.012 \times 2 = 1.28\text{m}$

受力钢筋数量:

外基钢筋根数 $= \dfrac{(9.9 + 1.32 + 7.2) \times 2}{0.2} + 4 = 188.2 \approx 188$ 根

内基钢筋根数 $= \left(\dfrac{6}{0.2} + 1\right) \times 2 = 62$ 根

受力筋总根数 $= 188 + 62 = 250$ 根

受力筋总长 $= 1.28 \times 250 = 320\text{m}$

2)分布筋($\phi 6@200$)长度。

外墙四角已配置受力钢筋,拟不再配分布筋,则

外墙分布筋长度 $= [(9.9 - 0.54 + 0.54) + (6.0 - 1.2)] \times 2 = 29.4\text{m}$

内墙分布筋长 $= (6.0 - 1.2) \times 2 = 9.6\text{m}$

分布筋根数 $= \dfrac{1.2 - 0.035 \times 2}{0.2} + 1 \approx 7$ 根

分布筋总长 $= (29.4 + 9.6) \times 7 = 273\text{m}$

(2)图示钢筋用量(工程量)。

$\phi 12$ 受力筋质量 $G_1 = 320 \times 0.888 = 284.16\text{kg} = 0.284\text{t}$

$\phi 6$ 分布筋质量 $G_2 = 273 \times 0.222 = 60.61\text{kg} = 0.606\text{t}$

【例 7-14】 计算钢筋混凝土柱的钢筋工程量计算。图 7-30 所示为某三层现浇框架柱立面和断面配筋图,底层柱断面尺寸为 $350\text{mm} \times 350\text{mm}$,纵向受力筋 $4\underline{\Phi}22$,受力筋下端与柱基插筋搭接,搭接长度为 800mm。与柱正交的是"+"形整体现浇梁。试计算该柱钢筋工程量。

【解】 (1)底层纵向受力筋($\underline{\Phi}22$)。

1)每根筋长: $l_1 = (3.07 + 0.5 + 0.8) + 12.5 \times 0.022 = 4.645\text{m}$

2)总长: $L_1 = 4.645 \times 4 = 18.58\text{m}$

(2)二层纵向受力筋($\underline{\Phi}22$)。

1)每根筋长 $l_2 = (3.2 + 0.6) + 12.5 \times 0.022 = 4.075\text{m}$

2)总长 $L_2 = 4.075 \times 4 = 16.3\text{m}$

(3)三层纵筋($\underline{\Phi}16$)。

1) $l_3 = 3.2 + 12.5 \times 0.016 = 3.4\text{m}$

2) $L_3 = 3.4 \times 4 = 13.6\text{m}$

(4)箍筋($\phi 6$)。

1)二层楼面以下,箍筋长: $l_{g1} = 0.35 \times 4 = 1.4\text{m}$

箍筋数: $N_{g1} = \dfrac{0.8}{0.1} + 1 + \dfrac{3.07 - 0.8 - 0.5}{0.2} = 22.85 \approx 23$ 根

总长: $L_{g1} = 1.4 \times 23 = 32.2\text{m}$

2)二层楼面至三层楼顶面,箍筋长: $l_{g2} = 0.25 \times 4 = 1.0\text{m}$

箍筋数: $N_{g2} = \dfrac{0.8 + 0.6}{0.1} + \dfrac{3.2 \times 2 - 0.8 - 0.6}{0.2} = 39$ 根

总长: $L_{g2} = 1 \times 39 = 39\text{m}$

箍筋总长: $L_g = 32.2 + 39 = 71.2\text{m}$

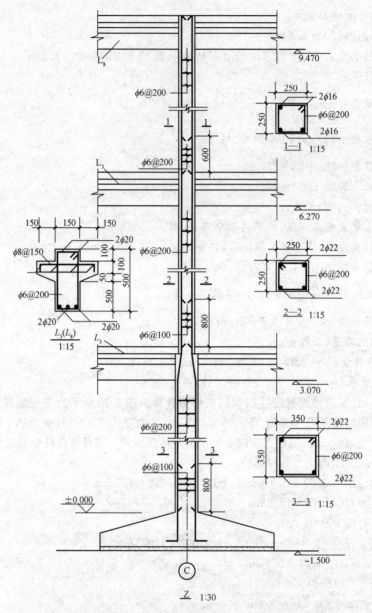

图 7-30 钢筋混凝土框架柱结构图

(5)钢筋图纸用量。

⏀22:(18.58+16.3)×2.98=103.94kg=0.104t

⏀16:13.6×1.58=21.49kg=0.021t

ϕ6:71.2×0.222=15.81kg=0.158t

【例 7-15】 如图 7-31 所示为后张预应力吊车梁,下部后张预应力钢筋用 JM 型锚具,计算后张预应力钢筋和混凝土工程量。

【解】 (1)后张法预应力钢筋工程量:

计算公式:后张法预应力钢筋(JM 型锚具)工程量=(设计图示钢筋长度+增加长度)×单位理论质量

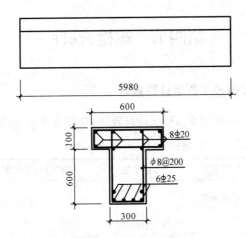

图 7-31 后张预应力吊车梁

后张预应力钢筋(⌀25)工程量=(5.98+1.00)×6×3.853=161.36kg=0.161t

(2)预制混凝土吊车梁工程量：

计算公式：预制混凝土吊车梁工程量=断面面积×设计图示长度

吊车梁混凝土工程量=(0.1×0.6+0.3×0.6)×5.98=1.44m³

【例 7-16】 如图 7-32 所示为预应力空心板，试计算其混凝土和钢筋工程量。

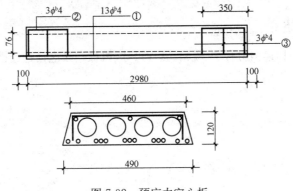

图 7-32 预应力空心板

【解】 (1)先张预应力钢筋工程量：

计算公式：先张预应力钢筋工程量=设计图示钢筋长度×单位理论质量

①号先张预应力纵向钢筋工程量=(2.98+0.1×2)×13×0.099=4.09kg

(2)预制构件钢筋工程量：

计算公式：预制构件钢筋工程量=设计图示钢筋长度×单位理论质量

②号纵向钢筋质量=(0.35−0.01)×3×2×0.099=0.20kg

③号纵向钢筋质量=(0.46−0.01×2+0.1×2)×3×2×0.099=0.38kg

构造筋(非预应力冷拔低碳钢丝 $\phi^b 4$)工程量=0.2+0.38=0.58kg

(3)预制混凝土空心板工程量：

计算公式：预制混凝土空心板工程量=(外围断面面积−空洞面积)×设计图示长度

预应力空心板混凝土工程量=[(0.49+0.46)÷2×0.12−π×0.038²×4]×2.98=0.116m³

第四节 螺栓、铁件

一、工程量清单项目设置及工程量计算规则

钢筋工程工程量清单项目设置及工程量计算规则,应按表 7-37 的规定执行。

表 7-37　　　　　　　　螺栓、铁件(编码:010516)

项目编码	项目名称	项目特征	计量单位	工程量计算规则	工作内容
010516001	螺栓	1. 螺栓种类 2. 规格	t	按设计图示尺寸以质量计算	1. 螺栓、铁件制作、运输 2. 螺栓、铁件安装
010516002	预埋铁件	1. 钢材种类 2. 规格 3. 铁件尺寸			
010516003	机械连接	1. 连接方式 2. 螺纹套筒种类 3. 规格	个	按数量计算	1. 钢筋套丝 2. 套筒连接

二、项目特征描述

螺栓、预埋铁件应描述钢材种类、规格、铁件尺寸,机械连接应描述连接方式、螺纹套筒种类、规格。

第八章 门窗工程清单工程量计算

第一节 木门窗

一、工程量清单项目设置及工程量计算规则

(1) 木门工程量清单项目设置及工程量计算规则,应按表 8-1 的规定执行。

表 8-1　　　　　　　　木门(编码:010801)

项目编码	项目名称	项目特征	计量单位	工程量计算规则	工作内容
010801001	木质门	1. 门代号及洞口尺寸 2. 镶嵌玻璃品种、厚度	1. 樘 2. m²	1. 以樘计量,按设计图示数量计算 2. 以平方米计量,按设计图示洞口尺寸以面积计算	1. 门安装 2. 玻璃安装 3. 五金安装
010801002	木质门带套				
010801003	木质连窗门				
010801004	木质防火门				
010801005	木门框	1. 门代号及洞口尺寸 2. 框截面尺寸 3. 防护材料种类	1. 樘 2. m	1. 以樘计量,按设计图示数量计算 2. 以米计量,按设计图示的中心线以延长米计算	1. 木门框制作、安装 2. 运输 3. 刷防护材料
010801006	门锁安装	1. 锁品种 2. 锁规格	个(套)	按设计图示数量计算	安装

(2) 木窗工程量清单项目设置及工程量计算规则,应按表 8-2 的规定执行。

表 8-2　　　　　　　　木窗(编码:010806)

项目编码	项目名称	项目特征	计量单位	工程量计算规则	工作内容
010806001	木质窗	1. 窗代号及洞口尺寸 2. 玻璃品种、厚度	1. 樘 2. m²	1. 以樘计量,按设计图示数量计算 2. 以平方米计量,按设计图示洞口尺寸以面积计算	1. 窗安装 2. 五金、玻璃安装
010806002	木飘(凸)窗				

续表

项目编码	项目名称	项目特征	计量单位	工程量计算规则	工作内容
010806003	木橱窗	1. 窗代号 2. 框截面及外围展开面积 3. 玻璃品种、厚度 4. 防护材料种类	1. 樘 2. m²	1. 以樘计量,按设计图示数量计算 2. 以平方米计量,按设计图示尺寸以框外围展开面积计算	1. 窗制作、运输、安装 2. 五金、玻璃安装 3. 刷防护材料
010806004	木纱窗	1. 窗代号及框的外围尺寸 2. 窗纱材料品种、规格		1. 以樘计量,按设计图示数量计算 2. 以平方米计量,按框的外围尺寸以面积计算	1. 窗安装 2. 五金安装

二、项目特征描述

1. 木质门、木质门带套等

木质门、木质门带套、木质连窗门、木质防火门应描述门代号及洞口尺寸。
(1) 常用木复合门的分类与代号见表 8-3。

表 8-3 木复合门的分类与代号

分类方法	名称	代号
按饰面材料分类	单板	D
	高压装饰板	G
	浸渍胶膜纸	J
	PVC 薄膜	P
	浮雕纤维板	F
	直接印刷	Z
	涂料饰面	T
按门扇和门框内芯材料	胶合板	j
	刨花板	b
	纤维板	x
	空心刨花板	k
	网格芯材	w
	木条	m
	蜂窝纸	f
	集成材	c
按门扇边缘形状	平口扇	P
	企口扇	Q

(2)常见木门形式见表8-4。

表 8-4 常见木门(及钢木门)形式

名 称	图 形	名 称	图 形
夹板门		木板门	
		镶板(胶合板式纤维板)门	
		半截玻璃门	
半截玻璃门		拼板门	
双扇门			
弹簧门		推拉门	
连窗门		平开木大门	
钢木大门			

2. 木门框

木门框应描述门代号及洞口尺寸,框截面尺寸,防护材料种类。

3. 门锁安装

门锁安装应描述锁品种、锁规格。

4. 木质窗、木飘(凸)窗

木质窗、木飘(凸)窗应描述窗代号及洞口尺寸,玻璃品种、厚度。
常见木窗形式见表 8-5。

表 8-5　　　　　　　　　常见木窗形式

名　称	图　形	名　称	图　形
平开窗		推拉窗	
立转窗		百叶窗	
提拉窗		中悬窗	

2. 木橱窗

木橱窗应描述窗代号,框截面及外围展开面积,玻璃品种、厚度,防护材料种类。

3. 木纱窗

木纱窗应描述窗代号及框的外围尺寸,窗纱材料品种、规格。

三、工程量计算

【例 8-1】 木镶板门如图 8-1 所示,带纱扇,无亮子,共 25 樘,试计算其工程量。

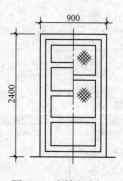

图 8-1　木镶板门

【解】　工程量=2.4×0.9×25=54m²

或工程量=25 樘

第二节 金属门窗

一、工程量清单项目设置及工程量计算规则

(1)金属门工程量清单项目设置及工程量计算规则,应按表 8-6 的规定执行。

表 8-6　　　　　　　　　　金属门(编码:010802)

项目编码	项目名称	项目特征	计量单位	工程量计算规则	工作内容
010802001	金属(塑钢)门	1. 门代号及洞口尺寸 2. 门框或扇外围尺寸 3. 门框、扇材质 4. 玻璃品种、厚度	1. 樘 2. m²	1. 以樘计量,按设计图示数量计算 2. 以平方米计量,按设计图示洞口尺寸以面积计算	1. 门安装 2. 五金安装 3. 玻璃安装
010802002	彩板门	1. 门代号及洞口尺寸 2. 门框或扇外围尺寸			
010802003	钢质防火门	1. 门代号及洞口尺寸 2. 门框或扇外围尺寸 3. 门框、扇材质			1. 门安装 2. 五金安装
010802004	防盗门				

(2)金属窗工程量清单项目设置及工程量计算规则,应按表 8-7 的规定执行。

表 8-7　　　　　　　　　　金属窗(编码:010807)

项目编码	项目名称	项目特征	计量单位	工程量计算规则	工作内容
010807001	金属(塑钢、断桥)窗	1. 窗代号及洞口尺寸 2. 框、扇材质 3. 玻璃品种、厚度	1. 樘 2. m²	1. 以樘计量,按设计图示数量计算 2. 以平方米计量,按设计图示洞口尺寸以面积计算	1. 窗安装 2. 五金、玻璃安装
010807002	金属防火窗				
010807003	金属百叶窗	1. 窗代号及洞口尺寸 2. 框、扇材质 3. 玻璃品种、厚度			
010807004	金属纱窗	1. 窗代号及框的外围尺寸 2. 框材质 3. 窗纱材料品种、规格		1. 以樘计量,按设计图示数量计算 2. 以平方米计量,按框的外围尺寸以面积计算	1. 窗安装 2. 五金安装
010807005	金属格栅窗	1. 窗代号及洞口尺寸 2. 框外围尺寸 3. 框、扇材质		1. 以樘计量,按设计图示数量计算 2. 以平方米计量,按设计图示洞口尺寸以面积计算	

续表

项目编码	项目名称	项目特征	计量单位	工程量计算规则	工作内容
010807006	金属(塑钢、断桥)橱窗	1. 窗代号 2. 框外围展开面积 3. 框、扇材质 4. 玻璃品种、厚度 5. 防护材料种类	1. 樘 2. m²	1. 以樘计量,按设计图示数量计算 2. 以平方米计量,按设计图示尺寸以框外围展开面积计算	1. 窗制作、运输、安装 2. 五金、玻璃安装 3. 刷防护材料
010807007	金属(塑钢、断桥)飘(凸)窗	1. 窗代号 2. 框外围展开面积 3. 框、扇材质 4. 玻璃品种、厚度			
010807008	彩板窗	1. 窗代号及洞口尺寸 2. 框外围尺寸 3. 框、扇材质 4. 玻璃品种、厚度		1. 以樘计量,按设计图示数量计算 2. 以平方米计量,按设计图示洞口尺寸或框外围以面积计算	1. 窗安装 2. 五金、玻璃安装
010807009	复合材料窗				

二、项目特征描述

1. 金属(塑钢)门

金属(塑钢)门应描述门代号及洞口尺寸,门框或扇外围尺寸,门框、扇材质,玻璃品种、厚度。

(1)铝合金门按开启形式进行划分,其品种与代号见表 8-8。

表 8-8　　　　　铝合金门的开启形式品种与代号

开启类别	平开旋转类			推拉平移类			折叠类	
开启形式	(合页)平开	地弹簧平开	平开下悬	(水平)推拉	提升推拉	推拉下悬	折叠平开	折叠推拉
代号	P	DHP	PX	T	ST	TX	ZP	ZT

(2)铝塑复合门的种类划分是依据门的开启形式进行划分的,具体见表 8-9。

表 8-9　　　　　铝塑复合门的种类划分

划分方式	种类	代号
门按照开启形式划分	平开门	P
	平开下悬门	PX
	推拉门	T
	推拉下悬门	TX
	折叠门	Z
	地弹簧门	DH

(3)塑钢门窗的种类划分见表 8-10,常用规格见表 8-11。

表 8-10　　　　　　　　　　　塑钢门窗的种类划分

序号	划分方式	种类	
1	按原材料划分	PVC 钙塑门窗	
		改性 PVC 塑钢门窗	
		其他以树脂为原材的塑钢门窗	
2	按开闭方式划分	平开门窗	
		固定门窗	
		推拉门窗	
		悬挂窗	
		组合窗等	
3	按构造划分	全塑门窗	全塑整体门
			组装门
			夹层门
			复合门窗等
		复合 PVC 门窗	

表 8-11　　　　　　　　　　　塑钢门常用规格

种类	规格（洞口尺寸）	
	b/mm	h/mm
内平开门	700,800,900,1100,1200,1300,1500,1800	2000,2100,2300,2400
外平开门	700,800,900,1100,1200,1300,1500,1800	2000,2100,2300,3400
推拉门	1500,1800,2100,2400,2700,3000	2000,2100,2400,2500,2700,3000

2. 彩板门

彩板门应描述门代号及洞口尺寸，门框或扇外围尺寸。

常见彩板门洞口尺寸见表 8-12 和表 8-13。

表 8-12　　　　　　　　　　　平开彩板门

种类	洞口高度 h/mm	洞口宽度 b/mm		
		700、900	1200、1500、1800	2400、2700、3000、3600
平开彩板门	2100 2400			
	2400 2700 3000（四扇）			

表 8-13　　　　　　　　　　　　推拉彩板门

种类	洞口高度 h /mm	洞口宽度 b/mm	
		1500、1800、2100	2400
推拉彩板门	2100 2400	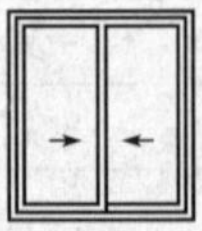	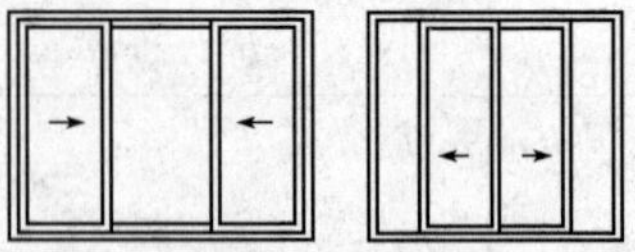
	2400 2700	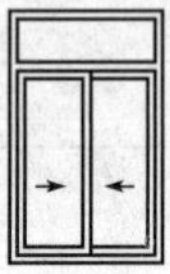	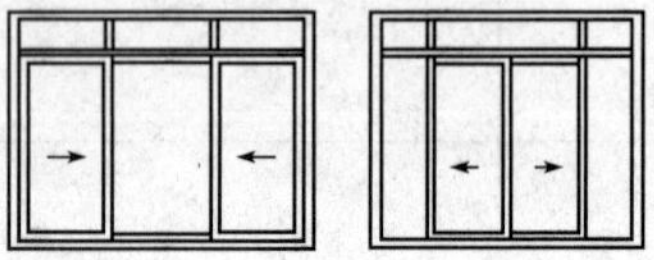

3. 钢质防火门、防盗门

钢质防火门、防盗门应描述门代号及洞口尺寸，门框或扇外围尺寸，门框、扇材质。

钢质防火门常用规格见表 8-14。

表 8-14　　　　　　　　　　　钢质防火门常用规格

型号	洞口高度 h/mm	洞口宽度 b/mm		
		800、900、1000	1200	1500、1800、2100
1M01	2000 2100 2400	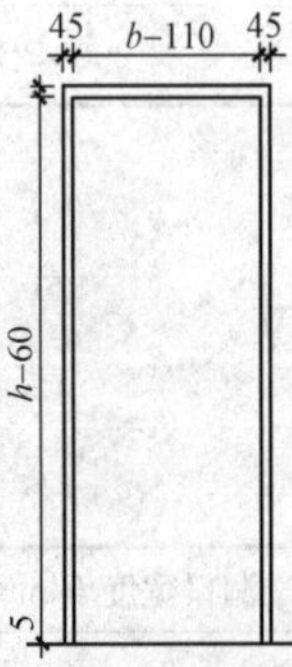	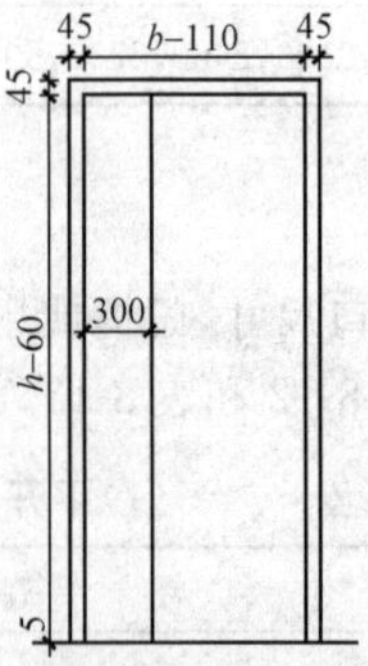	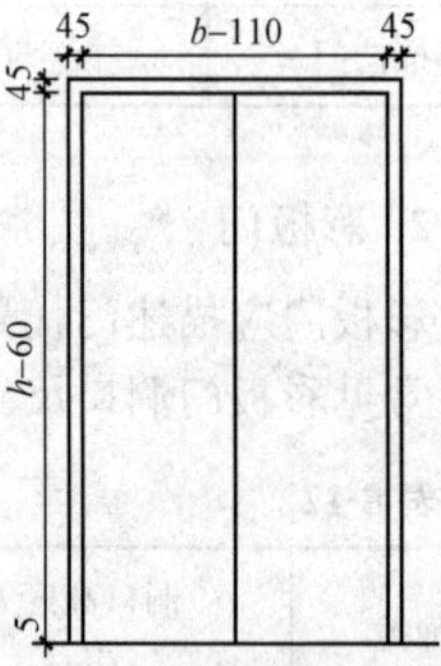
		1500、1800、2100、2400、2700、3000		
	2700 3000 3300	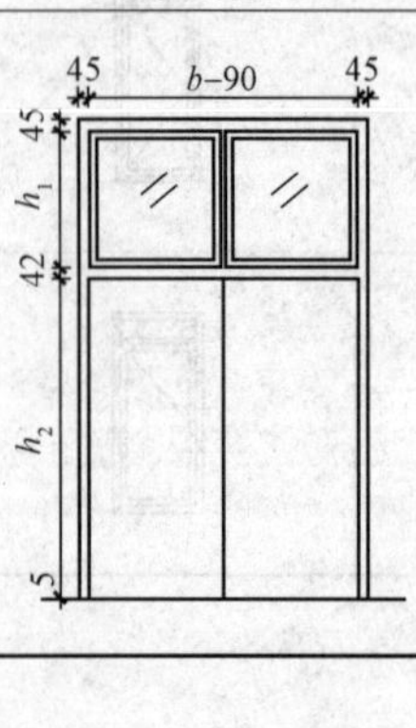		

续表

型号	洞口高度 h/mm	洞口宽度 b/mm		
		800、900、1000	1200	1500、1800、2100
1M02~ 1M10	2000 2100 2400			
		1500、1800、2100、2400、2700、3000		
	2000 3000 3300			

4. 金属(塑钢断桥)窗、金属防火窗、金属百叶窗

金属(塑钢断桥)窗、金属防火窗、金属百叶窗应描述窗代号及洞口尺寸,框、扇材质,玻璃品种、厚度。

(1)铝合金窗按开启形式进行划分,其品种与代号见表8-15。

表8-15　　　　　　　铝合金窗的开启形式品种与代号

开启类别	平开旋转类						
开启形式	(合页)平开	滑轴平开	上悬	下悬	中悬	滑轴上悬	平开下悬	立转
代号	P	HZP	SX	XX	ZX	HSX	PX	LZ
开启类别	推拉平移类					折叠类	
开启形式	(水平)推拉	提升推拉	平开推拉	推拉下悬	提拉	折叠推拉	
代号	T	ST	PT	TX	TL	ZT	

(2)铝塑复合窗按开启形式进行划分,其品种与代号见表8-16。

表 8-16　　　　　　　　　铝塑复合窗的开启形式品种与代号

划分方式	种类	代号
窗按照开启形式划分	固定窗	G
	上悬窗	S
	中悬窗	C
	下悬窗	X
	立转窗	L
	平开窗	P
	滑轴平开窗	HP
	滑轴窗	H
	平开下悬窗	PX

5. 金属纱窗

金属纱窗应描述窗代号及框的外围尺寸,框材质,窗纱材料品种、规格。

6. 金属隔栅窗

金属隔栅窗应描述窗代号及洞口尺寸,框外围尺寸,框、扇材质。

7. 金属(塑钢、断桥)橱窗

金属(塑钢、断桥)橱窗应描述窗代号,框外围展开面积,框、扇材质,玻璃品种、厚度,防护材料种类。

8. 金属(塑钢、断桥)飘(凸)窗

金属(塑钢、断桥)飘(凸)窗应描述窗代号,框外围展开面积,框、扇材质,玻璃品种、厚度。

9. 彩板窗、复合材料窗

彩板窗、复合材料窗应描述窗代号及洞口尺寸,框外围尺寸,框、扇材质,玻璃品种、厚度。
常见彩板窗规格见表 8-17 和表 8-18。

表 8-17　　　　　　　　　　平开彩板窗规格

种类	洞口高度 h /mm	洞口宽度 b/mm		
		700	1200、1500	1800、2100、2400
平开彩板窗	900 1200 1500			
	1800 2100 2400			

表 8-18 推拉彩板窗规格

种类	洞口高度 h /mm	洞口宽度 b/mm	
		1200、1500、1800、2100	2400
推拉彩板窗	900 1200 1500		
	1800 2100 2400		

三、工程量计算

【例 8-2】 某车间安装塑钢门窗如图 8-2 所示，门洞口尺寸为 2100mm×2700mm，窗洞口尺寸为 1800mm×2400mm，不带纱扇，计算其门窗安装工程量。

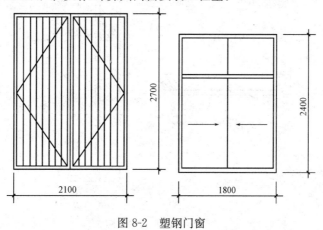

图 8-2 塑钢门窗

【解】 塑钢门工程量 = 2.1×2.7 = 5.67m²
塑钢窗工程量 = 1.8×2.4 = 4.32m²

第三节 金属卷帘(闸)门

一、工程量清单项目设置及工程量计算规则

金属卷帘(闸)门工程量清单项目设置及工程量计算规则，应按表 8-19 的规定执行。

表 8-19　金属卷帘(闸)门(编码:010803)

项目编码	项目名称	项目特征	计量单位	工程量计算规则	工作内容
010803001	金属卷帘(闸)门	1. 门代号及洞口尺寸 2. 门材质 3. 启动装置品种、规格	1. 樘 2. m²	1. 以樘计量,按设计图示数量计算 2. 以平方米计量,按设计图示洞口尺寸以面积计算	1. 门运输、安装 2. 启动装置、活动小门、五金安装
010803002	防火卷帘(闸)门				

二、项目特征描述

金属卷帘(闸)门、防火卷帘(闸)门应描述门代号及洞口尺寸,门材质,启动装置品种、规格。

三、工程量计算

【例 8-3】　如图 8-3 所示为某工程的卷闸门示意图,试计算其工程量。

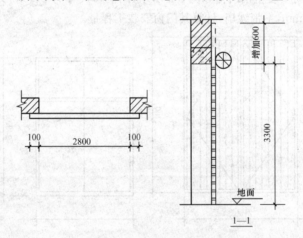

图 8-3　卷闸门示意图

【解】　卷闸门工程量 $=(2.85+0.05+0.05)\times 3.2=9.44 m^2$

第四节　厂库房大门、特种门

一、工程量清单项目设置及工程量计算规则

厂库房大门、特种门工程量清单项目设置及工程量计算规则,应按表 8-20 的规定执行。

表 8-20　　　　　　　　　厂库房大门、特种门(编码:010804)

项目编码	项目名称	项目特征	计量单位	工程量计算规则	工作内容
010804001	木板大门	1. 门代号及洞口尺寸 2. 门框或扇外围尺寸 3. 门框、扇材质 4. 五金种类、规格 5. 防护材料种类	1. 樘 2. m²	1. 以樘计量,按设计图示数量计算 2. 以平方米计量,按设计图示洞口尺寸以面积计算	1. 门(骨架)制作、运输 2. 门、五金配件安装 3. 刷防护材料
010804002	钢木大门				
010804003	全钢板大门				
010804004	防护铁丝门			1. 以樘计量,按设计图示数量计算 2. 以平方米计量,按设计图示门框或扇以面积计算	
010804005	金属格栅门	1. 门代号及洞口尺寸 2. 门框或扇外围尺寸 3. 门框、扇材质 4. 启动装置的品种、规格		1. 以樘计量,按设计图示数量计算 2. 以平方米计量,按设计图示洞口尺寸以面积计算	1. 门安装 2. 启动装置、五金配件安装
010804006	钢制花饰大门	1. 门代号及洞口尺寸 2. 门框或扇外围尺寸 3. 门框、扇材质		1. 以樘计量,按设计图示数量计算 2. 以平方米计量,按设计图示门框或扇以面积计算	1. 门安装 2. 五金配件安装
010804007	特种门			1. 以樘计量,按设计图示数量计算 2. 以平方米计量,按设计图示洞口尺寸以面积计算	

二、项目特征描述

1. 木板大门、钢木大门等

木板大门、钢木大门、全钢板大门、防护铁丝门应描述门代号及洞口尺寸,门框或扇外围尺寸,门框、扇材质,五金种类、规格,防护材料种类。

木板大门、钢木大门、铁丝门五金配件用量参见表 8-21。

表 8-21　　木板大门、钢木大门、铁丝门五金配件

项目		单位	平开木板大门		推拉木板大门	
			无小门	有小门	无小门	有小门
人工	综合工日	工日	—	—	—	—
材料	五金铁件	kg	67.72	67.62	143.96	143.96
	折页 100mm	个	—	2.00	—	2.00
	弓背拉手 125mm	个	—	2.00	—	2.00
	插销 125mm	个	—	1.00	—	1.00
	木螺丝 38mm	个	32.00	58.00	—	26.00
	大滑轮 $d=100$mm	个	—	—	4.00	4.00
	小滑轮 $d=56$mm	个	—	—	4.00	4.00
	轴承 203	个	—	—	8.00	8.00

项目		单位	平开钢木大门		
			无小门一般型	有小门防风型	有小门防严寒
人工	综合工日	工日	—	—	—
材料	五金铁件	kg	52.97	57.90	57.90
	钢丝弹簧 $L=95$	个	1.00	1.00	1.00
	钢珠 32.5	个	4.00	4.00	4.00
	五金铁件	kg	222.75	215.95	245.33
	单列向心球轴承 205#	个	4.00	4.00	4.00

项目		单位	平开钢大门	推拉钢大门	钢折叠门	钢管铁丝网门	角钢铁丝网门
人工	综合工日	工日	—	—	—	—	—
材料	五金铁件	kg	52.97	275.29	38.43	47.96	55.16

2. 金属格栅门

金属格栅门应描述门代号及洞口尺寸,门框或扇外围尺寸,门框、扇材质,启动装置的品种、规格。

3. 钢制花饰大门、特种门

钢制花饰大门、特种门应描述门代号及洞口尺寸,门框或扇外围尺寸,门框、扇材质。

特种门是指冷藏门、冷冻间门、保温门、变电室门、隔音门、防射线门、人防门、金库门等。

第五节　其他门

一、工程量清单项目设置及工程量计算规则

其他门工程量清单项目设置及工程量计算规则,应按表 8-22 的规定执行。

表 8-22　　　　　　　　其他门(编码:010805)

项目编码	项目名称	项目特征	计量单位	工程量计算规则	工作内容
010805001	电子感应门	1. 门代号及洞口尺寸 2. 门框或扇外围尺寸 3. 门框、扇材质 4. 玻璃品种、厚度 5. 启动装置的品种、规格 6. 电子配件品种、规格	1. 樘 2. m²	1. 以樘计量,按设计图示数量计算 2. 以平方米计量,按设计图示洞口尺寸以面积计算	1. 门安装 2. 启动装置、五金、电子配件安装
010805002	旋转门				
010805003	电子对讲门	1. 门代号及洞口尺寸 2. 门框或扇外围尺寸 3. 门材质 4. 玻璃品种、厚度 5. 启动装置的品种、规格 6. 电子配件品种、规格			
010805004	电动伸缩门				
010805005	全玻自由门	1. 门代号及洞口尺寸 2. 门框或扇外围尺寸 3. 框材质 4. 玻璃品种、厚度			1. 门安装 2. 五金安装
010805006	镜面不锈钢饰面门	1. 门代号及洞口尺寸 2. 门框或扇外围尺寸 3. 框、扇材质 4. 玻璃品种、厚度			
010805007	复合材料门				

二、项目特征描述

1. 电子感应门、旋转门

电子感应门、旋转门应描述门代号及洞口尺寸,门框或扇外围尺寸,门框、扇材质,玻璃品种、厚度,启动装置的品种、规格,电子配件品种、规格。

电子感应门、旋转门以樘计量,项目特征必须描述洞口尺寸,没有洞口尺寸必须描述门框或扇外围尺寸;以平方米计量,项目特征可不描述洞口尺寸及框、扇的外围尺寸。

2. 电子对讲门、电动伸缩门

电子对讲门、电动伸缩门应描述门代号及洞口尺寸,门框或扇外围尺寸,门材质,玻璃品种、厚度,启动装置的品种、规格,电子配件品种、规格。

电子对讲门、电动伸缩门以樘计量,项目特征必须描述洞口尺寸,没有洞口尺寸必须描述门框或扇外围尺寸;以平方米计量,项目特征可不描述洞口尺寸及框、扇的外围尺寸。

3. 全玻自由门

全玻自由门应描述门代号及洞口尺寸,门框或扇外围尺寸,框材质,玻璃品种、厚度。

全玻自由门以樘计量,项目特征必须描述洞口尺寸,没有洞口尺寸必须描述门框或扇外围尺寸;以平方米计量,项目特征可不描述洞口尺寸及框、扇的外围尺寸。

4. 镜面不锈钢饰面门、复合材料门

镜面不锈钢饰面门、复合材料门应描述门代号及洞口尺寸,门框或扇外围尺寸,框、扇材质,玻璃品种、厚度。

镜面不锈钢饰面门、复合材料门以樘计量,项目特征必须描述洞口尺寸,没有洞口尺寸必须描述门框或扇外围尺寸;以平方米计量,项目特征可不描述洞口尺寸及框、扇的外围尺寸。

三、工程量计算

【例8-4】 某底层商店采用全玻自由门,不带纱扇,如图8-4所示,木材采用水曲柳,不刷底油,共计9樘,试计算全玻自由门工程量。

【解】 全玻自由门工程量=1.5×2.7×9=36.45m²

或全玻自由门工程量=9樘

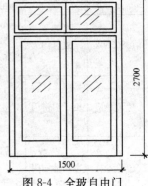

图8-4 全玻自由门

第六节 门窗套

一、工程量清单项目设置及工程量计算规则

门窗套工程量清单项目设置及工程量计算规则,应按表8-23的规定执行。

表8-23　　　　　　　　门窗套(编码:010808)

项目编码	项目名称	项目特征	计量单位	工程量计算规则	工作内容
010808001	木门窗套	1. 窗代号及洞口尺寸 2. 门窗套展开宽度 3. 基层材料种类 4. 面层材料品种、规格 5. 线条品种、规格 6. 防护材料种类	1. 樘 2. m² 3. m	1. 以樘计量,按设计图示数量计算 2. 以平方米计量,按设计图示尺寸以展开面积计算 3. 以米计量,按设计图示中心以延长米计算	1. 清理基层 2. 立筋制作、安装 3. 基层板安装 4. 面层铺贴 5. 线条安装 6. 刷防护材料
010808002	木筒子板	1. 筒子板宽度 2. 基层材料种类 3. 面层材料品种、规格 4. 线条品种、规格 5. 防护材料种类			
010808003	饰面夹板筒子板				
010808004	金属门窗套	1. 窗代号及洞口尺寸 2. 门窗套展开宽度 3. 基层材料种类 4. 面层材料品种、规格 5. 防护材料种类			1. 清理基层 2. 立筋制作、安装 3. 基层板安装 4. 面层铺贴 5. 刷防护材料

续表

项目编码	项目名称	项目特征	计量单位	工程量计算规则	工作内容
010808005	石材门窗套	1. 窗代号及洞口尺寸 2. 门窗套展开宽度 3. 粘结层厚度、砂浆配合比 4. 面层材料品种、规格 5. 线条品种、规格	1. 樘 2. m² 3. m	1. 以樘计量,按设计图示数量计算 2. 以平方米计量,按设计图示尺寸以展开面积计算 3. 以米计量,按设计图示中心以延长米计算	1. 清理基层 2. 立筋制作、安装 3. 基层抹灰 4. 面层铺贴 5. 线条安装
010808006	门窗木贴脸	1. 门窗代号及洞口尺寸 2. 贴脸板宽度 3. 防护材料种类	1. 樘 2. m	1. 以樘计量,按设计图示数量计算 2. 以米计量,按设计图示尺寸以延长米计算	安装
010808007	成品木门窗套	1. 门窗代号及洞口尺寸 2. 门窗套展开宽度 3. 门窗套材料品种、规格	1. 樘 2. m² 3. m	1. 以樘计量,按设计图示数量计算 2. 以平方米计量,按设计图示尺寸以展开面积计算 3. 以米计量,按设计图示中心以延长米计算	1. 清理基层 2. 立筋制作、安装 3. 板安装

二、项目特征描述

1. 木门窗套

木门窗套应描述窗代号及洞口尺寸,门窗套展开宽度,基层材料种类,面层材料品种、规格,线条品种、规格,防护材料种类。

木门窗套以樘计量,项目特征必须描述洞口尺寸、门窗套展开宽度;以平方米计量,项目特征可不描述洞口尺寸、门窗套展开宽度;以米计量,项目特征必须描述门窗套展开宽度。

2. 木筒子板、饰面夹板筒子板

木筒子板、饰面夹板筒子板应描述筒子板宽度,基层材料种类,面层材料品种、规格,线条品种、规格,防护材料种类。

筒子板(10m²)用料量可参考表8-24。

表8-24　　　　　　　　筒子板(10m²)用料量参考表

材料名称	规格/mm	单位	数量
木　方	30×30	m³	0.05
木　方	25×30	m³	0.012
木　方	19×35	m³	0.008
木　方	20×47	m³	0.038
木　砖	60×60×120	m³	0.018
五层胶合板	—	m²	10.3
油　毡	—	m²	11
钉　子	—	kg	0.72

3. 金属门窗套

金属门窗套应描述窗代号及洞口尺寸,门窗套展开宽度,基层材料种类,面层材料品种、规格,防护材料种类。

金属门窗套以樘计量,项目特征必须描述洞口尺寸、门窗套展开宽度;以平方米计量,项目特征可不描述洞口尺寸、门窗套展开宽度;以米计量,项目特征必须描述门窗套展开宽度。

4. 石材门窗套

石材门窗套应描述窗代号及洞口尺寸,门窗套展开宽度,粘结层厚度、砂浆配合比,面层材料品种、规格,线条品种、规格。

石材门窗套以樘计量,项目特征必须描述洞口尺寸、门窗套展开宽度。以平方米计量,项目特征可不描述洞口尺寸、门窗套展开宽度。以米计量,项目特征必须描述门窗套展开宽度。

5. 门窗木贴脸

门窗木贴脸应描述门窗代号及洞口尺寸,贴脸板宽度,防护材料种类。

门窗木贴脸以樘计量,项目特征必须描述洞口尺寸。以米计量,项目特征必须描述贴脸宽度。

门窗贴脸用料量可参考表 8-25。

表 8-25　　　　门窗贴脸(100m)用料量参考表

材料名称	规格/mm	单位	数量
木　方	20×47(毛料)	m³	0.141
木　方	17×17(毛料)	m³	0.043
钉　子	40	kg	0.85
钉　子	50	kg	1.75

6. 成品木门窗套

成品木门窗套应描述门窗代号及洞口尺寸,门窗套展开宽度,门窗套材料品种、规格。

成品木门窗套以樘计量,项目特征必须描述洞口尺寸、门窗套展开宽度;以平方米计量,项目特征可不描述洞口尺寸、门窗套展开宽度;以米计量,项目特征必须描述门窗套展开宽度。

三、工程量计算

【例 8-5】　某宾馆有 900mm×2100mm 的门洞 66 樘,内外钉贴细木工板门套、贴脸(不带龙骨),榉木夹板贴面,尺寸如图 8-5 所示,试计算其工程量。

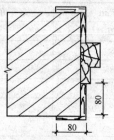

图 8-5　榉木夹板贴面尺寸

【解】 (1)门窗木贴脸工程量＝门洞宽＋贴脸宽×2＋门洞高×2
　　　　　　　　　　＝(0.90＋0.08×2＋2.10×2)×2×66＝694.32m

(2)榉木筒子板工程量＝(门洞宽＋门洞高×2)×筒子板宽
　　　　　　　　　＝(0.90＋2.10×2)×0.08×2×66＝53.86m²

第七节　窗台板、窗帘

一、工程量清单项目设置及工程量计算规则

(1)窗台板工程量清单项目设置及工程量计算规则,应按表8-26的规定执行。

表8-26　　　　　　　　窗台板(编码:010809)

项目编码	项目名称	项目特征	计量单位	工程量计算规则	工作内容
010809001	木窗台板	1. 基层材料种类 2. 窗台面板材质、规格、颜色 3. 防护材料种类	m²	按设计图示尺寸以展开面积计算	1. 基层清理 2. 基层制作、安装 3. 窗台板制作、安装 4. 刷防护材料
010809002	铝塑窗台板				
010809003	金属窗台板				
010809004	石材窗台板	1. 粘结层厚度、砂浆配合比 2. 窗台板材质、规格、颜色			1. 基层清理 2. 抹找平层 3. 窗台板制作、安装

(2)窗帘、窗帘盒、轨工程量清单项目设置及工程量计算规则,应按表8-27的规定执行。

表8-27　　　　　　窗帘、窗帘盒、轨(编码:010810)

项目编码	项目名称	项目特征	计量单位	工程量计算规则	工作内容
010810001	窗帘	1. 窗帘材质 2. 窗帘高度、宽度 3. 窗帘层数 4. 带幔要求	1. m 2. m²	1. 以米计量,按设计图示成活后长度计算 2. 以平方米计量,按设计图示尺寸以成活后展开面积计算	1. 制作、运输 2. 安装
010810002	木窗帘盒	1. 窗帘盒材质、规格 2. 防护材料种类	m	按设计图示尺寸以长度计算	1. 制作、运输、安装 2. 刷防护材料
010810003	饰面夹板、塑料窗帘盒				
010810004	铝合金窗帘盒				
010810005	窗帘轨	1. 窗帘轨材质、规格 2. 轨的数量 3. 防护材料种类			

二、项目特征描述

1. 木窗台板、铝塑窗台板、金属窗台板

木窗台板、铝塑窗台板、金属窗台板应描述基层材料种类,窗台面板材质、规格、颜色,防护材

料种类。

木窗台板用料量可参考表 8-28。

表 8-28　　　　　　　　木窗台板(10m)用料量参考表

材料名称	规格/mm	单位	墙厚/mm			240mm 墙时	
			240	370	490	推拉窗	提拉窗
木板	厚25(毛料)	m³	0.046	0.006	0.119	0.079	0.111
压条	25×25	m³	—	—	—	0.0166	—
压条	20×45	m³	—	—	—	0.0238	—

2. 石材窗台板

石材窗台板应描述粘结层厚度、砂浆配合比、窗台板材质、规格、颜色。

3. 窗帘

窗帘应描述窗帘材质,窗帘高度、宽度,窗帘层数,带幔要求。

窗帘若是双层,项目特征必须描述每层材质。窗帘以米计量时,项目特征必须描述窗帘高度和宽。

4. 窗帘盒

木窗帘盒,饰面夹板、塑料窗帘盒,铝合金窗帘盒应描述窗帘盒材质、规格,防护材料种类。

5. 窗帘轨

窗帘轨应描述窗帘轨材质、规格,轨的数量,防护材料种类。

第九章

木结构工程清单工程量计算

第一节 木屋架

一、工程量清单项目设置及工程量计算规则

木屋架工程量清单项目设置及工程量计算规则,应按表 9-1 的规定执行。

表 9-1　　　　　　　　　　木屋架(编码:010701)

项目编码	项目名称	项目特征	计量单位	工程量计算规则	工作内容
010701001	木屋架	1. 跨度 2. 材料品种、规格 3. 刨光要求 4. 拉杆及夹板种类 5. 防护材料种类	1. 榀 2. m³	1. 以榀计量,按设计图示数量计算 2. 以立方米计量,按设计图示的规格尺寸以体积计算	1. 制作 2. 运输 3. 安装 4. 刷防护材料
010701002	钢木屋架	1. 跨度 2. 木材品种、规格 3. 刨光要求 4. 钢材品种、规格 5. 防护材料种类	榀	以榀计量,按设计图示数量计算	

二、项目特征描述

1. 木屋架

木屋架以榀计量,按标准图设计的应注明标准图代号;按非标准图设计的项目特征必须描述跨度,材料品种、规格,刨光要求,拉杆及夹板种类,防护材料种类。屋架的跨度应以上、下弦中心线两交点之间的距离计算。

2. 钢木屋架

钢木屋架以榀计量,按标准图设计的应注明标准图代号,按非标准图设计的项目特征必须描述跨度,木材品种、规格,刨光要求,钢材品种、规格,防护材料种类。

三、工程量计算

1. 工程量计算主要数据

(1)屋架杆长度系数。木屋架杆件的长度系数可按表 9-2 选用。

表 9-2　　　　　　　　　　　屋架杆件长度系数表

形式	L=1				L=2				L=3				L=4			
坡度\杆件	30°	1/2	1/2.5	1/3	30°	1/2	1/2.5	1/3	30°	1/2	1/2.5	1/3	30°	1/2	1/2.5	1/3
1	1	1	1	1	1	1	1	1	1	1	1	1	1	1	1	1
2	0.577	0.559	0.539	0.527	0.577	0.559	0.539	0.527	0.577	0.559	0.539	0.527	0.577	0.559	0.539	0.527
3	0.289	0.250	0.200	0.167	0.289	0.250	0.200	0.167	0.289	0.250	0.200	0.167	0.289	0.250	0.200	0.167
4	0.289	0.280	0.270	0.264	0.236	0.213	0.200	0.167	0.250	0.225	0.195	0.177	0.252	0.224	0.189	0.167
5	0.144	0.125	0.100	0.083	0.192	0.167	0.133	0.111	0.216	0.188	0.150	0.125	0.231	0.200	0.160	0.133
6					0.192	0.186	0.180	0.176	0.181	0.177	0.160	0.150	0.200	0.180	0.156	0.141
7					0.095	0.083	0.067	0.056	0.144	0.125	0.100	0.083	0.173	0.150	0.120	0.100
8									0.144	0.140	0.135	0.132	0.153	0.141	0.128	0.120
9									0.070	0.063	0.050	0.042	0.116	0.100	0.080	0.067
10													0.110	0.112	0.108	0.105
11													0.058	0.050	0.040	0.033

(2) 普通人字木屋架每榀质量及钢材用量。普通人字木屋架每榀质量及钢材用量可参考表 9-3 计算。

表 9-3　　　　　　　普通人字木屋架每榀质量及钢材用量参考表

屋架简图							
跨度/m	6	7	8	9	10	11	12
项目 荷重/(kg/m)	366～1130	343～1070	353～1100	366～1132	362～1120	330～1100	332～1100
钢材/kg	6.27～23.3	6.71～26.9	7.19～28.57	12.7～48	15.4～55.75	16.23～62.82	17.04～180.52
屋架重/kg	116～298	137～372	152～439	188～513	230～586	246～868	272～971

屋架简图			
跨度/m	13	14	15
项目 荷重/(kg/m)	358～1130	361～1115	335～1125
钢材/kg	18.73～185.3	32.4～249.43	33.58～274.73
屋架重/kg	369～1040	427～1254	454～1365

注：屋架允许悬挂质量 2t。

(3) 普通人字木屋架每榀木材体积。普通人字木屋架每榀木材的体积可参考表 9-4 计算。

表 9-4 **普通人字木屋架每榀木材体积(概预算用)** m³/榀

跨度/m	木屋架接头夹板铁拉杆													
	屋架每一延长米的荷载/kg													
	400		500		600		700		800		900		1000	
	方木	圆木	方木	圆木	方木	圆木	方木	圆木	方木	圆木	方木	圆木	方木	圆木
7	0.31	0.41	0.35	0.47	0.40	0.53	0.46	0.61	0.53	0.70	0.54	0.72	0.55	0.74
8	0.36	0.48	0.41	0.54	0.46	0.61	0.50	0.67	0.57	0.74	0.59	0.80	0.64	0.86
9	0.43	0.58	0.49	0.66	0.55	0.74	0.61	0.82	0.68	0.90	0.74	0.99	0.81	1.08
10	0.50	0.66	0.58	0.77	0.66	0.88	0.73	0.98	0.81	1.08	0.89	1.13	0.97	1.28
11	0.57	0.76	0.67	0.89	0.77	1.03	0.86	1.14	0.96	1.27	1.05	1.40	1.15	1.54
12	0.66	0.88	0.78	1.04	0.90	1.20	1.01	1.35	1.12	1.50	1.23	1.65	1.35	1.80
13	0.77	1.02	0.90	1.02	1.04	1.38	1.17	1.56	1.30	1.74	1.44	1.92	1.58	2.11
14	0.88	1.17	1.03	1.38	1.19	1.60	1.35	1.81	1.52	2.02	1.67	2.22	1.82	2.43
15	1.01	1.33	1.19	1.57	1.33	1.82	1.55	2.06	1.73	2.30	1.90	2.52	2.07	2.75
16	1.17	1.52	1.36	1.80	1.56	2.08	1.85	2.32	1.94	2.57	2.14	2.85	2.35	3.13
17	1.32	1.73	1.55	2.05	1.79	2.38	2.01	2.68	2.24	2.98	2.48	3.29	2.72	3.61
18	1.52	2.02	1.78	2.36	2.04	2.71	2.31	3.07	2.58	3.44	2.84	3.79	3.11	4.14

注:木半屋架每榀木材体积概算用量可按整屋架的60%计算。

(4)普通人字木屋架每榀平均使用剪刀撑及下弦水平系杆木材用量。普通人字木屋架每榀平均使用剪刀撑及下弦水平系杆木材的用量可参照表 9-5 计算。

表 9-5 **普通人字木屋架每榀平均使用剪刀撑及下弦水平系杆木材用量(概预算用)** m³/榀

项目名称	屋架下弦使用材料	屋架跨度/m	屋架间距/m	每榀屋架平均用剪刀撑及下弦水平系杆木材用量/m³	剪刀撑及下弦水平系杆用料断面/(mm×mm)	设置情况	
						剪刀撑/道	下弦水平系杆/道
方木屋架	方木	6.0	3.0	不用	—	—	—
		9.0		0.033	均用方木	1	—
	方钢	6.0		0.034	80×120	1	—
		9.0		0.053	80×120	1	1
		12.0		0.103	80×120	2	2
		15.0		0.109	80×120	2	2
圆木屋架	圆木	6.0	3.0	不用	—	—	—
		9.0		0.052	均用圆木	1	—
	圆钢	6.0		0.046	梢径 $d=\phi120$,对剖	1	—
		9.0		0.073	梢径 $d=\phi120$,对剖	1	1
		12.0		0.141	梢径 $d=\phi120$,对剖	2	2
		15.0		0.150	梢径 $d=\phi120$,对剖	2	2

注:木剪刀撑及下弦水平系杆的设置是按一般设计情况考虑的,屋面计算荷载 1.47~2.9kN/m²(不包括屋架自重)。

(5) 屋面坡度与斜面长度系数。屋面坡度与斜面长度的系数可参照表9-6选用。

表9-6　　　　　　　　　屋面坡度与斜面长度系数

屋面坡度	高度系数	1.00	0.67	0.50	0.45	0.40	0.33	0.25	0.20	0.15	0.125	0.10	0.083	0.066
	坡度	1/1	1/1.5	1/2	—	1/2.5	1/3	1/4	1/5	—	1/8	1/10	1/12	1/15
	角度	45°	33°40′	26°34′	24°14′	21°48′	18°26′	14°02′	11°19′	8°32′	7°08′	5°42′	4°45′	3°49′
斜长系数		1.4142	1.2015	1.1180	1.0966	1.0770	1.0541	1.0380	1.0198	1.0112	1.0078	1.0050	1.0035	1.0022

(6) 人字钢木屋架每榀材料参考用量。人字钢木屋架每榀材料的用量可参考表9-7进行计算。

表9-7　　　　　　　　人字钢木屋架每榀材料用量参考表

类别	屋架跨度/m	屋架间距/m	屋面荷载/(N/m²)	每榀用料 木材/m³	每榀用料 钢材/kg	每榀屋架平均用支撑木材用量/m³
方木	9.0	3.0	1510	0.235	63.6	0.032
			2960	0.285	83.8	0.082
		3.3	1510	0.235	72.6	0.090
			2960	0.297	96.3	0.090
	10.0	3.0	1510	0.390	80.2	0.085
			2960	0.503	130.9	0.085
		3.3	1510	0.405	85.7	0.093
			2960	0.524	130.9	0.093
	12.0	3.0	1510	0.390	80.2	0.085
			2960	0.503	130.0	0.085
		3.3	1510	0.405	85.7	0.093
			2960	0.524	130	0.093
	15.0	3.0	1510	0.602	105.0	0.091
		3.3	1510	0.628	105.0	0.099
		4.0	1510	0.690	118.7	0.116
	18.0	3.0	1510	0.709	160.6	0.087
		3.3	1510	0.738	163.04	0.095
		4.0	1510	0.898	248.36	0.112
圆木	9.0	3.0	1510	0.259	63.6	0.080
			2960	0.269	83.8	0.080
		3.3	1510	0.259	72.6	0.089
			2960	0.272	96.3	0.089
	10.0	3.0	1510	0.290	70.5	0.081
			2960	0.304	101.7	0.081
		3.3	1510	0.290	74.5	0.090
			2960	0.304	101.7	0.090

续表

类别	屋架跨度/m	屋架间距/m	屋面荷载/(N/m²)	每榀用料		每榀屋架平均用支撑木材用量/m³
				木材/m³	钢材/kg	
圆木	12.0	3.0	1510	0.463	80.2	0.083
			2960	0.416	130.9	0.083
		3.3	1510	0.463	85.7	0.092
			2960	0.447	130.9	0.092
	15.0	3.0	1510	0.766	105.0	0.089
		3.3	1510	0.776	105.0	0.097

2. 工程量计算示例

【例 9-1】 有一原料仓库,采用圆木木屋架,计 8 榀,如图 9-1 所示,屋架跨度为 8m,坡度为 1/2,四节间,试计算该仓库屋架工程量。

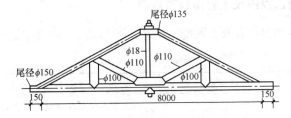

图 9-1 木屋架

【解】 计算公式:木屋架工程量=设计图示数量

故 木屋架工程量=8 榀

以上为工程量清单数量。

如果是施工企业编制投标报价,应按当地建设主管部门规定方法计算工程量,现按基础定额的规定计算工程量如下:

(1)屋架杆件长度(m)=屋架跨度(m)×长度系数。

1)杆件 1 下弦杆　　　　8+0.15×2=8.3m

2)杆件 2 上弦杆 2 根　　8×0.559m×2 根=4.47m×2 根

3)杆件 4 斜杆 2 根　　　8×0.28m×2 根=2.24m×2 根

4)杆件 5 竖杆 2 根　　　8×0.125m×2 根=1m×2 根

(2)计算材积。

1)杆件 1,下弦材积,以尾径 ϕ150,长 8.3m 代入,则:

$V_1 = 7.854 \times 10^{-5} \times [(0.026 \times 8.3+1) \times 15^2+(0.37 \times 8.3+1) \times 15+10 \times (8.3-3)] \times 8.3$

$= 0.2527 m^3$

2)杆件 2,上弦杆,以尾径 ϕ13.5cm 和 $L=4.47m$ 代入,则:

$V_2 = 7.854 \times 10^{-5} \times 4.47 \times [(0.026 \times 4.47+1) \times 13.5^2+(0.37 \times 4.47+1) \times 13.5+10 \times (4.47-3)] \times 2$

$= 0.1783 m^3$

3) 杆件 4, 斜杆 2 根, 以尾径 $\phi 11.0 \text{cm}$ 和 2.24m 代入, 则:

$V_4 = 7.854 \times 10^{-5} \times 2.24 \times [(0.026 \times 2.24 + 1) \times 11.0^2 + (0.37 \times 2.24 + 1) \times 11.0 + 10 \times (2.24 - 3)] \times 2 = 0.0494 \text{m}^3$

4) 杆件 5, 竖杆 2 根, 以尾径 10cm 及 $L = 1 \text{m}$ 代入, 则:

$V_5 = 7.854 \times 10^{-5} \times 1 \times 1 \times [(0.026 \times 1 + 1) \times 10^2 + (0.37 \times 1 + 1) \times 10 + 10 \times (1 - 3)] \times 2 = 0.0151 \text{m}^3$

一榀屋架的工程量为上述各杆件材积之和, 即

$V = V_1 + V_2 + V_4 + V_5 = 0.2527 + 0.1783 + 0.0494 + 0.0151 = 0.4955 \text{m}^3$

原料仓库屋架工程量为:

竣工木料材积 $= 0.4955 \times 8 = 3.964 \text{m}^3$

第二节　木构件

一、工程量清单项目设置及工程量计算规则

木构件工程量清单项目设置及工程量计算规则, 应按表 9-8 的规定执行。

表 9-8　　　　　　　　　　木构件(编码:010702)

项目编码	项目名称	项目特征	计量单位	工程量计算规则	工作内容
010702001	木柱	1. 构件规格尺寸 2. 木材种类 3. 刨光要求 4. 防护材料种类	m³	按设计图示尺寸以体积计算	1. 制作 2. 运输 3. 安装 4. 刷防护材料
010702002	木梁				
010702003	木檩		1. m³ 2. m	1. 以立方米计量, 按设计图示尺寸以体积计算 2. 以米计量, 按设计图示尺寸以长度计算	
010702004	木楼梯	1. 楼梯形式 2. 木材种类 3. 刨光要求 4. 防护材料种类	m²	按设计图示尺寸以水平投影面积计算。不扣除宽度≤300mm 的楼梯井, 伸入墙内部分不计算	
010702005	其他木构件	1. 构件名称 2. 构件规格尺寸 3. 木材种类 4. 刨光要求 5. 防护材料种类	1. m³ 2. m	1. 以立方米计量, 按设计图示尺寸以体积计算 2. 以米计量, 按设计图示尺寸以长度计算	

二、项目特征描述

1. 木柱、木梁、木檩

木柱、木梁、木檩应描述构件规格尺寸, 木材种类, 刨光要求, 防护材料种类。木檩以米计量时, 项目特征必须描述构件规格尺寸。

2. 木楼梯

木楼梯应描述楼梯形式,木材种类,刨光要求,防护材料种类。

3. 其他木构件

其他木构件应描述构件名称,构件规格尺寸,木材种类,刨光要求,防护材料种类。

三、工程量计算

1. 工程量计算主要数据

(1)檩木工程量计算。檩木工程量按竣工木料以"m³"计算。简支檩长度按设计规定计算,如无设计规定者,按屋架或山墙中距增加200mm计算,如两端出山,檩条长度算至博风板。连续檩条的长度按设计长度计算,其接头长度按全部连续檩木总体积的5%计算。

檩木工程量的计算公式可表示为:

1)方木檩条。

$$V_L = \sum_{i=1}^{n} a_i b_i l_i$$

式中　V_L——方木檩条的体积(m³);

　　　a_i, b_i——第 i 根檩木断面的双向尺寸(m);

　　　l_i——第 i 根檩木的计算长度(m);

　　　n——檩木的根数。

2)圆木檩条。

$$V_L = \sum_{i=1}^{n} V_i$$

式中　V_i——单根圆檩木的体积(m³)。

①设计规定圆木小头直径时,可按小头直径、檩木长度,由下列公式计算:

a. 杉原木材积计算公式,按下式计算:

$$V = 7.854 \times 10^{-5} \times [(0.026L+1)D^2 + (0.37L+1)D + 10(L-3)]L$$

式中　V——杉原木材积(m³);

　　　L——杉原木材长(m);

　　　D——杉原木小头直径(cm)。

b. 圆木材积计算公式(适用于除杉原木以外的所有树种):

$$V_i = L \times 10^{-4}[(0.003895L+0.8982)D^2 + (0.39L-1.219)D - (0.5796L+3.067)]$$

式中　V_i——一根圆木(除杉原木)材积(m³);

　　　L——圆木长度(m);

　　　D——圆木小头直径(cm)。

②设计规定为大、小头直径时,取平均断面积乘以计算长度,即

$$V_i = \frac{\pi}{4}D^2 L \times 10^{-4} = 7.854 \times 10^{-5} D^2 L$$

式中　V_i——单根原木材积(m³);

　　　L——圆木长度(m);

　　　D——圆木平均直径(cm)。

(2)每100m² 屋面檩条木材参考用量。每100m² 屋面檩条木材的用量参照表9-9计算。

表 9-9　　　　　　　　　每 100m² 屋面檩条木材用量参考表

跨度 /m	1m² 屋面木基层荷载/N									
	1000		1500		2000		2500		3000	
	方木	圆木	方木	圆木	方木	圆木	方木	圆木	方木	圆木
2.0	0.68	1.00	0.77	1.13	0.86	1.26	1.11	1.63	1.35	1.93
2.5	0.69	1.16	1.03	1.51	1.27	1.87	1.61	2.37	1.94	1.85
3.0	1.01	1.48	1.26	1.88	1.55	2.28	2.00	2.94	2.44	3.59
3.5	1.28	1.88	1.59	2.34	1.90	2.79	2.44	3.59	2.98	4.38
4.0	1.55	2.28	1.90	2.79	2.25	3.31	2.89	—	3.52	—
4.5	1.81	—	2.20	—	2.56	—	3.31	—	4.03	—
5.0	2.06	—	2.49	—	2.92	—	3.73	—	4.53	—
5.5	2.36	—	2.86	—	3.35	—	4.27	—	5.19	—
6.0	2.65	—	3.21	—	3.77	—	4.31	—	5.85	—

（3）每 100m² 屋面椽条木材参考用量。每 100m² 屋面椽条木材的用量可参照表 9-10 确定。

表 9-10　　　　　　　　　每 100m² 屋面椽条木材用量参考表

名 称	椽条断面尺寸 /cm	断面面积 /cm²	椽 条 间 距 /cm					
			25	30	35	40	45	50
方椽	4×6	24	1.10	0.91	0.78	0.69	—	—
	5×6	30	1.37	1.14	0.98	0.86	—	—
	6×6	36	1.66	1.38	1.18	1.03	—	—
	5×7	35	1.61	1.33	1.14	1.00	0.89	0.81
	6×7	42	1.92	1.60	1.47	1.20	1.06	0.96
	5×8	40	1.83	1.52	1.31	1.14	1.01	0.92
	6×8	48	2.19	1.82	1.56	1.37	1.22	1.10
	6×9	54	2.47	2.05	1.76	1.54	1.37	1.24
	6×10	60	2.74	2.28	1.96	1.72	1.52	1.37
圆椽	$\phi 6$		1.64	1.37	1.18	1.03	0.92	0.82
	$\phi 7$		2.16	1.82	1.56	1.37	1.32	1.08
	$\phi 8$		2.69	2.26	1.94	1.70	1.52	1.35
	$\phi 9$		3.38	2.84	2.44	2.14	1.90	1.69
	$\phi 10$		4.05	3.41	2.93	2.57	2.29	2.02

2. 工程量计算示例

【例 9-2】　试计算图 9-2 所示圆木简支檩（不刨光）工程量。

【解】　工程量＝圆木简支檩的竣工材积

每一开间的檩条根数＝$[(7+0.5\times 2)\times 1.118(坡度系数)]\times \dfrac{1}{0.56}+1=16.97\approx 17$ 根

每根檩条按规定增加长度计算

$\phi 10$，长 4.1m＝$17\times 2\times 0.045=1.53$

$\phi 10$，长 3.7m＝$17\times 4\times 0.040=2.72$

0.045，0.040 均为每根杉原木的材积。

工程量＝$1.53+2.72=4.25\text{m}^3$

第九章 木结构工程清单工程量计算

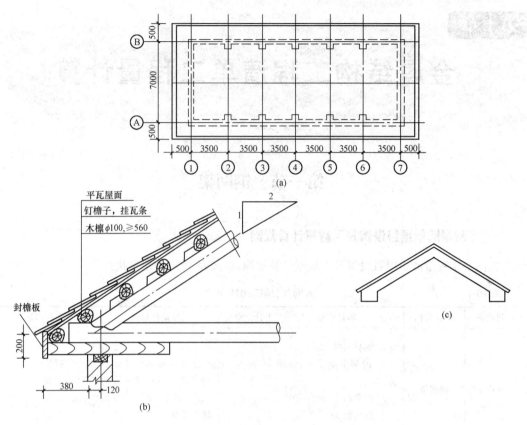

图 9-2 圆木简支檩(不刨光)示意图
(a)屋顶平面;(b)檐口节点大样;(c)风檐板

第三节 屋面木基层

一、工程量清单项目设置及工程量计算规则

屋面木基层工程量清单项目设置及工程量计算规则,应按表 9-11 的规定执行。

表 9-11　　　　屋面木基层(编码:010703)

项目编码	项目名称	项目特征	计量单位	工程量计算规则	工作内容
010703001	屋面木基层	1. 椽子断面尺寸及椽距 2. 望板材料种类、厚度 3. 防护材料种类	m²	按设计图示尺寸以斜面积计算。不扣除房上烟囱、风帽底座、风道、小气窗、斜沟等所占面积。小气窗的出檐部分不增加面积	1. 椽子制作、安装 2. 望板制作、安装 3. 顺水条和挂瓦条制作、安装 4. 刷防护材料

二、项目特征描述

屋面木基层应描述椽子断面尺寸及椽距,望板材料种类、厚度,防护材料种类。

第十章 金属结构工程清单工程量计算

第一节 钢网架

一、工程量清单项目设置及工程量计算规则

钢网架工程量清单项目设置及工程量计算规则,应按表 10-1 的规定执行。

表 10-1　　　　　　　　　钢网架(编码:010601)

项目编码	项目名称	项目特征	计量单位	工程量计算规则	工作内容
010601001	钢网架	1. 钢材品种、规格 2. 网架节点形式、连接方式 3. 网架跨度、安装高度 4. 探伤要求 5. 防火要求	t	按设计图示尺寸以质量计算。不扣除孔眼的质量,焊条、铆钉等不另增加质量	1. 拼装 2. 安装 3. 探伤 4. 补刷油漆

二、项目特征描述

钢网架应描述钢材品种、规格,网架节点形式、连接方式,网架跨度、安装高度,探伤要求,防火要求。常用网架节点形式如下:

(1)螺栓球节点。螺栓球节点是通过螺栓将管形截面的杆件和钢球连接起来的节点,一般由高强度螺栓、钢球、紧固螺钉、套筒和锥头或封板等零件组成,如图 10-1 所示,一般适用于中、小跨度的网架。

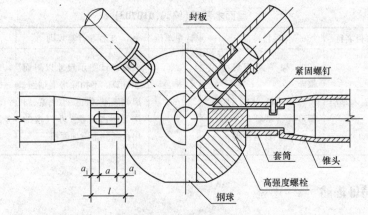

图 10-1　螺栓球节点

(2)焊接空心球节点。焊接空心球节点分加肋和不加肋两种,它是将两块圆钢板经热压或冷压成两个半球后对焊而成的,如图10-2所示。只要是将圆钢管垂直于本身轴线切割,杆件就会和空心球自然对中而不产生节点偏心。球体无方向性,可与任意方向的杆件连接,其构造简单、受力明确,连接方便,适用于钢管杆件的各种网架。

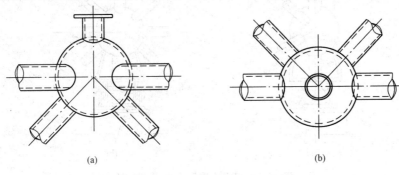

图 10-2 焊接空心球节点
(a)上弦节点;(b)下弦节点

(3)支座节点。网架结构通常都支承在柱顶或圈梁等支承结构上。支座节点是指位于支承结构上的网架节点。根据受力状态的不同,支座节点一般可分为压力支座节点和拉力支座节点两类。常用的压力支座节点主要有下列四种类型:

1)平板压力支座节点。这种节点构造简单,加工方便,用钢量省,但支承底板与结构支承面间的应力分布不均匀,支座不能完全转动,如图10-3所示。

2)单面弧形压力支座节点。这种支座在压力作用下,支座弧形面可以转动,支承板下的反力比较均匀,但弧形支座的摩擦力仍很大,支座与支承板间须用螺栓连接,如图10-4所示。其主要适用于周边支承的中、小跨度网架。

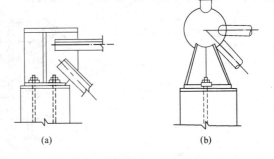

图 10-3 平板压力支座节点图
(a)角钢杆件压(拉)力支座;(b)钢管杆件平板压(拉)力支座

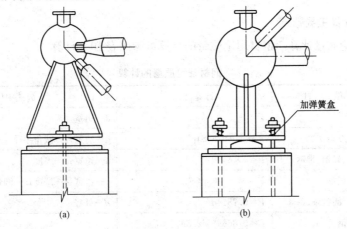

图 10-4 单面弧形压力支座节点图
(a)两个螺栓连接;(b)四个螺栓连接

3）双面弧形压力支座节点。这种支座在网架支座上部支承板和下部支承底板间,设置一个上下均为圆弧曲面的特制钢铸件,在钢铸件两侧分别从支座上部支承板和下部支承底板焊接带有椭圆孔的梯形连接板,并采用螺栓将三者联结成整体,如图10-5所示。

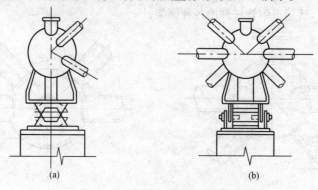

图 10-5　双面弧形压力支座节点图
(a)侧视图；(b)正视图

4）球铰压力支座节点。这种支座在多跨或有悬臂的大跨度网架的柱上,作用是为了使其能适应各个方向的自由转动,使支座与柱顶铰接而不产生弯矩,如图10-6所示。

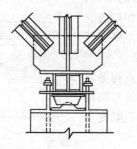

图 10-6　球铰压力支座节点图

三、工程量计算

1. 工程量计算主要数据

（1）钢材理论质量计算。钢材理论质量的计算可参照表10-2计算。

表 10-2　　　　　　　　　钢材理论质量的计算

项目	序号	型材	计算公式	公式中代号
钢材断面面积计算公式	1	方钢	$F=a^2$	a—边宽
	2	圆角方钢	$F=a^2-0.8584r^2$	a—边宽；r—圆角半径
	3	钢板、扁钢、带钢	$F=a\times\delta$	a—边宽；δ—厚度
	4	圆角扁钢	$F=a\delta-0.8584r^2$	a—边宽；δ—厚度；r—圆角半径
	5	圆角、圆盘条、钢丝	$F=0.7854d^2$	d—外径
	6	六角钢	$F=0.866a^2=2.598s^2$	a—对边距离；s—边宽
	7	八角钢	$F=0.8284a^2=4.8284s^2$	

续表

项目	序号	型材	计算公式	公式中代号
钢材断面面积计算公式	8	钢管	$F=3.1416\delta(D-\delta)$	D—外径；δ—壁厚
	9	等边角钢	$F=d(2b-d)+0.2146(r^2-2r_1^2)$	d—边厚；b—边宽；r—内面圆角半径；r_1—端面圆角半径
	10	不等边角钢	$F=d(B+b-d)+0.2146(r^2-2r_1^2)$	d—边厚；B—长边宽；b—短边宽；r—内面圆角半径；r_1—端边圆角半径
	11	工字钢	$F=hd+2t(b-d)+0.8584(r^2-r_1^2)$	h—高度；b—腿宽；d—腰厚；t—平均腿厚；r—内面圆角半径；r_1—边端圆角半径
	12	槽钢	$F=hd+2t(b-d)+0.4292(r^2-r_1^2)$	
质量计算基本公式			$W(\text{kg})=F(\text{mm}^2)\times L(长度,\text{m})\times G(密度,\text{g/cm}^3)\times 1/1000$ 式中 W—质量；F—断面面积。钢的密度一般按 7.85g/cm^3 计算。其他型材如钢材、铝材等，亦可引用上式查照其不同的密度计算	

(2) 钢板的理论质量。钢板的理论质量见表 10-3。

表 10-3　　　　　　　　　钢板的理论质量

厚度/mm	理论质量/kg	厚度/mm	理论质量/kg	厚度/mm	理论质量/kg
0.20	1.570	2.8	21.98	22	172.70
0.25	1.963	3.0	23.55	23	180.60
0.27	2.120	3.2	25.12	24	188.40
0.30	2.355	3.5	27.48	25	196.30
0.35	2.748	3.8	29.83	26	204.10
0.40	3.140	4.0	31.40	27	212.00
0.45	3.533	4.5	35.33	28	219.80
0.50	3.925	5.0	39.25	29	227.70
0.55	4.318	5.5	43.18	30	235.50
0.60	4.710	6.0	47.10	32	251.20
0.70	5.495	7.0	54.95	34	266.90
0.75	5.888	8.0	62.80	36	282.60
0.80	6.280	9.0	70.65	38	298.30
0.90	7.065	10.0	78.50	40	314.00
1.00	7.850	11	86.35	42	329.70
1.10	8.635	12	94.20	44	345.40
1.20	9.420	13	102.10	46	361.10
1.25	9.813	14	109.90	48	376.80
1.40	10.99	15	117.80	50	392.50
1.50	11.78	16	125.60	52	408.20
1.60	12.56	17	133.50	54	423.90
1.80	14.13	18	141.30	56	439.60
2.00	15.70	19	149.20	58	455.30
2.20	17.27	20	157.00	60	471.00
2.50	19.63	21	164.90	—	—

第二节 钢屋架、钢托架、钢桁架、钢架桥

一、工程量清单项目设置及工程量计算规则

钢屋架、钢托架、钢桁架、钢架桥工程量清单项目设置及工程量计算规则,应按表10-4的规定执行。

表10-4　　　　钢屋架、钢托架、钢桁架、钢架桥(编码:010602)

项目编码	项目名称	项目特征	计量单位	工程量计算规则	工作内容
010602001	钢屋架	1. 钢材品种、规格 2. 单榀质量 3. 屋架跨度、安装高度 4. 螺栓种类 5. 探伤要求 6. 防火要求	1. 榀 2. t	1. 以榀计量,按设计图示数量计算 2. 以吨计量,按设计图示尺寸以质量计算。不扣除孔眼的质量,焊条、铆钉、螺栓等不另增加质量	1. 拼装 2. 安装 3. 探伤 4. 补刷油漆
010602002	钢托架	1. 钢材品种、规格 2. 单榀质量 3. 安装高度 4. 螺栓种类 5. 探伤要求 6. 防火要求	t	按设计图示尺寸以质量计算。不扣除孔眼的质量,焊条、铆钉、螺栓等不另增加质量	
010602003	钢桁架				
010602004	钢架桥	1. 桥类型 2. 钢材品种、规格 3. 单榀质量 4. 安装高度 5. 螺栓种类 6. 探伤要求			

二、项目特征描述

1. 钢屋架

钢屋架应描述钢材品种、规格,单榀质量,屋架跨度、安装高度,螺栓种类,探伤要求,防火要求。钢屋架以榀计量,按标准图设计的应注明标准图代号,按非标准图设计的必须描述单榀屋架的质量。

2. 钢托架、钢桁架

钢托架、钢桁架应描述钢材品种、规格,单榀质量,安装高度,螺栓种类,探伤要求,防火要求。以榀计量,按标准图设计的应注明标准图代号,按非标准图设计的必须描述单榀屋架的质量。

3. 钢架桥

钢架桥应描述桥类型,钢材品种、规格,单榀质量,安装高度,螺栓种类,探伤要求。以榀计

量,按标准图设计的应注明标准图代号,按非标准图设计的必须描述单榀屋架的质量。

三、工程量计算

1. 工程量计算主要数据

(1)每榀钢屋架的参考质量。每榀钢屋架质量参考表 10-5。

表 10-5　　　　　　　　　每榀钢屋架质量参考表

类别	荷重/(N/m²)	屋架跨度/m										
		6	7	8	9	12	15	18	21	24	27	30	36
		角钢组成每榀质量/(t/榀)										
多边形	1000					0.418	0.648	0.918	1.260	1.656	2.122	2.682	
	2000					0.518	0.810	1.166	1.460	1.776	2.090	2.768	3.603
	3000					0.677	1.035	1.459	1.662	2.203	2.615	3.830	5.000
	4000					0.872	1.260	1.459	1.903	2.614	3.472	3.949	5.955
三角形	1000				0.217	0.367	0.522	0.619	0.920	1.195			
	2000				0.297	0.461	0.720	1.037	1.386	1.800			
	3000				0.324	0.598	0.936	1.307	1.840	2.390			
		轻型角钢组成每榀质量/(t/榀)										
	96	0.046	0.063	0.076									
	170				0.169	0.254	0.41						

(2)钢屋架每平方米屋盖水平投影面积质量。钢屋架每平方米屋盖水平投影面积质量参考表 10-6。

表 10-6　　　　　　　钢屋架每平方米屋盖水平投影面积质量参考表

屋架间距/m	跨度/m	屋面荷重/(N/m²)					附　注
		1000	2000	3000	4000	5000	
		每平方米屋盖钢架质量/kg					
三角形	9	6.0	6.92	7.50	9.53	11.32	1. 本表屋架间距按 6m 计算,如间距为 a 时,则屋面荷重乘以系数 $\frac{a}{b}$,由此得知屋面新荷重,再从表中查出质量 2. 本表质量中包括屋架支座垫板及上弦连接檩条之角钢 3. 本表是铆接。如采用电焊时,三角形屋架乘以系数 0.85,多角形系数乘以 0.87
	12	6.41	8.00	10.33	12.67	15.13	
	15	7.20	10.00	13.00	16.30	19.20	
	18	8.00	12.00	15.13	19.20	22.90	
	21	9.10	13.80	18.20	22.30	26.70	
	24	10.33	15.67	20.80	25.80	30.50	
多角形	12	6.8	8.3	11.0	13.7	15.8	
	15	8.5	10.6	13.5	16.5	19.8	
	18	10	12.7	16.1	19.7	23.5	
	21	11.9	15.1	19.5	23.5	27	
	24	13.5	17.6	22.6	27	31	
	27	15.4	20.5	26.1	30	34	
	30	17.5	23.4	29.5	33	37	

(3)钢屋架上弦支撑每平方米屋盖水平投影面积质量。每平方米屋盖水平投影面积钢屋架上弦支撑质量参考表10-7。

表10-7　　　　钢屋架上弦支撑每平方米屋盖水平投影面积质量参考表

屋架间距 /m	屋架跨度 /m					
	12	15	18	21	24	30
	每平方米屋盖上弦支撑质量/kg					
4.5	7.26	6.21	5.64	5.50	5.32	5.33
6.0	8.90	8.15	7.42	7.24	7.10	7.00
7.5	10.85	8.93	7.78	7.77	7.75	7.70

注:表中屋架上弦支撑质量已包括屋架间的垂直支撑钢材用量。

(4)钢屋架下弦支撑每平方米屋盖水平投影面积质量。每平方米屋盖水平投影面积钢屋架下弦支撑的质量参考表10-8。

表10-8　　　　钢屋架下弦支撑每平方米屋盖水平投影面积质量参考表

建筑物高度 /m	屋架间距 /m	屋面风荷载/(kg/m²)		
		30	50	80
		每平方米屋盖下弦支撑质量/kg		
12	4.5	2.50	2.90	3.65
	6.0	3.60	4.00	4.60
	7.5	5.60	5.85	6.25
18	4.5	2.80	3.40	4.12
	6.0	3.90	4.40	5.20
	7.5	5.70	6.15	6.80
24	4.5	3.00	3.80	4.66
	6.0	4.18	4.80	5.87
	7.5	5.90	6.48	6.20

(5)每榀轻型钢屋架参考质量。每榀轻型钢屋架质量参考表10-9。

表10-9　　　　每榀轻型钢屋架质量参考表

类　别		屋架跨度 /m			
		8	9	12	15
		每榀质量/t			
梭形	下弦 16Mn	0.135～0.187	0.17～0.22	0.286～0.42	0.49～0.581
	下弦 A_3	0.151～0.702	0.17～0.25	0.306～0.45	0.519～0.625

2. 工程量计算示例

【例 10-1】 某厂房三角形钢屋架及连接钢板如图 10-7 所示,试计算 10 榀屋架工程量。

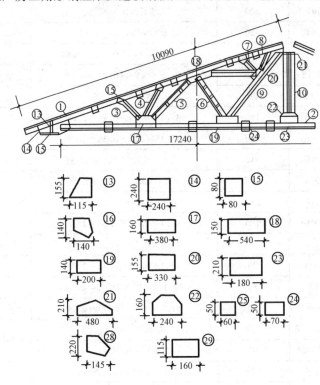

图 10-7 三角形钢屋架结构图

【解】 屋架工程量按公式分别计算型钢和连接钢板质量相加即得,各钢杆件和钢板计算结果列于表 10-10 中,屋架工程量为:

511.16(角钢)+92.06(钢板)=603.22kg=0.603t

10 榀屋架的工程量为:0.603×10=6.03t

表 10-10　　　　　　　　三角形钢屋架工程量计算表

构件编号	截面/mm	长度/mm	每个构件质量/kg	数量	质量/kg
1	70×6	10090	6.406×10.09=64.64	4	258.56
2	56×4	17240	3.446×17.24=59.41	2	118.82
3	36×4	810	2.163×0.81=1.75	2	3.50
4	36×4	920	2.163×0.92=1.99	2	3.98
5	30×4	2090	1.786×2.09=3.73	8	29.84
6	30×4	1420	1.786×1.42=2.54	4	10.16
7	36×4	950	2.163×0.93=2.05	2	4.10
8	36×4	870	2.163×2.87=1.88	2	3.76
9	30×4	4600	1.786×4.6=8.22	4	32.88
10	36×4	2810	2.163×2.81=6.08	2	12.16

续表

构件编号	截面/mm	长度/mm	每个构件质量/kg	数量	质量/kg
11	90×56×6	300	6.717×0.3=2.02	2	4.04
12	−185×8	520	62.8×0.185×0.52=6.04	2	12.08
13	−115×8	155	62.8×0.115×0.115=0.83	4	3.32
14	−240×12	240	94.2×0.24×0.24=5.43	2	10.86
15	−80×14	80	109.9×0.08×0.08=0.7	4	2.80
16	−140×6	140	47.1×0.14×0.14=0.92	8	7.36
17	−150×6	380	47.1×0.15×0.38=2.68	2	5.36
18	−125×6	540	47.1×0.125×0.54=3.18	2	6.36
19	−140×6	200	47.1×0.14×0.2=1.32	2	2.64
20	−155×6	330	47.1×0.155×0.33=2.41	2	4.82
21	−210×6	480	47.1×0.21×0.48=4.75	1	4.75
22	−160×6	240	47.1×0.16×0.24=1.81	1	1.81
23	−200×6	75	47.1×0.20×0.32=3.01	1	3.01
24	−50×6	75	47.1×0.05×0.075=0.18	22	3.96
25	−50×6	60	47.1×0.05×0.06=0.14	29	4.06
26	110×70×6	120	8.35×0.12=1.00	28	28.00
27	75×50×6	60	5.699×0.06=0.34	4	1.36
28	−145×6	220	47.1×0.145×0.22=1.50	12	18.00
29	−115×6	160	47.1×0.115×0.16=0.87	1	0.87
合 计					603.22

【例 10-2】 某工程钢屋架如图 10-8 所示,试计算钢屋架工程量。

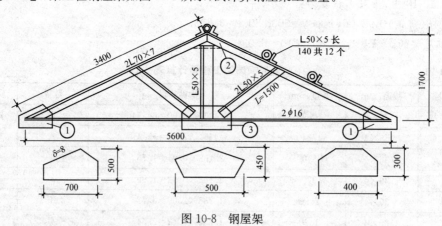

图 10-8 钢屋架

【解】 计算公式:杆件质量=杆件设计图示长度×单位理论质量

多边形钢板质量=最大对角线长度×最大宽度×面密度

上弦质量=3.40×2×2×7.398=100.61kg

下弦质量＝5.60×2×1.58＝17.70kg
立杆质量＝1.70×3.77＝6.41kg
斜撑质量＝1.50×2×2×3.77＝22.62kg
①号连接板质量＝0.7×0.5×2×62.80＝43.96kg
②号连接板质量＝0.5×0.45×62.80＝14.13kg
③号连接板质量＝0.4×0.3×62.80＝7.54kg
檩托质量＝0.14×12×3.77＝6.33kg
钢屋架工程量＝100.61＋17.70＋6.41＋22.62＋43.96＋14.13＋7.54＋6.33＝219.30kg＝0.219t

第三节 钢 柱

一、工程量清单项目设置及工程量计算规则

钢柱工程量清单项目设置及工程量计算规则，应按表10-11的规定执行。

表10-11 钢柱（编码：010603）

项目编码	项目名称	项目特征	计量单位	工程量计算规则	工作内容
010603001	实腹钢柱	1. 柱类型 2. 钢材品种、规格 3. 单根柱质量 4. 螺栓种类 5. 探伤要求 6. 防火要求	t	按设计图示尺寸以质量计算。不扣除孔眼的质量，焊条、铆钉、螺栓等不另增加质量，依附在钢柱上的牛腿及悬臂梁等并入钢柱工程量内	1. 拼装 2. 安装 3. 探伤 4. 补刷油漆
010603002	空腹钢柱				
010603003	钢管柱	1. 钢材品种、规格 2. 单根柱质量 3. 螺栓种类 4. 探伤要求 5. 防火要求		按设计图示尺寸以质量计算。不扣除孔眼的质量，焊条、铆钉、螺栓等不另增加质量，钢管柱上的节点板、加强环、内衬管、牛腿等并入钢管柱工程量内	

二、项目特征描述

1. 实腹钢柱、空腹钢柱

实腹钢柱、空腹钢柱应描述柱类型，钢材品种、规格，单根柱质量，螺栓种类，探伤要求，防火要求。实腹钢柱类型有十字、T、L、H形、箱形、格构式等。

2. 钢管柱

钢管柱应描述钢材品种、规格，单根柱质量，螺栓种类，探伤要求，防火要求。

三、工程量计算

【例10-3】 某工程空腹钢柱如图10-9所示，共20根，试计算空腹钢柱工程量。

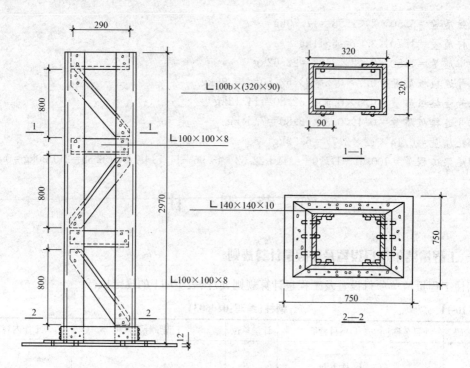

图 10-9 空腹钢柱

【解】 计算公式:杆件质量=杆件设计图示长度×单位理论质量

多边形钢板质量=最大对角线长度×最大宽度×面密度

32b 槽钢立柱质量=$2.97 \times 2 \times 43.25 = 256.91$ kg

∟$100 \times 100 \times 8$ 角钢横撑质量=$0.29 \times 6 \times 12.276 = 21.36$ kg

∟$100 \times 100 \times 8$ 角钢斜撑质量=$\sqrt{0.8^2 + 0.29^2} \times 6 \times 12.276 = 62.68$ kg

∟$140 \times 140 \times 10$ 角钢底座质量=$(0.32 + 0.14 \times 2) \times 4 \times 21.488 = 51.57$ kg

—12 钢板底座质量=$0.75 \times 0.75 \times 94.20 = 52.99$ kg

空腹钢柱工程量=$(256.91 + 21.36 + 62.68 + 51.57 + 52.99) \times 20 = 8910.20$ kg $= 8.91$ t

【例 10-4】 如图 10-10 所示为钢柱结构图,试计算 20 根钢柱工程量。

【解】 钢柱制作工程量按图示尺寸以 t 为单位计算。

(1)该柱主体钢材采用 32b,单位长度质量 43.25kg/m,柱高:$0.14 + (1 + 0.1) \times 3 = 3.44$m,2 根,则槽钢重:$43.25 \times 3.44 \times 2 = 297.56$kg

(2)水平杆角钢∟100×8,单位质量 12.276kg/m,则角钢长:$0.32 - 0.015 \times 2 = 0.29$m,6 块,则角钢重:

$12.276 \times 0.29 \times 6 = 21.36$ kg

(3)斜杆角钢∟100×8,6 块,则角钢长:$\sqrt{(1-0.01)^2 + (0.32-0.015 \times 2)^2} = 1.064$m

$12.276 \times 1.064 \times 6 = 78.38$ kg

(4)底座角钢∟140×10,单位质量 21.488kg/m,则

$21.488 \times 0.32 \times 4 = 27.505$ kg

(5)底座钢板—12,单位质量 94.20kg/m^2,则

$94.20 \times 0.7 \times 0.7 = 46.158$ kg

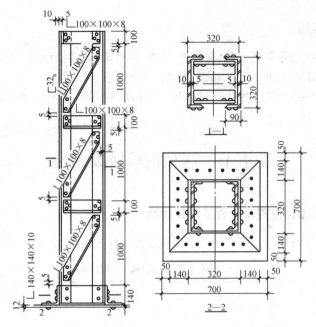

图 10-10 钢柱结构图

一根钢柱的工程量:297.56+21.36+76.013+27.505+46.158=468.596kg

20 根钢柱的总工程量:468.596×20=9371.92kg=9.372t

第四节 钢 梁

一、工程量清单项目设置及工程量计算规则

钢梁工程量清单项目设置及工程量计算规则,应按表 10-12 的规定执行。

表 10-12　　　　　　钢梁(编码:010604)

项目编码	项目名称	项目特征	计量单位	工程量计算规则	工作内容
010604001	钢梁	1. 梁类型 2. 钢材品种、规格 3. 单根质量 4. 螺栓种类 5. 安装高度 6. 探伤要求 7. 防火要求	t	按设计图示尺寸以质量计算。不扣除孔眼的质量,焊条、铆钉、螺栓等不另增加质量,制动梁、制动板、制动桁架、车挡并入钢吊车梁工程量内	1. 拼装 2. 安装 3. 探伤 4. 补刷油漆
010604002	钢吊车梁	1. 钢材品种、规格 2. 单根质量 3. 螺栓种类 4. 安装高度 5. 探伤要求 6. 防火要求			

二、项目特征描述

(1)钢梁。钢梁应描述梁类型,钢材品种、规格,单根质量,螺栓种类,安装高度,探伤要求,防火要求。梁类型有 H 形、L 形、T 形、箱形、格构式等。

(2)钢吊车梁。钢吊车梁应描述钢材品种、规格,单根质量,螺栓种类,安装高度,探伤要求,防火要求。

第五节 压型钢板楼板、墙板

一、工程量清单项目设置及工程量计算规则

压型钢板楼板、墙板工程量清单项目设置及工程量计算规则,应按表 10-13 的规定执行。

表 10-13　　　　　　压型钢板楼板、墙板(编码:010605)

项目编码	项目名称	项目特征	计量单位	工程量计算规则	工作内容
010605001	钢板楼板	1. 钢材品种、规格 2. 钢板厚度 3. 螺栓种类 4. 防火要求	m²	按设计图示尺寸以铺设水平投影面积计算。不扣除单个面积≤0.3m² 柱、垛及孔洞所占面积	1. 拼装 2. 安装 3. 探伤 4. 补刷油漆
010605002	钢板墙板	1. 钢材品种、规格 2. 钢板厚度、复合板厚度 3. 螺栓种类 4. 复合板夹芯材料种类、层数、型号、规格 5. 防火要求		按设计图示尺寸以铺挂展开面积计算。不扣除单个面积≤0.3m² 的梁、孔洞所占面积,包角、包边、窗台泛水等不另增加面积	

二、项目特征描述

(1)钢板楼板。钢板楼板应描述钢材品种、规格,钢板厚度,螺栓种类,防火要求。

(2)钢板墙板。钢板墙板应描述钢材品种、规格,钢板厚度、复合板厚度,螺栓种类,复合板夹芯材料种类、层数、型号、规格,防火要求。

第六节 钢构件

一、工程量清单项目设置及工程量计算规则

钢构件工程量清单项目设置及工程量计算规则,应按表 10-14 的规定执行。

表 10-14　　　　　　　　　　钢构件(编码:010606)

项目编码	项目名称	项目特征	计量单位	工程量计算规则	工作内容
010606001	钢支撑、钢拉条	1. 钢材品种、规格 2. 构件类型 3. 安装高度 4. 螺栓种类 5. 探伤要求 6. 防火要求	t	按设计图示尺寸以质量计算，不扣除孔眼的质量，焊条、铆钉、螺栓等不另增加质量	1. 拼装 2. 安装 3. 探伤 4. 补刷油漆
010606002	钢檩条	1. 钢材品种、规格 2. 构件类型 3. 单根质量 4. 安装高度 5. 螺栓种类 6. 探伤要求 7. 防火要求			
010606003	钢天窗架	1. 钢材品种、规格 2. 单榀质量 3. 安装高度 4. 螺栓种类 5. 探伤要求 6. 防火要求			
010606004	钢挡风架	1. 钢材品种、规格 2. 单榀质量 3. 螺栓种类 4. 探伤要求 5. 防火要求			
010606005	钢墙架				
010606006	钢平台	1. 钢材品种、规格 2. 螺栓种类 3. 防火要求			
010606007	钢走道				
010606008	钢梯	1. 钢材品种、规格 2. 钢梯形式 3. 螺栓种类 4. 防火要求			
010606009	钢护栏	1. 钢材品种、规格 2. 防火要求			

续表

项目编码	项目名称	项目特征	计量单位	工程量计算规则	工作内容
010606010	钢漏斗	1. 钢材品种、规格 2. 漏斗、天沟形式 3. 安装高度 4. 探伤要求	t	按设计图示尺寸以质量计算,不扣除孔眼的质量,焊条、铆钉、螺栓等不另增加质量,依附漏斗或天沟的型钢并入漏斗或天沟工程量内	1. 拼装 2. 安装 3. 探伤 4. 补刷油漆
010606011	钢板天沟				
010606012	钢支架	1. 钢材品种、规格 2. 安装高度 3. 防火要求		按设计图示尺寸以质量计算,不扣除孔眼的质量,焊条、铆钉、螺栓等不另增加质量	
010606013	零星钢构件	1. 构件名称 2. 钢材品种、规格			

二、项目特征描述

(1)钢支撑、钢拉条。钢支撑、钢拉条应描述钢材品种、规格,构件类型,安装高度,螺栓种类,探伤要求,防火要求。构件类型有单式、复式。

(2)钢檩条。钢檩条应描述钢材品种、规格,构件类型,单根质量,安装高度,螺栓种类,探伤要求,防火要求。构件类型有型钢式、格构式。

轻钢檩条每根质量参考表 10-15。

表 10-15　　　　　　轻型钢檩条每根质量参考表

| 檩长/m | 钢材规格 | | 质量/(kg·根) | 檩长/m | 钢材规格 | | 质量/(kg·根) |
	下弦	上弦			下弦	上弦	
2.4	1φ8	2φ10	9.0	4.0	1φ10	1φ12	20.0
3.0	1φ16	∟45×4	16.4	5.0	1φ12	1φ14	25.6
3.3	1φ10	2φ12	14.5	5.3	1φ12	1φ14	27.0
3.6	1φ10	2φ12	15.8	5.7	1φ12	1φ14	32.0
3.75	1φ10	∟50×5	18.8	6.0	1φ14	2∟25×2	31.6
4.00	1φ16	∟50×5	23.5	6.0	1φ14	2φ16	38.5

(3)钢天窗架。钢天窗架应描述钢材品种、规格,单榀质量,安装高度,螺栓种类,探伤要求,防火要求。

(4)钢挡风架、钢墙架。钢挡风架、钢墙架(包括墙架柱、墙架梁和连接杆件)应描述钢材品种、规格,单榀质量,螺栓种类,探伤要求,防火要求。

(5)钢平台、钢走道。钢平台、钢走道应描述钢材品种、规格,螺栓种类,防火要求。

(6)钢梯。钢梯应描述钢材品种、规格,钢梯形式,螺栓种类,防火要求。

(7)钢护栏。钢护栏应描述钢材品种、规格,防火要求。

(8)钢漏斗、钢板天沟。钢漏斗、钢板天沟应描述钢材品种、规格,漏斗、天沟形式,安装高度,探伤要求。钢漏斗形式指方形、圆形;天沟形式指矩形沟或半圆形沟。

(9)钢支架。钢支架应描述钢材品种、规格,安装高度,防火要求。

(10)零星钢构件。零星钢构件应描述构件名称,钢材品种、规格。

三、工程量计算

(1)消防及屋面检修用钢梯质量计算。消防及屋面检修用钢梯的质量可参照表10-16和表10-17进行计算。

表10-16 屋面女儿墙高度≤0.6m时的消防及屋面检修钢梯质量参考表

檐高/m	钢梯质量/(kg/座)				檐高/m	钢梯质量/(kg/座)			
	梯身离墙面净距/m <					梯身离墙面净距/m <			
	$a=0.25$	$b=0.41$	$a=0.53$	$b=0.66$		$a=0.25$	$b=0.41$	$a=0.53$	$b=0.66$
3.0	32.8	37.0	43.6	46.4	15.6	197.0	209.6	229.4	237.8
3.6	38.7	42.9	49.5	52.4	16.2	203.1	215.7	235.5	243.9
4.2	44.8	49.1	55.6	58.4	16.8	209.0	221.6	241.4	249.8
4.8	50.7	54.9	61.5	64.3	17.4	215.0	227.6	247.4	255.8
5.4	56.7	60.9	67.5	70.3	18.0	226.3	241.0	264.1	273.9
6.0	68.0	74.3	84.0	88.4	18.6	232.3	246.9	270.0	279.8
6.6	73.9	80.2	90.1	94.3	19.2	238.3	253.0	276.1	285.9
7.2	80.7	86.3	96.3	100.4	19.8	244.2	258.9	282.0	291.9
7.8	85.9	92.2	120.1	103.3	20.4	250.2	264.9	288.0	297.8
8.4	91.9	98.2	103.1	112.3	21.0	261.5	278.3	304.7	315.9
9.0	103.2	111.6	124.8	130.4	21.6	267.4	284.2	310.6	321.8
9.6	109.1	117.5	130.7	136.3	22.2	291.0	307.8	334.2	345.4
10.2	115.2	123.6	136.8	142.4	22.8	296.9	313.7	340.1	351.3
10.8	121.1	129.5	142.7	148.3	23.4	302.9	319.7	346.1	357.3
11.4	127.1	135.5	148.8	154.3	24.0	314.3	333.1	362.8	375.4
12.0	155.9	166.4	182.9	189.4	24.6	320.1	339.0	368.7	381.3
12.6	161.8	172.3	188.8	195.3	25.2	326.1	345.1	374.7	387.3
13.2	167.9	178.4	194.8	201.9	25.8	332.1	351.0	380.7	393.3
13.8	173.8	184.3	200.8	207.8	26.4	338.1	357.0	386.7	399.3
14.4	179.8	190.3	206.8	213.8	27.0	349.4	370.4	403.4	417.6
15.0	191.1	203.7	223.5	231.9	27.6	355.3	376.3	409.3	423.3

表10-17 屋面女儿墙高度1.0~1.2m时的消防及屋面检修钢梯质量参考表

檐高/m	钢梯质量/(kg/座)		檐高/m	钢梯质量/(kg/座)		檐高/m	钢梯质量/(kg/座)	
	梯身离墙面净距/m <			梯身离墙面净距/m <			梯身离墙面净距/m <	
	$a=0.25$	$b=0.41$		$a=0.25$	$b=0.41$		$a=0.25$	$b=0.41$
3.0	64.4	70.6	5.4	93.7	102.0	7.8	117.6	125.9
3.6	70.5	76.7	6.0	99.6	107.9	8.4	128.9	139.3
4.2	76.4	82.6	6.6	105.7	114.0	9.0	134.8	145.2
4.8	82.4	88.6	7.2	111.6	119.9	9.6	140.9	151.3

续表

檐高/m	钢梯质量/(kg/座)		檐高/m	钢梯质量/(kg/座)		檐高/m	钢梯质量/(kg/座)	
	梯身离墙面净距/m <			梯身离墙面净距/m <			梯身离墙面净距/m <	
	$a=0.25$	$b=0.41$		$a=0.25$	$b=0.41$		$a=0.25$	$b=0.41$
10.2	146.8	157.2	16.2	234.7	249.3	22.2	322.6	341.4
10.8	152.8	163.2	16.8	240.7	255.3	22.8	328.6	347.4
11.4	164.1	176.6	17.4	252.0	268.7	23.4	339.9	360.8
12.0	187.5	200.0	18.0	257.9	274.6	24.0	345.8	366.7
12.6	193.6	206.1	18.6	264.0	280.7	24.6	351.9	372.8
13.2	199.5	212.0	19.2	269.9	286.6	25.2	357.8	378.7
13.8	205.5	218.0	19.8	275.9	292.6	25.8	363.8	384.7
14.4	216.8	231.4	20.4	287.2	306.0	26.4	375.1	398.1
15.0	222.7	237.3	21.0	293.1	311.9	27.0	381.0	404.0
15.6	228.8	243.4	21.6	299.2	318.0	27.6	387.1	410.1

(2)天窗端壁钢梯质量。天窗端壁钢梯质量参考表10-18。

表10-18　　　　　　　　天窗端壁钢梯质量参考表

钢梯编号	天窗高度/m	钢梯质量/(kg/座)	钢梯编号	天窗高度/m	钢梯质量/(kg/座)	钢梯编号	天窗高度/m	钢梯质量/(kg/座)
G_1	2.1	26.9	G_5	3.9	44.8	S_3	2.7	36.6
G_2	2.4	29.8	G_6	4.5	50.7	S_4	3.3	42.3
G_3	2.7	32.8	S_1	2.1	30.4	S_5	3.9	48.3
G_4	3.3	38.8	S_2	2.4	33.3	S_6	4.5	54.2

注：钢梯 $G_1 \sim G_6$ 用于钢筋混凝土天窗端壁；$S_1 \sim S_6$ 用于石棉瓦天窗端壁。

(3)作业台钢梯质量。作业台钢梯的质量参考表10-19。

表10-19　　　　　　　　作业台钢梯质量参考表

钢梯型号	梯高/mm	钢梯质量/kg	钢梯型号	梯高/mm	钢梯质量/kg	钢梯型号	梯高/mm	钢梯质量/kg
T_1-9	900	27	T_1-23	2300	41	T_1-37	3700	64
T_1-10	1000	28	T_1-24	2400	42	T_1-38	3800	65
T_1-11	1100	29	T_1-25	2500	43	T_1-39	3900	66
T_1-12	1200	30	T_1-26	2600	44	T_1-40	4000	67
T_1-13	1300	31	T_1-27	2700	45	T_1-41	4100	68
T_1-14	1400	32	T_1-28	2800	46	T_1-42	4200	69
T_1-15	1500	33	T_1-29	2900	47	T_1-43	4300	71
T_1-16	1600	34	T_1-30	3000	48	T_1-44	4400	72
T_1-17	1700	35	T_1-31	3100	49	T_1-45	4500	73
T_1-18	1800	36	T_1-32	3200	50	T_1-46	4600	74
T_1-19	1900	37	T_1-33	3300	51	T_1-47	4700	75
T_1-20	2000	38	T_1-34	3400	60	T_1-48	4800	76
T_1-21	2100	39	T_1-35	3500	61			
T_1-22	2200	40	T_1-36	3600	62			

注：1. 钢梯 T_1：坡度 90°，宽度 600mm；T_1 为爬式。
　　2. 钢梯质量内包括梯梁、踏步、扶手及栏杆等质量。梯高为地面至平台标高的垂直距离。

第十章 金属结构工程清单工程量计算

(4)每米钢平台(带栏杆)参考质量。每米钢平台(带栏杆)的质量参考表10-20。

表10-20 每米钢平台(带栏杆)质量参考表

平台宽度/m	3m长平台	4m长平台	5m长平台
	每米质量/kg		
0.6	54	60	65
0.8	67	74	81
1.0	78	84	97
1.2	87	100	107

注:表中栏杆为单面,如两面均有,每米平台增加10.2kg。

(5)每米钢栏杆及扶手参考质量。每米钢栏杆及扶手质量参考表10-21。

表10-21 每米钢栏杆及扶手质量参考表

项目	钢栏杆			钢扶手		
	角钢	圆钢	扁钢	钢管	圆钢	扁钢
	每米质量/kg					
栏杆及扶手制作	15	12	10	14	9.5	7.7

(6)每米扶梯参考质量。每米扶梯质量参考表10-22。

表10-22 每米扶梯(垂直投影)质量参考表

项目	扶梯(垂直投影长)			
	踏步式		爬式	
	圆钢	钢板	扁钢	圆钢
	每米质量/kg			
扶梯制作	35	42	28.2	7.8

第七节 金属制品

一、工程量清单项目设置及工程量计算规则

金属制品工程量清单项目设置及工程量计算规则,应按表10-23的规定执行。

表10-23 金属制品(编码:010607)

项目编码	项目名称	项目特征	计量单位	工程量计算规则	工作内容
010607001	成品空调金属百页护栏	1. 材料品种、规格 2. 边框材质	m²	按设计图示尺寸以框外围展开面积计算	1. 安装 2. 校正 3. 预埋铁件及安螺栓
010607002	成品栅栏	1. 材料品种、规格 2. 边框及立柱型钢品种、规格	m²		1. 安装 2. 校正 3. 预埋铁件 4. 安螺栓及金属立柱

续表

项目编码	项目名称	项目特征	计量单位	工程量计算规则	工作内容
010607003	成品雨篷	1. 材料品种、规格 2. 雨篷宽度 3. 凉衣杆品种、规格	1. m 2. m²	1. 以米计量,按设计图示接触边以米计算 2. 以平方米计量,按设计图示尺寸以展开面积计算	1. 安装 2. 校正 3. 预埋铁件及安螺栓
010607004	金属网栏	1. 材料品种、规格 2. 边框及立柱型钢品种、规格	m²	按设计图示尺寸以框外围展开面积计算	1. 安装 2. 校正 3. 安螺栓及金属立柱
010607005	砌块墙钢丝网加固	1. 材料品种、规格 2. 加固方式	m²	按设计图示尺寸以面积计算	1. 铺贴 2. 铆固
010607006	后浇带金属网				

二、项目特征描述

(1)成品空调金属百页护栏。成品空调金属百页护栏应描述材料品种、规格,边框材质。

(2)成品栅栏、金属网栏。成品栅栏、金属网栏应描述材料品种、规格,边框及立柱型钢品种、规格。

(3)成品雨篷。成品雨篷应描述材料品种、规格,雨篷宽度,凉衣杆品种、规格。

(4)砌块墙钢丝网加固、后浇带金属网。砌块墙钢丝网加固、后浇带金属网应描述材料品种、规格,加固方式。

第十一章 屋面及防水工程清单工程量计算

第一节 瓦、型材及其他屋面

一、工程量清单项目设置及工程量计算规则

瓦、型材及其他屋面工程量清单项目设置及工程量计算规则,应按表11-1的规定执行。

表11-1　　　　　瓦、型材及其他屋面(编码:010901)

项目编码	项目名称	项目特征	计量单位	工程量计算规则	工作内容
010901001	瓦屋面	1. 瓦品种、规格 2. 粘结层砂浆的配合比	m²	按设计图示尺寸以斜面积计算 不扣除房上烟囱、风帽底座、风道、小气窗、斜沟等所占面积。小气窗的出檐部分不增加面积	1. 砂浆制作、运输、摊铺、养护 2. 安瓦、作瓦脊
010901002	型材屋面	1. 型材品种、规格 2. 金属檩条材料品种、规格 3. 接缝、嵌缝材料种类			1. 檩条制作、运输、安装 2. 屋面型材安装 3. 接缝、嵌缝
010901003	阳光板屋面	1. 阳光板品种、规格 2. 骨架材料品种、规格 3. 接缝、嵌缝材料种类 4. 油漆品种、刷漆遍数		按设计图示尺寸以斜面积计算 不扣除屋面面积≤0.3m²孔洞所占面积	1. 骨架制作、运输、安装、刷防护材料、油漆 2. 阳光板安装 3. 接缝、嵌缝
010901004	玻璃钢屋面	1. 玻璃钢品种、规格 2. 骨架材料品种、规格 3. 玻璃钢固定方式 4. 接缝、嵌缝材料种类 5. 油漆品种、刷漆遍数			1. 骨架制作、运输、安装、刷防护材料、油漆 2. 玻璃钢制作、安装 3. 接缝、嵌缝
010901005	膜结构屋面	1. 膜布品种、规格 2. 支柱(网架)钢材品种、规格 3. 钢丝绳品种、规格 4. 锚固基座做法 5. 油漆品种、刷漆遍数		按设计图示尺寸以需要覆盖的水平投影面积计算	1. 膜布热压胶接 2. 支柱(网架)制作、安装 3. 膜布安装 4. 穿钢丝绳、锚头锚固 5. 锚固基座、挖土、回填 6. 刷防护材料、油漆

二、项目特征描述

1. 瓦屋面

瓦屋面应描述瓦品种、规格,粘结层砂浆的配合比。瓦屋面若是在木基层上铺瓦,项目特征不必描述粘结层砂浆的配合比。

瓦屋面瓦片材料和形式繁多,有黏土小青瓦、水泥瓦(英红瓦)、沥青瓦、装饰瓦、琉璃瓦、筒瓦、黏土平瓦、金属板、金属夹芯板。

2. 型材屋面

型材屋面应描述型材品种、规格,金属檩条材料品种、规格,接缝、嵌缝材料种类。

常用的接缝、嵌缝密封材料有改性石油沥青密封材料、改性焦油沥青密封材料、聚氨酯密封胶、丙烯酸酯密封胶、有机硅密封胶、丁基密封胶、聚硫密封胶等。

3. 阳光板屋面

阳光板屋面应描述阳光板品种、规格,骨架材料品种、规格,接缝、嵌缝材料种类,油漆品种、刷漆遍数。

4. 玻璃钢屋面

玻璃钢屋面应描述玻璃钢品种、规格,骨架材料品种、规格,玻璃钢固定方式,接缝、嵌缝材料种类,油漆品种、刷漆遍数。

5. 膜结构屋面

膜结构屋面应描述膜布品种、规格,支柱(网架)钢材品种、规格,钢丝绳品种、规格,锚固基座做法,油漆品种、刷漆遍数。

三、工程量计算

1. 工程量计算主要数据

(1)屋面瓦材料用量计算。各种屋面的瓦及砂浆用量计算方法如下:

$$每100m^2 屋面瓦耗用量 = \frac{100}{瓦有效长度 \times 瓦有效宽度} \times (1+损耗率)$$

(2)$$每100m^2 屋面脊瓦耗用量 = \frac{11(9)}{脊瓦长度 - 搭接长度} \times (1+损耗率)$$

注:每$100m^2$屋面面积屋脊摊入长度,水泥瓦黏土瓦为11m,石棉瓦为9m。

(3)每$100m^2$屋面瓦出线抹灰量(m^3) = 抹灰宽 × 抹灰厚 × 每$100m^2$屋面摊入抹灰长度 × (1+损耗率)

注:每$100m^2$屋面面积摊入长度为4m。

(4)脊瓦填缝砂浆用量(m^3) = $\frac{脊瓦内圆面积 \times 70\%}{2}$ × 每$100m^2$瓦屋面取定的屋脊长 × (1−砂浆孔隙率) × (1+损耗率)

脊瓦用的砂浆量按脊瓦半圆体积的70%计算;梢头抹灰宽度按120mm,砂浆厚度按30mm计算;铺瓦条间距为300mm。

瓦的选用规格、搭接长度及综合脊瓦,梢头抹灰长度见表11-2。

表11-2　　　　　　瓦的选用规格、搭接长度及综合脊瓦、梢头抹灰长度

项目	规格/mm		搭接/mm		有效尺寸/mm		每100m² 屋面摊入	
	长	宽	长向	宽向	长	宽	脊长	梢头长
黏土瓦	380	240	80	33	300	207	7690	5860
小青瓦	200	145	133	182	67	190	11000	9600
小波石棉瓦	1820	720	150	62.5	1670	657.5	9000	—
大波石棉瓦	2800	994	150	165.7	2650	828.3	9000	—
黏土脊瓦	455	195	55	—	—	—	11000	
小波石棉脊瓦	780	180	200	1.5波	—	—	11000	
大波石棉脊瓦	850	460	200	1.5波	—	—	11000	

2. 工程量计算示例

【例11-1】 有一带屋面小气窗的四坡水平瓦屋面,尺寸及坡度如图11-1所示。试计算屋面工程量和屋脊长度。

【解】 屋面工程量:按图示尺寸乘屋面坡度延尺系数,屋面小气窗不扣除,与屋面重叠部分面积不增加。由屋面坡度系数表得$C=1.1180$ 则

$S_w=(30.24+0.5\times2)\times(13.74+0.5\times2)\times1.1180=5.1481\times100m^2$

【例11-2】 某工程如图11-2所示,屋面板上铺水泥大瓦,试计算瓦屋面工程量。

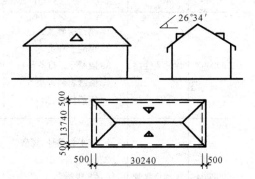

图11-1 带屋面小气窗的四坡水屋面

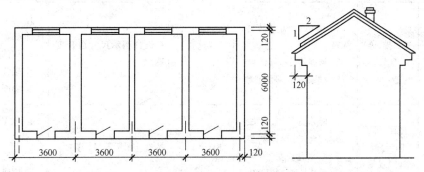

图11-2 某房屋建筑尺寸

【解】 计算公式:瓦屋面工程量=(房屋总宽度+外檐宽度×2)×外檐总长度×延尺系数
瓦屋面工程量=$(6+0.24+0.12\times2)\times(3.6\times4+0.24)\times1.118=106.06m^2$

第二节　屋面防水

一、工程量清单项目设置及工程量计算规则

屋面防水及其他工程量清单项目设置及工程量计算规则,应按表11-3的规定执行。

表 11-3　　　　　　　　　　　屋面防水及其他(编码:010902)

项目编码	项目名称	项目特征	计量单位	工程量计算规则	工作内容
0010902001	屋面卷材防水	1. 卷材品种、规格、厚度 2. 防水层数 3. 防水层做法	m^2	按设计图示尺寸以面积计算 1. 斜屋顶(不包括平屋顶找坡)按斜面积计算,平屋顶按水平投影面积计算 2. 不扣除房上烟囱、风帽底座、风道、屋面小气窗和斜沟所占面积 3. 屋面的女儿墙、伸缩缝和天窗等处的弯起部分,并入屋面工程量内	1. 基层处理 2. 刷底油 3. 铺油毡卷材、接缝
010902002	屋面涂膜防水	1. 防水膜品种 2. 涂膜厚度、遍数 3. 增强材料种类			1. 基层处理 2. 刷基层处理剂 3. 铺布、喷涂防水层
010902003	屋面刚性层	1. 刚性层厚度 2. 混凝土种类 3. 混凝土强度等级 4. 嵌缝材料种类 5. 钢筋规格、型号		按设计图示尺寸以面积计算。不扣除房上烟囱、风帽底座、风道等所占面积	1. 基层处理 2. 混凝土制作、运输、铺筑、养护 3. 钢筋制安
010902004	屋面排水管	1. 排水管品种、规格 2. 雨水斗、山墙出水口品种、规格 3. 接缝、嵌缝材料种类 4. 油漆品种、刷漆遍数	m	按设计图示尺寸以长度计算。如设计未标注尺寸,以檐口至设计室外散水上表面垂直距离计算	1. 排水管及配件安装、固定 2. 雨水斗、山墙出水口、雨水箅子安装 3. 接缝、嵌缝 4. 刷漆
010902005	屋面排(透)气管	1. 排(透)气管品种、规格 2. 接缝、嵌缝材料种类 3. 油漆品种、刷漆遍数		按设计图示尺寸以长度计算	1. 排(透)气管及配件安装、固定 2. 铁件制作、安装 3. 接缝、嵌缝 4. 刷漆
010902006	屋面(廊、阳台)泄(吐)水管	1. 吐水管品种、规格 2. 接缝、嵌缝材料种类 3. 吐水管长度 4. 油漆品种、刷漆遍数	根(个)	按设计图示数量计算	1. 水管及配件安装、固定 2. 接缝、嵌缝 3. 刷漆
010902007	屋面天沟、檐沟	1. 材料品种、规格 2. 接缝、嵌缝材料种类	m^2	按设计图示尺寸以展开面积计算	1. 天沟材料铺设 2. 天沟配件安装 3. 接缝、嵌缝 4. 刷防护材料
010902008	屋面变形缝	1. 嵌缝材料种类 2. 止水带材料种类 3. 盖缝材料 4. 防护材料种类	m	按设计图示以长度计算	1. 清缝 2. 填塞防水材料 3. 止水带安装 4. 盖缝制作、安装 5. 刷防护材料

二、项目特征描述

1. 屋面卷材防水

屋面卷材防水应描述卷材品种、规格、厚度,防水层数,防水层做法。

常用屋面防水卷材品种和规格见表11-4。

表11-4　　　　　　　　　　常用屋面防水卷材品种和规格

卷材品种	分类	规格
石油沥青纸胎油毡	按卷重和物理性能分为Ⅰ型、Ⅱ型、Ⅲ型	油毡幅宽为1000mm,其他规格可由供需双方商定
石油沥青纸胎油毡	(1)按单位面积质量分为15、25号。 (2)按上表面材料分为PE膜、砂面,也可按生产厂要求采用其他类型的上表面材料。 (3)按力学性能分为Ⅰ、Ⅱ型	卷材公称宽度为1m,卷材公称面积为10m^2、20m^2
塑性体改性沥青防水卷材 弹性体改性沥青防水卷材	(1)按胎基分为聚酯毡(PY)、玻纤毡(G)、玻纤增强聚酯毡(PYG)。 (2)按上表面隔离材料分为聚乙烯膜(PE)、细砂(S)、矿物粒料(M)。下表面隔离材料为细砂(S)、聚乙烯膜(PE)。细砂为粒径不超过0.60mm的矿物颗粒。 (3)按材料性能分Ⅰ型和Ⅱ型	(1)卷材公称宽度为1000mm。 (2)聚酯毡卷材公称厚度为3mm、4mm、5mm。 (3)玻纤毡卷材公称厚度为3mm、4mm。 (4)玻纤增强聚酯毡卷材公称厚度为5mm。 (5)每卷卷材公称面积为7.5m^2、10m^2、15m^2
自粘聚合物改性沥青防水卷材	(1)按有无胎基增强分为无胎基(N类)、聚酯胎基(PY类)。 　1)N类按上表面材料分为聚乙烯膜(PE)、聚酯膜(PET)、无膜双面自粘(D)。 　2)PY类按上表面材料分为聚乙烯膜(PE)、细砂(S)、无膜双面自粘(D)。 (2)按性能分为Ⅰ型和Ⅱ型,卷材厚度为2.0mm的PY类只有Ⅰ型	(1)卷材公称宽度为1000mm、2000mm。 (2)卷材公称面积为10m^2、15m^2、20m^2、30m^2。 (3)卷材的厚度为: 　1)N类:1.2mm、1.5mm、2.0mm; 　2)PY类:2.0mm、3.0mm、4.0mm。 (4)其他规格可由供需双方商定
铝箔面石油沥青防水卷材	产品分为30、40两个标号	卷材幅宽为1000mm
三元丁橡胶防水卷材	按物理力学性能分为一等品(B)和合格品(C)	规格尺寸见表11-5
聚氯乙烯防水卷材	(1)按有无复合层分类。无复合层的为N类,有纤维单面复合的为L类,织物内增强的为W类。 (2)按理化性能分为Ⅰ型和Ⅱ型	(1)卷材长度规格为10m、15m、20m。 (2)厚度规格为1.2mm、1.5mm、2.0mm。 (3)其他长度、厚度规格可由供需双方商定,厚度规格不得小于1.2mm
氯化聚乙烯-橡胶共混防水卷材	按物理力学性能分为S型和N型	(1)厚度(mm):1.0、1.2、1.5、2.0 (2)宽度(mm):1000、1100、1200 (3)长度(m):20

表 11-5　　　　　　　　　　三元丁橡胶防水卷材规格尺寸

厚度/mm	宽度/mm	长度/m	厚度/mm	宽度/mm	长度/m
1.2、1.5	1000	20、10	2.0	1000	10

注：其他规格尺寸由供需双方协商确定。

2. 屋面涂膜防水

屋面涂膜防水应描述防水膜品种，涂膜厚度、遍数，增强材料种类。

常用屋面涂膜防水材料见表 11-6。

表 11-6　　　　　　　　　　常用屋面涂膜防水材料

名　称	分　类
聚氯乙烯弹性防水涂料	(1) 按施工方式分为热塑型(J 型)和热熔型(G 型)两种类型。 (2) 按耐热和低温性能分为 801 和 802 两个型号
聚氨酯防水涂料	(1) 按组分分为单组分(S)、多组分(M)两种。 (2) 按拉伸性能分为 Ⅰ、Ⅱ 两类
聚合物水泥防水涂料	按物理力学性能分为 Ⅰ 型、Ⅱ 型和 Ⅲ 型
聚合物乳液建筑防水涂料	按物理性能分为 Ⅰ 类和 Ⅱ 类
建筑表面用有机硅防水剂	产品分为水性(W)和溶剂型(S)两种

3. 屋面刚性层

屋面刚性层应描述刚性层厚度，混凝土种类，混凝土强度等级，嵌缝材料种类，钢筋规格、型号。

4. 屋面排水管

屋面排水管应描述排水管品种、规格，雨水斗、山墙出水口品种、规格，接缝、嵌缝材料种类，油漆品种、刷漆遍数。

落水管常采用管径为 100mm 的镀锌薄钢管、铸铁落水管、PVC 塑料排水管等。

5. 屋面排(透)气管

屋面排(透)气管应描述排(透)气管品种、规格，接缝、嵌缝材料种类，油漆品种、刷漆遍数。

排气管常采用钢制排气管、塑料管、镀锌钢管等。

6. 屋面(廊、阳台)泄(吐)水管

屋面(廊、阳台)泄(吐)水管应描述吐水管品种、规格，接缝、嵌缝材料种类，吐水管长度，油漆品种、刷漆遍数。

7. 屋面天沟、檐沟

屋面天沟、檐沟应描述材料品种、规格，接缝、嵌缝材料种类。

8. 屋面变形缝

屋面变形缝应描述嵌缝材料种类，止水带材料种类，盖缝材料，防护材料种类。

第十一章 屋面及防水工程清单工程量计算

三、工程量计算

1. 工程量计算主要数据

(1) 卷材屋面材料用量计算。

$$\text{每100m}^2\text{屋面卷材用量(m}^2) = \frac{100}{(\text{卷材宽}-\text{横向搭接宽}) \times (\text{卷材长}-\text{顺向搭接宽})} \times \text{每卷卷材面积} \times (1+\text{损耗率})$$

(2) 卷材屋面的油毡搭接长度见表11-7。

表11-7　　卷材屋面的油毡搭接长度

项目		单位	规范规定		定额取定	备注
			平顶	坡顶		
隔气层	长向	mm	50	50	70	油毡规格为21.86m×0.915m
	短向	mm	50	50	100	每卷卷材按2个接头
防水层	长向	mm	70	70	70	—
	短向	mm	100	150	100	(100×0.7+150×0.3)按2个接头

注：定额取定为搭接长向70mm，短向100mm，附加层计算10.30m²。

(3) 每100m² 卷材屋面附加层含量见表11-8。

表11-8　　每100m² 卷材屋面附加层含量

部位		单位	平檐口	檐口沟	天沟	檐口天沟	屋脊	大板端缝	过屋脊	沿墙
附加层	长度	mm	780	5340	730	6640	2850	6670	2850	6000
	宽度	mm	450	450	800	500	450	300	200	650

(4) 屋面保温找坡层平均折算厚度。屋面保温找坡层的平均折算厚度见表11-9。

表11-9　　屋面保温找坡层平均厚度折算表　　m

跨度/m	类别 坡度	双坡							单坡						
		$\frac{1}{10}$	$\frac{1}{12}$	$\frac{1}{33.3}$	$\frac{1}{40}$	$\frac{1}{50}$	$\frac{1}{67}$	$\frac{1}{100}$	$\frac{1}{10}$	$\frac{1}{12}$	$\frac{1}{33.3}$	$\frac{1}{40}$	$\frac{1}{50}$	$\frac{1}{67}$	$\frac{1}{100}$
		10%	8.3%	3.0%	2.5%	2%	1.5%	1%	10%	8.3%	3%	2.5%	2%	1.5%	1%
4		0.100	0.083	0.030	0.25	0.020	0.015	0.010	0.200	0.167	0.060	0.050	0.040	0.030	0.020
5		0.125	0.104	0.038	0.31	0.025	0.019	0.013	0.250	0.208	0.075	0.063	0.050	0.038	0.025
6		0.150	0.125	0.045	0.038	0.030	0.023	0.015	0.300	0.250	0.090	0.075	0.060	0.045	0.030
7		0.175	0.146	0.053	0.044	0.035	0.026	0.018	0.350	0.292	0.105	0.088	0.070	0.053	0.035
8		0.200	0.167	0.060	0.050	0.040	0.030	0.020	0.400	0.333	0.120	0.100	0.080	0.060	0.040
9		0.225	0.188	0.068	0.056	0.045	0.034	0.023	0.450	0.375	0.135	0.113	0.090	0.068	0.045
10		0.250	0.208	0.075	0.063	0.050	0.038	0.025	0.500	0.416	0.150	0.125	0.100	0.075	0.050
11		0.275	0.229	0.083	0.069	0.055	0.041	0.028	0.550	0.458	0.165	0.138	0.110	0.083	0.055
12		0.300	0.250	0.090	0.075	0.060	0.045	0.030	0.600	0.500	0.180	0.150	0.120	0.90	0.060
13		—	0.271	0.098	0.081	0.065	0.049	0.033	—	0.195	0.163	0.130	0.098	0.065	

续表

跨度/m	类别 坡度	双坡						单坡					
		$\frac{1}{10}$	$\frac{1}{12}$	$\frac{1}{33.3}$	$\frac{1}{40}$	$\frac{1}{50}$	$\frac{1}{67}$	$\frac{1}{100}$	$\frac{1}{10}$	$\frac{1}{12}$	$\frac{1}{33.3}$	$\frac{1}{40}$	$\frac{1}{50}$	$\frac{1}{67}$	$\frac{1}{100}$
		10%	8.3%	3.0%	2.5%	2%	1.5%	1%	10%	8.3%	3%	2.5%	2%	1.5%	1%
14		—	0.292	0.105	0.088	0.070	0.053	0.035	—	—	0.210	0.175	0.140	0.106	0.070
15		—	0.312	0.113	0.094	0.075	0.056	0.038	—	—	0.225	0.188	0.150	0.112	0.075
18		—	0.375	0.135	0.113	0.090	0.068	0.045	—	—	0.270	0.225	0.180	0.136	0.090
21		—	0.437	0.158	0.131	0.105	0.079	0.053	—	—	0.315	0.263	0.210	0.158	0.105
24		—	0.500	0.180	0.150	0.120	0.099	0.060	—	—	0.360	0.30	0.240	0.180	0.120

2. 工程量计算示例

【例 11-3】 有一两坡水二毡三油卷材屋面,尺寸如图 11-3 所示。屋面防水层构造层次为:预制钢筋混凝土空心板、1∶2 水泥砂浆找平层、冷底子油一道、二毡三油一砂防水层。试计算:

(1)当有女儿墙,屋面坡度为 1∶4 时;(2)当有女儿墙坡度为 3% 时;(3)无女儿墙有挑檐,坡度为 3% 时的工程量。

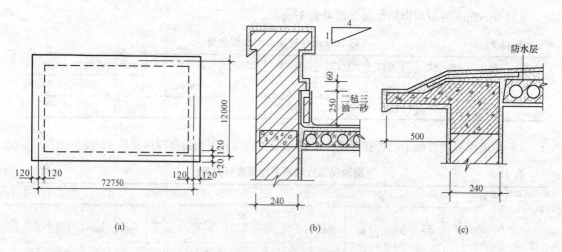

图 11-3 某卷材防水屋面
(a)平面;(b)女儿墙;(c)挑檐

【解】 (1)屋面坡度为 1∶4 时,相应的角度为 14°02′,延尺系数 $C=1.0308$,则:

$$\text{屋面工程量} = (72.75-0.24) \times (12-0.24) \times 1.0308 + 0.25 \times [(72.75-0.24)+(12.0-0.24)] \times 2$$
$$= 921.12 \text{m}^2$$

(2)有女儿墙,3% 的坡度,因坡度很小,按平屋面计算,则:

$$\text{屋面工程量} = (72.75-0.24) \times (12-0.24) + (72.75+12-0.48) \times 2 \times 0.25$$
$$= 894.85 \text{m}^2$$

或屋面工程量 $= (72.75+0.24) \times (12+0.24) - (72.75+12) \times 2 \times 0.24 + (72.75+12-0.48) \times 2 \times 0.25 = 894.85 \text{m}^2$

(3)无女儿墙有挑檐平屋面(坡度3%),按图11-3(a)、(c)及下式计算屋面工程量:

屋面工程量=外墙外围水平面积+($L_外$+4×檐宽)×檐宽

代入数据得:

屋面工程量=(72.75+0.24)×(12+0.24)+[(72.75+12+0.48)×2+4×0.5]×0.5
=979.63m²

【例11-4】 试计算图11-3(a)、(c)所示有挑檐平屋面涂刷聚氨酯涂料的工程量。

【解】 由图11-3(a)、(c)的尺寸,其面积为:

涂膜面积=(72.75+0.24+0.5×2)×(12+0.24+0.5×2)
=979.63m²

【例11-5】 某屋面设计有铸铁管雨水口8个,塑料水斗8个,配套的塑料水落管直径100mm,每根长度16m,试计算塑料水落管工程量。

【解】 计算公式:塑料水落管工程量=设计图示长度

水落管工程量=16.00×8=128m

【例11-6】 假设某仓库屋面为铁皮排水天沟(图11-4)12m长,试计算天沟工程量。

【解】 天沟工程量=12×(0.035×2+0.045×2+0.12×2+0.08)
=5.76m²

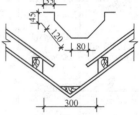

图11-4 铁皮排水天沟

第三节 墙、地面防水、防潮

一、工程量清单项目设置及工程量计算规则

墙、地面防水、防潮工程量清单项目设置及工程量计算规则,应按表11-10和表11-11的规定执行。

表11-10　　　　　墙面防水、防潮(编码:010903)

项目编码	项目名称	项目特征	计量单位	工程量计算规则	工作内容
010903001	墙面卷材防水	1. 卷材品种、规格、厚度 2. 防水层数 3. 防水层做法	m²	按设计图示尺寸以面积计算	1. 基层处理 2. 刷粘结剂 3. 铺防水卷材 4. 接缝、嵌缝
010903002	墙面涂膜防水	1. 防水膜品种 2. 涂膜厚度、遍数 3. 增强材料种类	m²	按设计图示尺寸以面积计算	1. 基层处理 2. 刷基层处理剂 3. 铺布、喷涂防水层
010903003	墙面砂浆防水(防潮)	1. 防水层做法 2. 砂浆厚度、配合比 3. 钢丝网规格			1. 基层处理 2. 挂钢丝网片 3. 设置分格缝 4. 砂浆制作、运输、摊铺、养护

续表

项目编码	项目名称	项目特征	计量单位	工程量计算规则	工作内容
010903004	墙面变形缝	1. 嵌缝材料种类 2. 止水带材料种类 3. 盖缝材料 4. 防护材料种类	m	按设计图示以长度计算	1. 清缝 2. 填塞防水材料 3. 止水带安装 4. 盖缝制作、安装 5. 刷防护材料

表 11-11　　　　　　楼(地)面防水、防潮(编码:010904)

项目编码	项目名称	项目特征	计量单位	工程量计算规则	工作内容
010904001	楼(地)面卷材防水	1. 卷材品种、规格、厚度 2. 防水层数 3. 防水层做法 4. 反边高度	m²	按设计图示尺寸以面积计算 1. 楼(地)面防水:按主墙间净空面积计算,扣除凸出地面的构筑物、设备基础等所占面积,不扣除间壁墙及单个面积≤0.3m²柱、垛、烟囱和孔洞所占面积 2. 楼(地)面防水反边高度≤300mm算作地面防水,反边高度>300mm按墙面防水计算	1. 基层处理 2. 刷粘结剂 3. 铺防水卷材 4. 接缝、嵌缝
010904002	楼(地)面涂膜防水	1. 防水膜品种 2. 涂膜厚度、遍数 3. 增强材料种类 4. 反边高度			1. 基层处理 2. 刷基层处理剂 3. 铺布、喷涂防水层
010904003	楼(地)面砂浆防水(防潮)	1. 防水层做法 2. 砂浆厚度、配合比 3. 反边高度			1. 基层处理 2. 砂浆制作、运输、摊铺、养护
010904004	楼(地)面变形缝	1. 嵌缝材料种类 2. 止水带材料种类 3. 盖缝材料 4. 防护材料种类	m	按设计图示以长度计算	1. 清缝 2. 填塞防水材料 3. 止水带安装 4. 盖缝制作、安装 5. 刷防护材料

二、项目特征描述

(1)墙、地面卷材防水。墙面卷材防水应描述卷材品种、规格、厚度,防水层数,防水层做法。楼(地)面卷材防水除应描述上述特征外,还应描述反边高度。

(2)墙、地面涂膜防水。墙面涂膜防水应描述防水膜品种,涂膜厚度、遍数,增强材料种类。楼(地)面涂膜防水除应描述上述特征外,还应描述反边高度。

(3)墙、地面砂浆防水(防潮)。墙、地面砂浆防水(防潮)应描述防水层做法,砂浆厚度、配合比,钢丝网规格。楼(地)面砂浆防水(防潮)应描述防水层做法,砂浆厚度、配合比,反边高度。

(4)墙、地面变形缝。墙、地面变形缝应描述嵌缝材料种类,止水带材料种类,盖缝材料,防护材料种类。

三、工程量计算

【例 11-7】 试计算图 11-5 所示地面防潮层工程量,其防潮层做法如图 11-6 所示。

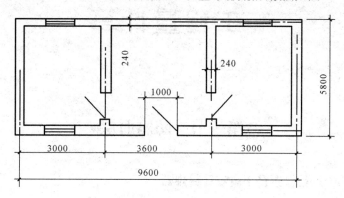

图 11-5 某建筑物平面示意图

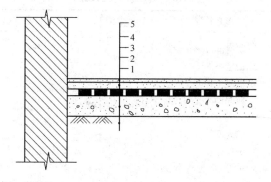

图 11-6 地面防潮层构造层次
1—素土夯实;2—100 厚 C20 混凝土;3—冷底子油一遍,玛琋脂玻璃布一布二油;
4—20 厚 1∶3 水泥砂浆找平层;5—10 厚 1∶2 水泥砂浆面层

【解】 工程量按主墙间净空面积计算,即:

地面防潮层工程量 $=(9.6-0.24\times3)\times(5.8-0.24)=49.37m^2$

【例 11-8】 计算【例 11-7】墙基防潮层工程量及工料用量。防潮层采用冷底子油一遍,石油沥青两遍。

【解】 防潮层工程量计算如下:

外墙长:　　　$(9.6+5.8)\times2=30.8m$

内墙净长:　　$(5.8-0.24)\times2=11.12m$

第十二章 防腐、隔热、保温工程清单工程量计算

第一节 防腐面层

一、工程量清单项目设置及工程量计算规则

防腐面层工程量清单项目设置及工程量计算规则,应按表 12-1 的规定执行。

表 12-1　　　　　　　　防腐面层(编码:011002)

项目编码	项目名称	项目特征	计量单位	工程量计算规则	工作内容
011002001	防腐混凝土面层	1. 防腐部位 2. 面层厚度 3. 混凝土种类 4. 胶泥种类、配合比	m²	按设计图示尺寸以面积计算 1. 平面防腐:扣除凸出地面的构筑物、设备基础等以及面积>0.3m²孔洞、柱、垛等所占面积。门洞、空圈、暖气包槽、壁龛的开口部分不增加面积 2. 立面防腐:扣除门、窗、洞口以及面积>0.3m²孔洞、梁所占面积,门、窗、洞口侧壁、垛突出部分按展开面积并入墙面积内	1. 基层清理 2. 基层刷稀胶泥 3. 混凝土制作、运输、摊铺、养护
011002002	防腐砂浆面层	1. 防腐部位 2. 面层厚度 3. 砂浆、胶泥种类、配合比			1. 基层清理 2. 基层刷稀胶泥 3. 砂浆制作、运输、摊铺、养护
011002003	防腐胶泥面层	1. 防腐部位 2. 面层厚度 3. 胶泥种类、配合比			1. 基层清理 2. 胶泥调制、摊铺
011002004	玻璃钢防腐面层	1. 防腐部位 2. 玻璃钢种类 3. 贴布材料的种类、层数 4. 面层材料品种			1. 基层清理 2. 刷底漆、刮腻子 3. 胶浆配制、涂刷 4. 粘布、涂刷面层
011002005	聚氯乙烯板面层	1. 防腐部位 2. 面层材料品种、厚度 3. 粘结材料种类			1. 基层清理 2. 配料、涂胶 3. 聚氯乙烯板铺设
011002006	块料防腐面层	1. 防腐部位 2. 块料品种、规格 3. 粘结材料种类 4. 勾缝材料种类			1. 基层清理 2. 铺贴块料 3. 胶泥调制、勾缝

续表

项目编码	项目名称	项目特征	计量单位	工程量计算规则	工作内容
011002007	池、槽块料防腐面层	1. 防腐池、槽名称、代号 2. 块料品种、规格 3. 粘结材料种类 4. 勾缝材料种类	m²	按设计图示尺寸以展开面积计算	1. 基层清理 2. 铺贴块料 3. 胶泥调制、勾缝

二、项目特征描述

1. 防腐混凝土面层

防腐混凝土面层应描述防腐部位,面层厚度,混凝土种类,胶泥种类、配合比。
各类胶泥的主要性能、特征见表 12-2。

表 12-2　　　　　　　　各类胶泥的主要性能、特征

胶泥名称	主要性能、特征
环氧树脂胶泥	耐酸、耐碱、耐盐、耐热性能低于环氧乙烯基酯树脂和呋喃胶泥;粘结强度高;使用温度60℃以下
不饱和聚酯树脂胶泥	耐酸、耐碱、耐盐、耐热及粘结性能低于环氧乙烯基酯树脂和呋喃胶泥,常温固化,施工性能好,品种多,选择余地大,耐有机溶剂性差
环氧乙烯基酯树脂胶泥	耐酸、耐碱、耐有机溶剂、耐盐、耐氧化性介质,强度高;常温固化,施工性能好,粘结力较强;品种多、耐热性好
呋喃树脂胶泥	耐酸、耐碱性能较好;不耐氧化性介质,强度高;抗冲击性能差;施工性能一般
水玻璃胶泥	耐温、耐酸(除氢氟酸)性能优良,不耐碱、水、氟化物及 300℃以上磷酸,空隙率大,抗渗性差
聚合物水泥砂浆	耐中低浓度碱、碱性盐;不耐酸、酸性盐;空隙率大,抗渗性差

2. 防腐砂浆面层

防腐砂浆面层应描述防腐部位,面层厚度,砂浆、胶泥种类、配合比。

3. 防腐胶泥面层

防腐胶泥面层应描述防腐部位,面层厚度,胶泥种类、配合比。

4. 玻璃钢防腐面层

玻璃钢防腐面层应描述防腐部位,玻璃钢种类,贴布材料的种类、层数,面层材料品种。

5. 聚氯乙烯板面层

聚氯乙烯板面层应描述防腐部位,面层材料品种、厚度,粘结材料种类。聚氯乙烯板分硬聚氯乙烯板和软聚氯乙烯板。硬聚氯乙烯板可用作池、槽的衬里,也可用于排气筒、地漏和下水管等的配件。软聚氯乙烯板可用于池、槽衬里及室内地面面层。

6. 块料防腐面层

块料防腐面层应描述防腐部位,块料品种、规格,粘结材料种类,勾缝材料种类。
常用的耐腐蚀块材有耐酸砖、耐酸耐温砖、天然耐酸碱石材、铸石制品、浸渍石墨等。耐酸砖、耐酸耐温砖的规格见表 12-3,铸石制品的规格与尺寸见表 12-4。

表 12-3　　　　　　　　　　　常用耐酸砖、耐酸耐温砖规格

类型	外形尺寸(长×宽×厚)/mm			
标型砖	230×113×65	230×113×55		
普型砖	230×113×75	210×100×60	200×100×50	200×50×30
楔形砖	230×113×55/65 230×113×45/55 230×113×25/65	230×113×60/65 230×113×45/65 230×113×25/75	230×113×45/65	
耐酸薄砖	200×100×20 180×90×20 150×150×20	180×110×20 180×75×20 110×75×20	200×200×20	100×100×20

表 12-4　　　　　　　　　　　铸石制品的规格与尺寸

名称	尺寸/mm			名称	尺寸/mm		
	L	H	δ		L	H	δ
平板	180	150	15,20,30	弧形板	300~1000	100	140
	110	70	15,20			125	165
	150	150	20			150	190
	150	110	15,20			175	215
	195	93	20			200	240
	200	200	25			250	280
	220	180	20				
	300	150	25				
	300	300	25				
	400	200	20				
	400	300	30				
	400	350	35				

7. 池、槽块料防腐面层

池、槽块料防腐面层应描述防腐池、槽名称、代号、块料品种、规格、粘结材料种类、勾缝材料种类。

三、工程量计算

【例 12-1】 某仓库防腐地面抹铁屑砂浆,厚度 20mm,尺寸如图 12-1 所示,试计算地面抹铁屑砂浆工程量。

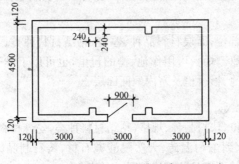
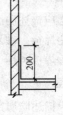

图 12-1　仓库防腐地面尺寸

【解】 耐酸防腐地面工程量＝设计图示净长×净宽－应扣面积，耐酸防腐地面工程量

$$=(9-0.24)\times(4.5-0.24)$$
$$=37.32m^2$$

第二节　其他防腐

一、工程量清单项目设置及工程量计算规则

其他防腐工程工程量清单项目设置及工程量计算规则，应按表 12-5 的规定执行。

表 12-5　　　　　　　其他防腐（编码：011003）

项目编码	项目名称	项目特征	计量单位	工程量计算规则	工作内容
011003001	隔离层	1. 隔离层部位 2. 隔离层材料品种 3. 隔离层做法 4. 粘贴材料种类	m^2	按设计图示尺寸以面积计算 1. 平面防腐：扣除凸出地面的构筑物、设备基础等以及面积＞$0.3m^2$ 孔洞、柱、垛等所占面积，门洞、空圈、暖气包槽、壁龛的开口部分不增加面积 2. 立面防腐：扣除门、窗、洞口以及面积＞$0.3m^2$ 孔洞、梁所占面积，门、窗、洞口侧壁、垛突出部分按展开面积并入墙面积内	1. 基层清理、刷油 2. 煮沥青 3. 胶泥调制 4. 隔离层铺设
011003002	砌筑沥青浸渍砖	1. 砌筑部位 2. 浸渍砖规格 3. 胶泥种类 4. 浸渍砖砌法	m^3	按设计图示尺寸以体积计算	1. 基层清理 2. 胶泥调制 3. 浸渍砖铺砌
011003003	防腐涂料	1. 涂刷部位 2. 基层材料类型 3. 刮腻子的种类、遍数 4. 涂料品种、刷涂遍数	m^2	按设计图示尺寸以面积计算 1. 平面防腐：扣除凸出地面的构筑物、设备基础等以及面积＞$0.3m^2$ 孔洞、柱、垛等所占面积，门洞、空圈、暖气包槽、壁龛的开口部分不增加面积 2. 立面防腐：扣除门、窗、洞口以及面积＞$0.3m^2$ 孔洞、梁所占面积，门、窗、洞口侧壁、垛突出部分按展开面积并入墙面积内	1. 基层清理 2. 刮腻子 3. 刷涂料

二、项目特征描述

1. 隔离层

隔离层应描述隔离层部位，隔离层材料品种，隔离层做法，粘贴材料种类。

2. 砌筑沥青浸渍砖

砌筑沥青浸渍砖应描述砌筑部位，浸渍砖规格，胶泥种类，浸渍砖砌法。浸渍砖砌法指平砌、立砌。

3. 防腐涂料

防腐涂料应描述涂刷部位，基层材料类型，刮腻子的种类、遍数，涂料品种、刷涂遍数。

常用的防腐涂料有环氧树脂涂料、聚氨酯树脂涂料、玻璃鳞片涂料、高氯化聚乙烯涂料、氯化橡胶涂料、丙烯酸树脂涂料、醇酸树脂耐酸涂料、聚氨酯聚取代乙烯互穿网络涂料、氟碳涂料、有机硅涂料、专用底层涂料、锈面涂料、喷涂型聚脲涂料、环氧自流平地面涂料、防腐蚀耐磨洁净涂料、防腐蚀导静电涂料、防腐蚀防霉防水涂料。

三、工程量计算

【例 12-2】 试计算图 12-2 所示酸池贴耐酸瓷砖工程量。

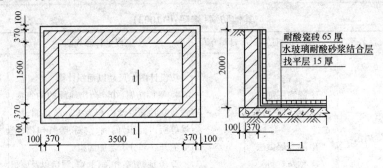

图 12-2 酸池贴耐酸瓷砖

【解】 耐酸瓷砖工程量 $=3.5\times1.5+(3.5+1.5-0.08\times2)\times2\times(2-0.08)=23.84\text{m}^2$

第三节 隔热、保温

一、工程量清单项目设置及工程量计算规则

隔热、保温工程工程量清单项目设置及工程量计算规则，应按表 12-6 的规定执行。

表 12-6　　　　　　　隔热、保温（编码：011001）

项目编码	项目名称	项目特征	计量单位	工程量计算规则	工作内容
011001001	保温隔热屋面	1. 保温隔热材料品种、规格、厚度 2. 隔气层材料品种、厚度 3. 粘结材料种类、做法 4. 防护材料种类、做法	m²	按设计图示尺寸以面积计算。扣除面积＞0.3m²孔洞及占位面积	1. 基层清理 2. 刷粘结材料 3. 铺粘保温层 4. 铺、刷（喷）防护材料
011001002	保温隔热天棚	1. 保温隔热面层材料品种、规格、性能 2. 保温隔热材料品种、规格及厚度 3. 粘结材料种类及做法 4. 防护材料种类及做法		按设计图示尺寸以面积计算。扣除面积＞0.3m²上柱、梁、孔洞所占面积，与天棚相连的梁按展开面积，并入天棚工程量内计算	

续表

项目编码	项目名称	项目特征	计量单位	工程量计算规则	工作内容
011001003	保温隔热墙面	1. 保温隔热部位 2. 保温隔热方式 3. 踢脚线、勒脚线保温做法 4. 龙骨材料品种、规格 5. 保温隔热面层材料品种、规格、性能 6. 保温隔热材料品种、规格及厚度 7. 增强网及抗裂防水砂浆种类 8. 粘结材料种类及做法 9. 防护材料种类及做法	m²	按设计图示尺寸以面积计算。扣除门窗洞口以及面积＞0.3m² 梁、孔洞所占面积；门窗洞口侧壁以及与墙相连的柱，并入保温墙体工程量内	1. 基层清理 2. 刷界面剂 3. 安装龙骨 4. 填贴保温材料 5. 保温板安装 6. 粘贴面层 7. 铺设增强格网、抹抗裂、防水砂浆面层 8. 嵌缝 9. 铺、刷（喷）防护材料
011001004	保温柱、梁			按设计图示尺寸以面积计算 1. 柱按设计图示柱断面保温层中心线展开长度乘保温层高度以面积计算，扣除面积＞0.3m² 梁所占面积 2. 梁按设计图示梁断面保温层中心线展开长度乘保温层长度以面积计算	
011001005	保温隔热楼地面	1. 保温隔热部位 2. 保温隔热材料品种、规格、厚度 3. 隔气层材料品种、厚度 4. 粘结材料种类、做法 5. 防护材料种类、做法		按设计图示尺寸以面积计算。扣除面积＞0.3m² 柱、垛、孔洞等所占面积。门洞、空圈、暖气包槽、壁龛的开口部分不增加面积	1. 基层清理 2. 刷粘结材料 3. 铺粘保温层 4. 铺、刷（喷）防护材料
011001006	其他保温隔热	1. 保温隔热部位 2. 保温隔热方式 3. 隔气层材料品种、厚度 4. 保温隔热面层材料品种、规格、性能 5. 保温隔热材料品种、规格及厚度 6. 粘结材料种类及做法 7. 增强网及抗裂防水砂浆种类 8. 防护材料种类及做法		按设计图示尺寸以展开面积计算。扣除面积＞0.3m² 孔洞及占位面积	1. 基层清理 2. 刷界面剂 3. 安装龙骨 4. 填贴保温材料 5. 保温板安装 6. 粘贴面层 7. 铺设增强格网、抹抗裂防水砂浆面层 8. 嵌缝 9. 铺、刷（喷）防护材料

二、项目特征描述

1. 保温隔热屋面

保温隔热屋面应描述保温隔热材料品种、规格、厚度,隔气层材料品种、厚度,粘结材料种类、做法,防护材料种类、做法。

常用保温隔热材料有炉渣、浮石、膨胀蛭石、膨胀珍珠岩、泡沫塑料、微孔硅酸钙、泡沫混凝土等。

2. 保温隔热天棚

保温隔热天棚应描述保温隔热面层材料品种、规格、性能,保温隔热材料品种、规格及厚度,粘结材料种类及做法,防护材料种类及做法。

3. 保温隔热墙面,保温柱、梁

保温隔热墙面,保温柱、梁应描述保温隔热部位,保温隔热方式,踢脚线、勒脚线保温做法,龙骨材料品种、规格,保温隔热面层材料品种、规格、性能,保温隔热材料品种、规格及厚度,增强网及抗裂防水砂浆种类,粘结材料种类及做法,防护材料种类及做法。保温隔热方式是指内保温、外保温、夹心保温。

4. 保温隔热楼地面

保温隔热楼地面应描述保温隔热部位,保温隔热材料品种、规格、厚度,隔气层材料品种、厚度,粘结材料种类、做法,防护材料种类、做法。

5. 其他保温隔热

其他保温隔热应描述保温隔热部位,保温隔热材料品种、规格、厚度,隔气层材料品种、厚度,粘结材料种类、做法,防护材料种类、做法。

三、工程量计算

【例 12-3】 保温平屋面尺寸如图 12-3 所示。做法如下:空心板上 1∶3 水泥砂浆找平 20mm 厚,刷冷底油两遍,沥青隔气层一遍,8mm 厚水泥蛭石块保温层,1∶10 现浇水泥蛭石找坡,1∶3 水泥砂浆找平 20mm 厚,SBS 改性沥青卷材满铺一层,点式支撑预制混凝土架空隔热板,板厚 60mm,试计算水泥蛭石块保温层工程量。

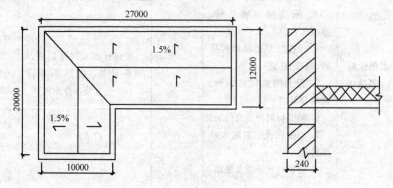

图 12-3 保温平屋面

【解】 水泥蛭石保温层工程量=保温层设计长度×设计宽度

水泥蛭石保温层工程量＝(27.00－0.24)×(12.00－0.24)＋(10.00－0.24)×(20.00－12.00)

＝392.78m²

【例 12-4】 如图 12-4 所示为冷库平面图。设计采用软木保温层，厚度 0.1m，天棚做带木龙骨保温层，试计算该冷库室内保温隔热天棚工程量。

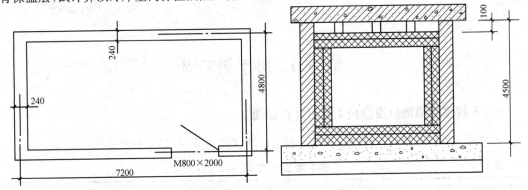

图 12-4　软木保温隔热冷库简图

【解】 保温隔热天棚工程量＝(7.2－0.24)×(4.8－0.24)＋0.8×0.24＝31.93m²

第十三章 措施项目清单工程量计算

第一节 脚手架工程

一、工程量清单项目设置及工程量计算规则

脚手架工程工程量计算规则设置及工程量计算规则,应按表13-1的规定执行。

表 13-1　　　　　脚手架工程(编码:011701)

项目编码	项目名称	项目特征	计量单位	工程量计算规则	工作内容
011701001	综合脚手架	1. 建筑结构形式 2. 檐口高度	m²	按建筑面积计算	1. 场内、场外材料搬运 2. 搭、拆脚手架、斜道、上料平台 3. 安全网的铺设 4. 选择附墙点与主体连接 5. 测试电动装置、安全锁等 6. 拆除脚手架后材料的堆放
011701002	外脚手架	1. 搭设方式 2. 搭设高度 3. 脚手架材质		按所服务对象的垂直投影面积计算	1. 场内、场外材料搬运 2. 搭、拆脚手架、斜道、上料平台 3. 安全网的铺设 4. 拆除脚手架后材料的堆放
011701003	里脚手架				
011701004	悬空脚手架	1. 搭设方式 2. 悬挑宽度 3. 脚手架材质		按搭设的水平投影面积计算	
011701005	挑脚手架		m	按搭设长度乘以搭设层数以延长米计算	
011701006	满堂脚手架	1. 搭设方式 2. 搭设高度 3. 脚手架材质		按搭设的水平投影面积计算	
011701007	整体提升架	1. 搭设方式及启动装置 2. 搭设高度	m²	按所服务对象的垂直投影面积计算	1. 场内、场外材料搬运 2. 选择附墙点与主体连接 3. 搭、拆脚手架、斜道、上料平台 4. 安全网的铺设 5. 测试电动装置、安全锁等 6. 拆除脚手架后材料的堆放
011701008	外装饰吊篮	1. 升降方式及启动装置 2. 搭设高度及吊篮型号			1. 场内、场外材料搬运 2. 吊篮的安装 3. 测试电动装置、安全锁、平衡控制器等 4. 吊篮的拆卸

二、项目特征描述

(1)使用综合脚手架时,不再使用外脚手架、里脚手架等单项脚手架;综合脚手架适用于能够计算建筑面积的建筑工程脚手架,不适用于房屋加层、构筑物及附属工程脚手架。

(2)同一建筑物有不同檐高时,按建筑物竖向切面分别按不同檐高编列清单项目。

(3)整体提升架已包括2m高的防护架体设施。

(4)脚手架材质可以不描述,但应注明由投标人根据工程实际情况按照国家现行标准《建筑施工扣件式钢管脚手架安全技术规范》(JGJ 130—2011)等规范自行确定。

三、工程量计算

脚手架是指为施工作业需要所搭设的架子。随着脚手架品种和多功能用途的发展,现已扩展为使用脚手架材料(杆件、配件和构件)所搭设的、用于施工要求的各种临时性构架。

1. 脚手架的分类与构造

(1)脚手架主要有以下几种分类方法:

1)按用途分为操作(作业)脚手架、防护用脚手架、承重支撑用脚手架。

2)按构架方式分为杆件组合式脚手架、框架组合式脚手架、格构件组合式脚手架和台架。

3)按设置形式分为单排脚手架、双排脚手架、多排脚手架、满堂脚手架、满高脚手架、交圈(周边)脚手架和特形脚手架。

4)按脚手架的支固方式分为落地式脚手架、悬挑脚手架、附墙悬挂脚手架、悬吊脚手架、附着升降脚手架和水平移动脚手架。

5)按脚手架平、立杆的连接方式分为承插式脚手架、扣接式脚手架和销栓式脚手架。

6)按脚手架材料分为竹脚手架、木脚手架和钢管或金属脚手架。

(2)扣件式钢管外脚手架构造形式如图13-1所示。其相邻立杆接头位置应错开布置在不同的步距内,与相近大横杆的距离不宜大于步距的1/3,上下横杆的接长位置也应错开布置在不同的立杆纵距中,与相邻立杆的距离不大于纵距的1/3(图13-2)。

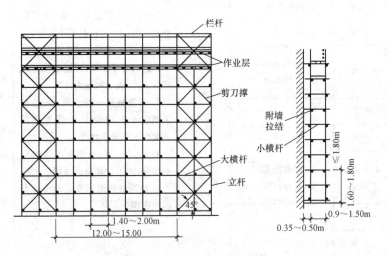

图13-1 扣件式钢管外脚手架

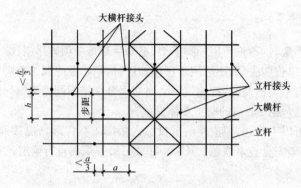

图 13-2 立杆、大横杆的接头位置

第二节 混凝土模板及支架(撑)

一、工程量清单项目设置及工程量计算规则

混凝土模板及支架(撑)工程量计算规则见表 13-2。

表 13-2　　　　混凝土模板及支架(撑)(编码:011702)

项目编码	项目名称	项目特征	计量单位	工程量计算规则	工作内容
011702001	基础	基础类型	m²	按模板与现浇混凝土构件的接触面积计算 1. 现浇钢筋混凝土墙、板单孔面积≤0.3m² 的孔洞不予扣除,洞侧壁模板亦不增加;单孔面积>0.3m² 时应予扣除,洞侧壁模板面积并入墙、板工程量内计算 2. 现浇框架分别按梁、板、柱有关规定计算;附墙柱、暗梁、暗柱并入墙内工程量内计算 3. 柱、梁、墙、板相互连接的重叠部分,均不计算模板面积 4. 构造柱按图示外露部分计算模板面积	1. 模板制作 2. 模板安装、拆除、整理堆放及场内外运输 3. 清理模板粘结物及模内杂物、刷隔离剂等
011702002	矩形柱	—			
011702003	构造柱				
011702004	异形柱	柱截面形状			
011702005	基础梁	梁截面形状			
011702006	矩形梁	支撑高度			
011702007	异形梁	1. 梁截面形状 2. 支撑高度			
011702008	圈梁	—			
011702009	过梁				
011702010	弧形梁、拱形梁	1. 梁截面形状 2. 支撑高度			
011702011	直形墙	—			
011702012	弧形墙				
011702013	短肢剪力墙、电梯井壁				

续表

项目编码	项目名称	项目特征	计量单位	工程量计算规则	工作内容
011702014	有梁板	支撑高度	m²	按模板与现浇混凝土构件的接触面积计算 1. 现浇钢筋混凝土墙、板单孔面积≤0.3m²的孔洞不予扣除,洞侧壁模板亦不增加;单孔面积＞0.3m²时应予扣除,洞侧壁模板面积并入墙、板工程量内计算 2. 现浇框架分别按梁、板、柱有关规定计算;附墙柱、暗梁、暗柱并入墙内工程量内计算 3. 柱、梁、墙、板相互连接的重叠部分,均不计算模板面积 4. 构造柱按图示外露部分计算模板面积	1. 模板制作 2. 模板安装、拆除、整理堆放及场内外运输 3. 清理模板粘结物及模内杂物、刷隔离剂等
011702015	无梁板				
011702016	平板				
011702017	拱板				
011702018	薄壳板				
011702019	空心板				
011702020	其他板				
011702021	栏板	—			
011702022	天沟、檐沟	构件类型		按模板与现浇混凝土构件的接触面积计算	
011702023	雨篷、悬挑板、阳台板	1. 构件类型 2. 板厚度		按图示外挑部分尺寸的水平投影面积计算,挑出墙外的悬臂梁及板边不另计算	
011702024	楼梯	类型		按楼梯(包括休息平台、平台梁、斜梁和楼层板的连接梁)的水平投影面积计算,不扣除宽度≤500mm的楼梯井所占面积,楼梯踏步、踏步板、平台梁等侧面模板不另计算,伸入墙内部分亦不增加	
011702025	其他现浇构件	构件类型		按模板与现浇混凝土构件的接触面积计算	
011702026	电缆沟、地沟	1. 沟类型 2. 沟截面		按模板与电缆沟、地沟接触的面积计算	
011702027	台阶	台阶踏步宽		按图示台阶水平投影面积计算,台阶端头两侧不另计算模板面积。架空式混凝土台阶,按现浇楼梯计算	
011702028	扶手	扶手断面尺寸		按模板与扶手的接触面积计算	
011702029	散水	—		按模板与散水的接触面积计算	
011702030	后浇带	后浇带部位		按模板与后浇带的接触面积计算	
011702031	化粪池	1. 化粪池部位 2. 化粪池规格		按模板与混凝土接触面积计算	
011702032	检查井	1. 检查井部位 2. 检查井规格			

二、项目特征描述

(1)原槽浇筑的混凝土基础,不计算模板。

(2)混凝土模板及支撑(架)项目,只适用于以平方米计量,按模板与混凝土构件的接触面积计算。以立方米计量的模板及支撑(支架),按混凝土及钢筋混凝土实体项目执行,其综合单价中应包含模板及支撑(支架)。

(3)采用清水模板时,应在特征中注明。

(4)若现浇混凝土梁、板支撑高度超过 3.6m 时,项目特征应描述支撑高度。

第三节 垂直运输

一、工程量清单项目设置及工程量计算规则

垂直运输工程量计算规则见表 13-3。

表 13-3 垂直运输(编码:011703)

项目编码	项目名称	项目特征	计量单位	工程量计算规则	工作内容
011703001	垂直运输	1. 建筑物建筑类型及结构形式 2. 地下室建筑面积 3. 建筑物檐口高度、层数	1. m² 2. 天	1. 按建筑面积计算 2. 按施工工期日历天数计算	1. 垂直运输机械的固定装置、基础制作、安装 2. 行走式垂直运输机械轨道的铺设、拆除、摊销

二、项目特征描述

(1)建筑物的檐口高度是指设计室外地坪至檐口滴水的高度(平屋顶是指屋面板底高度),突出主体建筑物屋顶的电梯机房、楼梯出口间、水箱间、瞭望塔、排烟机房等不计入檐口高度。

(2)垂直运输是指施工工程在合理工期内所需垂直运输机械。

(3)同一建筑物有不同檐高时,按建筑物的不同檐高做纵向分割,分别计算建筑面积,以不同檐高分别编码列项。

第四节 超高施工增加

一、工程量清单项目设置及工程量计算规则

超高施工增加工程量计算规则见表 13-4。

表 13-4　　　　　　　超高施工增加(编码:011704)

项目编码	项目名称	项目特征	计量单位	工程量计算规则	工作内容
011704001	超高施工增加	1. 建筑物建筑类型及结构形式 2. 建筑物檐口高度、层数 3. 单层建筑物檐口高度超过20m,多层建筑物超过6层部分的建筑面积	m²	按建筑物超高部分的建筑面积计算	1. 建筑物超高引起的人工工效降低以及由于人工工效降低引起的机械降效 2. 高层施工用水加压水泵的安装、拆除及工作台班 3. 通信联络设备的使用及摊销

二、项目特征描述

(1)单层建筑物檐口高度超过 20m,多层建筑物超过 6 层时,可按超高部分的建筑面积计算超高施工增加。计算层数时,地下室不计入层数。

(2)同一建筑物有不同檐高时,可按不同高度的建筑面积分别计算建筑面积,以不同檐高分别编码列项。

第五节　大型机械设备进出场及安拆

大型机械设备进出场及安拆工程量计算规则见表 13-5。

表 13-5　　　　　　大型机械设备进出场及安拆(编码:011705)

项目编码	项目名称	项目特征	计量单位	工程量计算规则	工作内容
011705001	大型机械设备进出场及安拆	1. 机械设备名称 2. 机械设备规格型号	台次	按使用机械设备的数量计算	1. 安拆费包括施工机械、设备在现场进行安装拆卸所需人工、材料、机械和试运转费用以及机械辅助设施的折旧、搭设、拆除等费用 2. 进出场费包括施工机械、设备整体或分体自停放地点运至施工现场或由一施工地点运至另一施工地点所发生的运输、装卸、辅助材料等费用

第六节　施工排水、降水

一、工程量清单项目设置及工程量计算规则

施工排水、降水工程量计算规则见表 13-6。

表 13-6　　　　　　　施工排水、降水(编码:011706)

项目编码	项目名称	项目特征	计量单位	工程量计算规则	工作内容
011706001	成井	1. 成井方式 2. 地层情况 3. 成井直径 4. 井(滤)管类型、直径	m	按设计图示尺寸以钻孔深度计算	1. 准备钻孔机械、埋设护筒、钻机就位;泥浆制作、固壁;成孔、出渣、清孔等 2. 对接上、下井管(滤管),焊接,安放,下滤料,洗井,连接试抽等

续表

项目编码	项目名称	项目特征	计量单位	工程量计算规则	工作内容
011706002	排水、降水	1. 机械规格型号 2. 降排水管规格	昼夜	按排、降水日历天数计算	1. 管道安装、拆除,场内搬运等 2. 抽水、值班、降水设备维修等

二、项目特征描述

(1)相应专项设计不具备时,可按暂估量计算。

(2)临时排水沟、排水设施安砌、维修、拆除,已包含在安全文明施工中,不包括在施工排水、降水措施项目。

第七节 安全文明施工及其他措施项目

安全文明施工及其他措施项目工作内容及包括范围见表13-7。

表13-7 安全文明施工及其他措施项目(编码:011707)

项目编码	项目名称	工作内容及包含范围
011707001	安全文明施工	1. 环境保护:现场施工机械设备降低噪声、防扰民措施;水泥和其他易飞扬细颗粒建筑材料密闭存放或采取覆盖措施等;工程防扬尘洒水;土石方、建渣外运车辆防护措施等;现场污染源的控制、生活垃圾清理外运、场地排水排污措施;其他环境保护措施 2. 文明施工:"五牌一图";现场围挡的墙面美化(包括内外粉刷、刷白、标语等)、压顶装饰;现场厕所便槽刷白、贴面砖,水泥砂浆地面或地砖,建筑物内临时便溺设施;其他施工现场临时设施的装饰装修、美化措施;现场生活卫生设施;符合卫生要求的饮水设备、淋浴、消毒等设施;生活用洁净燃料;防煤气中毒、防蚊虫叮咬等措施;施工现场操作场地的硬化;现场绿化、治安综合治理;现场配备医药保健器材、物品和急救人员培训;现场工人的防暑降温、电风扇、空调等设备及用电;其他文明施工措施 3. 安全施工:安全资料、特殊作业专项方案的编制,安全施工标志的购置及安全宣传;"三宝"(安全帽、安全带、安全网)、"四口"(楼梯口、电梯井口、通道口、预留洞口)、"五临边"(阳台围边、楼板围边、屋面围边、槽坑围边、卸料平台两侧),水平防护架、垂直防护架、外架封闭等防护;施工安全用电,包括配电箱三级配电、两级保护装置要求、外电防护措施;起重机、塔吊等起重设备(含井架、门架)及外用电梯的安全防护措施(含警示标志)及卸料平台的临边防护、层间安全门、防护棚等设施;建筑地起重机械的检验检测;施工机具防护棚及其围栏的安全保护设施;施工安全防护通道;工人的安全防护用品、用具购置;消防设施与消防器材的配置;电气保护、安全照明设施;其他安全防护措施 4. 临时设施:施工现场采用彩色、定型钢板,砖、混凝土砌块等围挡的安砌、维修、拆除;施工现场临时建筑物、构筑物的搭设、维修、拆除,如临时宿舍、办公室、食堂、厨房、厕所、诊疗所、临时文化福利用房、临时仓库、加工场、搅拌台、临时简易水塔、水池等;施工现场临时设施的搭设、维修、拆除,如临时供水管道、临时供电管线、小型临时设施等;施工现场规定范围内临时简易道路铺设,临时排水沟、排水设施安砌、维修、拆除;其他临时设施搭设、维修、拆除

续表

项目编码	项目名称	工作内容及包含范围
011707002	夜间施工	1. 夜间固定照明灯具和临时可移动照明灯具的设置、拆除 2. 夜间施工时,施工现场交通标志、安全标牌、警示灯等的设置、移动、拆除 3. 包括夜间照明设备及照明用电、施工人员夜班补助、夜间施工劳动效率降低等
011707003	非夜间施工照明	为保证工程施工正常进行,在地下室等特殊施工部位施工时所采用的照明设备的安拆、维护及照明用电等
011707004	二次搬运	由于施工场地条件限制而发生的材料、成品、半成品等一次运输不能到达堆放地点,必须进行的二次或多次搬运
011707005	冬雨期施工	1. 冬雨(风)季施工时增加的临时设施(防寒保温、防雨、防风设施)的搭设、拆除 2. 冬雨(风)季施工时,对砌体、混凝土等采用的特殊加温、保温和养护措施 3. 冬雨(风)季施工时,施工现场的防滑处理,对影响施工的雨雪的清除 4. 包括冬雨(风)季施工增加的临时设施、施工人员的劳动保护用品、冬雨(风)季施工劳动效率降低等
011707006	地上、地下设施、建筑物的临时保护设施	在工程施工过程中,对已建成的地上、地下设施和建筑物进行的遮盖、封闭、隔离等必要保护措施
011707007	已完工程及设备保护	对已完工程及设备采取的覆盖、包裹、封闭、隔离等必要保护措施

第十四章 建设工程招标与投标报价

第一节 建设工程招标

一、建设工程招标的范围及方式

(一)工程招标的含义及范围

工程招标是指招标单位就拟建的工程发布通公告或通知,以法定方式吸引施工单位参加竞争,招标单位从中选择条件优越者完成工程建设任务的法定行为。进行工程招标时,招标人必须根据工程项目的特点,结合自身的管理能力,确定工程的招标范围。

1. 招标投标法规定必须招标的范围

根据《中华人民共和国招标投标法》的规定,在中华人民共和国境内进行的下列工程项目必须进行招标:

(1)大型基础设施、公用事业等关系社会公共利益、公众安全的项目。
(2)全部或部分使用国有资金或者国家融资的项目。
(3)使用国际组织或者外国政府贷款、援助资金的项目。

2. 可以不进行招标的范围

根据《中华人民共和国招标投标法》的相关规定,属于下列情形之一的,经县级以上地方人民政府建设行政主管部门批准,可以不进行招标:

(1)涉及国家安全、国家秘密的工程。
(2)抢险救灾工程。
(3)利用扶贫资金实行以工代赈、需要使用农民工等特殊情况。
(4)建筑造型有特殊要求的设计。
(5)采用特定专利技术、专有技术进行设计或施工。
(6)停建或者缓建后恢复建设的单位工程,且承包人未发生变更的。
(7)施工企业自建自用的工程,且施工企业资质等级符合工程要求的。
(8)在建工程追加的附属小型工程或者主体加层工程,且承包人未发生变更的。
(9)法律、法规、规章规定的其他情形。

(二)工程招标的方式

1. 公开招标

公开招标是指招标人以招标公告的方式邀请不特定的法人或者其他组织投标。公开招标是一种无限制的竞争方式,按竞争程度又可以分为国际竞争性招标和国内竞争性招标。这种招标方式可为所有的承包商提供一个平等竞争的机会,业主有较大的选择余地,有利于降低工程造价,提高工程质量和缩短工期,但由于参与竞争的承包商可能很多,会增加资格预审和评标的工作量。还有可能出现故意压低投标报价的投机承包商以低价挤掉对报价严肃认真而报价较高的承包商。

因此,采用公开招标方式时,业主要加强资格预审,认真评标。

2. 邀请招标

邀请招标是指招标人以投标邀请书的方式邀请其他的法人或者其他组织投标。这种招标方式的优点是经过选择的投标单位在施工经验、技术力量、经济和信誉上都比较可靠,因而一般能保证工程进度和质量要求。另外,参加投标的承包商数量少,因而招标时间相对缩短,招标费用也较少。

由于邀请招标在价格、竞争的公平方面仍存在一些不足之处,因此《中华人民共和国招标投标法》规定,国家重点项目和省、自治区、直辖市的地方重点项目不宜进行公开招标的,经过批准后可以进行邀请招标。

二、建设工程工程量清单招标

(一)实行工程量清单招标的优点

(1)淡化了预算定额的作用。招标方确定工程量,承担工程量误差的风险,投标方确定单价,承担价格风险,真正实现了量价分离,风险分担。

(2)节约工程投资。实行工程量清单招标时,合理适度地增加投票的竞争性,特别是采用经评审低价中标的方式,有利于控制工程建设项目总投资,降低工程造价,为建设单位节约资金,以最少的投资达到最大的经济效益。

(3)有利于工程管理信息化。统一的计算规则,有利于统一计算口径,也有利于统一划项口径;而统一的划项口径又有利于统一信息编码,进而实现统一的信息管理。

(4)提高了工作效率。由招标人向各投标人提供建设项目的实物工程量和技术性措施项目的数量清单,各投标人不必再花费大量的人力、物力和财力重复做测算,即节约了时间,也降低了社会成本。

(二)工程招标程序

(1)招标单位自行办理招标事宜的,应当建立专门的招标机构。建设单位招标应当具备如下条件:
1)建设单位必须是法人或依法成立的其他组织。
2)有与招标工程相适应的经济、技术管理人员。
3)有组织编制招标文件的能力。
4)有审查投标单位资质的能力。
5)有组织开标、评标、定标的能力。

建设单位依据此组织招标工作机构,负责招标的技术性工作。若建设单位不具备上述相应的条件,则必须委托具有相应资质的咨询单位代理招标。

(2)提出招标申请书。招标申请书的内容包括招标单位的资质、招标工程具备的条件、拟采用的招标方式和对投标单位的要求等。

(3)编制招标文件。招标文件应包括如下内容：

1)工程综合说明。包括工程名称、地址、招标项目、占地范围及现场条件、建筑面积和技术要求、质量标准、招标方式、要求开工和竣工时间、对投标单位的资质等级要求等。

2)投标人须知。

3)合同的主要条款。

4)设计文件。包括工程设计图纸和技术资料及技术说明书。

5)工程量清单。以单位工程为对象,遵照"13计价规范"和相关专业工程国家计量规范,按分部分项工程列出工程数量。

6)主要材料与设备的供应方式、加工订货情况和材料、设备价差的处理方法。

7)特殊工程的施工要求以及采用的技术规范。

8)投标文件的编制要求以及评标、定标原则。

9)投标、开标、评标、定标等活动的日程安排。

10)要求交纳的投标保证金额度。

招标单位在发布招标公告或发出投标邀请书的5天前,向工程所在地县级以上地方人民政府建设行政主管部门备案。

(4)编制招标控制价,报招标投标管理部门备案。如果招标文件设定为有标底评标,则必须编制标底。如果是国有资金投资建设的工程则应编制招标控制价。

(5)发布招标公告或招标邀请书。若采用公开招标方式,应根据工程性质和规模在当地或全国性报纸、专业网站或公开发行的专业刊物上发布招标公告,其内容应包括招标单位和招标工程的名称、招标工程简介、工程承包方式、投标单位资格、领取招标文件的地点、时间和应缴费用等。若采用邀请招标方式,应由招标单位向预先选定的承包商发出招标邀请书。

(6)招标单位审查申请投标单位的资格,并将审查结果通知申请投标单位。招标单位对报名参加投标的单位进行资格预审,并将审查结果报当地建设行政主管部门备案后再通知各申请投标单位。

(7)向合格的投标单位分发招标文件。招标文件一经发出,招标单位不得擅自变更其内容或增加附加条件;确需变更和补充的,应在投标截止日期15天前书面通知所有投标单位,并报当地建设行政主管部门备案。

(8)组织投标单位勘查现场,召开答疑会,解答投标单位对招标文件提出的问题。通常投标单位提出的问题应由招标单位书面答复,并以书面形式发给所有投标单位作为招标文件的补充和组成。

(9)接受投标。自发出招标文件之日起到投标截止日,最短不得少于20天。招标人可以要求投标人提交投标担保。投标保证金一般不超过投标报价的2%,且最高不得超过80万元。

(10)召开招标会,当场开标。遵照中华人民共和国国家发展计划委员会等七个部门于2001年7月5日颁布的《评标委员会和评标方法暂行规定》执行。

提交有效投标文件的投标人少于三个或所有投标被否决的,招标人必须重新组织招标。

评标的专家委员会应向招标人推荐不超过三名有排序的合格的中标候选人。

(11)招标单位与中标单位签订施工投标合同。招标人在评标委员会推荐的中标候选人中确定中标人,签发中标通知书,并在中标通知书签发后的30天内与中标人签订工程承包协议。

三、招标控制价编制

(一)一般规定

招标控制价是招标人根据国家或省级、行业建设主管部门颁发的有关计价依据和办法,按设计施工图纸计算的,对招标工程限定的最高工程造价。国有资金投资的工程建设项目必须实行工程量清单招标,并必须编制招标控制价。

1. 招标控制价的作用

(1)我国对国有资金投资项目实行的是投资控制实行的投资概算审批制度,国有资金投资的工程原则上不能超过批准的投资概算。因此,在工程招标发包时,当编制的招标控制价超过批准的概算,招标人应当将其报原概算审批部门重新审核。

(2)国有资金投资的工程进行招标,对根据《中华人民共和国招标投标法》的规定,招标人可以设标底。当招标人不设标底时,为有利于客观、合理地评审投标报价和避免哄抬标价,造成国有资产流失,招标人必须编制招标控制价。

(3)国有资金投资的工程,招标人编制并公布的招标控制价相当于招标人的采购预算,同时要求其不能超过批准的概算,因此,招标控制价是招标人在工程招标时能接受投标人报价的最高限价。

2. 招标控制价编制人员要求

招标控制价应由具有编制能力的招标人编制,当招标人不具有编制招标控制价的能力时,可委托具有相应资质的工程造价咨询人编制。工程造价咨询人接受招标人委托编制招标控制价,不得再就同一工程接受投标人委托编制投标报价。

具有相应工程造价咨询资质的工程造价咨询人是指根据《工程造价咨询企业管理办法》(建设部令第149号)的规定,依法取得工程造价咨询企业资质,并在其资质许可的范围内接受招标人的委托,编制招标控制价的工程造价咨询企业。即取得甲级工程造价咨询资质的咨询人可承担各类建设项目的招标控制价编制,取得乙级(包括乙级暂定)工程造价咨询资质的咨询人,则只能承担5000万元以下的招标控制价的编制。

3. 其他规定

(1)招标控制价的作用决定了招标控制价不同于标底,无须保密。为体现招标的公平、公正,防止招标人有意抬高或压低工程造价,招标人应在招标文件中如实公布招标控制价,不得对所编制的招标控制价进行上浮或下调。招标人在招标文件中公布招标控制价时,应公布招标控制价各组成部分的详细内容,不得只公布招标控制价总价。

(2)招标人应将招标控制价及有关资料报送工程所在地或有该工程管辖权的行业管理部门工程造价管理机构备查。

(二)招标控制价编制与复核

1. 招标控制价编制依据

(1)"13计价规范"。
(2)国家或省级、行业建设主管部门颁发的计价定额和计价办法。

(3)建设工程设计文件及相关资料。
(4)拟定的招标文件及招标工程量清单。
(5)与建设项目相关的标准、规范、技术资料。
(6)施工现场情况、工程特点及常规施工方案。
(7)工程造价管理机构发布的工程造价信息,当工程造价信息没有发布时,参照市场价。
(8)其他的相关资料。

按上述依据进行招标控制价编制时,应注意以下事项:
(1)使用的计价标准、计价政策应是国家或省、自治区、直辖市建设行政主管部门或行业建设主管部门颁布的计价定额和计价方法。
(2)采用的材料价格应是工程造价管理机构通过工程造价信息发布的材料单价,工程造价信息未发布材料单价的材料,其材料价格应通过市场调查确定。
(3)国家或省、自治区、直辖市建设行政主管部门或行业建设主管部门对工程造价计价中费用或费用标准有规定的,应按规定执行。

2. 招标控制价编制要求

(1)综合单价中应包括招标文件中划分的应由投标人承担的风险范围及其费用。招标文件中没有明确的,如是工程造价咨询人编制,应提请招标人明确;如是招标人编制,应予明确。
(2)分部分项工程和措施项目中的单价项目,应根据拟定的招标文件和招标工程量清单项目中的特征描述及有关要求确定综合单价计算。招标文件中提供了暂估单价的材料,按暂估的单价计入综合单价。
(3)措施项目中的总价项目应根据拟定的招标文件和常规施工方案采用综合单价计价。措施项目中的安全文明施工费必须按国家或省级、行业建设主管部门的规定计算,不得作为竞争性费用。
(4)其他项目费应按下列规定计价:
1)暂列金额。暂列金额应按招标工程量清单中列出的金额填写。
2)暂估价。暂估价包括材料暂估单价、工程设备暂估单价和专业工程暂估价。暂估价中的材料、工程设备单价应根据招标工程量清单列出的单价计入综合单价。
3)计日工。计日工包括计日工人工、材料和施工机械。在编制招标控制价时,对计日工中的人工单价和施工机械台班单价应按省级、行业建设主管部门或其授权的工程造价管理机构公布的单价计算;材料应按工程造价管理机构发布的工程造价信息中的材料单价计算,工程造价信息未发布材料单价的材料,其价格应按市场调查确定的单价计算。
4)总承包服务费。招标人编制招标控制价时,总承包服务费应根据招标文件中列出的内容和向总承包人提出的要求,按照省级或行业建设主管部门的规定或参照下列标准计算:
①招标人仅要求对分包的专业工程进行总承包管理和协调时,按分包的专业工程估算造价的1.5%计算。
②招标人要求对分包的专业工程进行总承包管理和协调,并同时要求提供配合服务时,根据招标文件中列出的配合服务内容和提出的要求,按分包的专业工程估算造价的3%~5%计算。
③招标人自行供应材料的,按招标人供应材料价值的1%计算。
(5)招标控制价的规费和税金必须按国家或省级、行业建设主管部门的规定计算。

(三)投诉与处理

(1)投标人经复核认为招标人公布的招标控制价未按照"13计价规范"的规定进行编制的,

应在招标控制价公布后5天内向招投标监督机构和工程造价管理机构投诉。

(2)投诉人投诉时,应当提交由单位盖章和法定代表人或其委托人签名或盖章的书面投诉书。投诉书应包括下列内容:

1)投诉人与被投诉人的名称、地址及有效联系方式。

2)投诉的招标工程名称、具体事项及理由。

3)投诉依据及有关证明材料。

4)相关的请求及主张。

(3)投诉人不得进行虚假、恶意投诉,阻碍招投标活动的正常进行。

(4)工程造价管理机构在接到投诉书后应在2个工作日内进行审查,对有下列情况之一的,不予受理:

1)投诉人不是所投诉招标工程招标文件的收受人。

2)投诉书提交的时间不符合上述第(1)条规定的。

3)投诉书不符合上述第(2)条规定的。

4)投诉事项已进入行政复议或行政诉讼程序的。

(5)工程造价管理机构应在不迟于结束审查的次日将是否受理投诉的决定书面通知投诉人、被投诉人以及负责该工程招投标监督的招投标管理机构。

(6)工程造价管理机构受理投诉后,应立即对招标控制价进行复查,组织投诉人、被投诉人或其委托的招标控制价编制人等单位人员对投诉问题逐一核对。有关当事人应当予以配合,并应保证所提供资料的真实性。

(7)工程造价管理机构应当在受理投诉的10天内完成复查,特殊情况下可适当延长,并做出书面结论通知投诉人、被投诉人及负责该工程招投标监督的招投标管理机构。

(8)当招标控制价复查结论与原公布的招标控制价误差大于±3%时,应当责成招标人改正。

(9)招标人根据招标控制价复查结论需要重新公布招标控制价的,其最终公布的时间至招标文件要求提交投标文件截止时间不足15天的,应相应延长投标文件的截止时间。

(四)招标控制价编制标准格式

招标控制价编制使用的表格包括:招标控制价封面(封-2),招标控制价扉页(扉-2),工程计价总说明表(表-01),建设项目招标控制价汇总表(表-02),单项工程招标控制价汇总表(表-03),单位工程招标控制价汇总表(表-04),分部分项工程和单价措施项目清单与计价表(表-08),综合单价分析表(表-09),总价措施项目清单与计价表(表-11),其他项目清单与计价汇总表(表-12),暂列金额明细表(表-12-1),材料(工程设备)暂估单价及调整表(表-12-2),专业工程暂估价及结算价表(表-12-3),计日工表(表-12-4),总承包服务费计价表(表-12-5),规费、税金项目计价表(表-13),发包人提供材料和工程设备一览表(表-20),承包人提供主要材料和工程设备一览表(适用于造价信息差额调整法)(表-21),承包人提供主要材料和工程设备一览表(适用于价格指数差额调整法)(表-22)。

1. 招标控制价封面

招标控制价封面(封-2)应填写招标工程项目的具体名称,招标人应盖单位公章,如委托工程造价咨询人编制,还应加盖工程造价咨询人所在单位公章。

招标控制价封面的样式见表14-1。

表 14-1　　　　　　　　　招标控制价封面

_____工程

招标控制价

招　标　人：_____

（单位盖章）

造价咨询人：_____

（单位盖章）

年　　月　　日

封-2

2. 招标控制价扉页

招标控制价扉页（扉-2）由招标人或招标人委托的工程造价咨询人编制招标控制价时填写。

招标人自行编制招标控制价的，编制人员必须是在招标人单位注册的造价人员，由招标人盖单位公章，法定代表人或其授权人签字或盖章；当编制人是注册造价工程师时，由其签字盖执业专用章；当编制人是造价员时，由其在编制人栏签字盖专用章，并应由注册造价工程师复核，在复核人栏签字盖执业专用章。

招标人委托工程造价咨询人编制招标控制价时，编制人员必须是在工程造价咨询人单位注册的造价人员。由工程造价咨询人盖单位资质专用章，法定代表人或其授权人签字或盖章；当编制人是注册造价工程师时，由其签字盖执业专用章；当编制人是造价员时，由其在编制人栏签字盖专用章，并应由注册造价工程师复核，在复核人栏签字盖执业专用章。

招标控制价扉页（扉-2）的样式见表 14-2。

表 14-2　　　　　　　　　　　招标控制价扉页

_____工程

招标控制价

招标控制价（小写）：_____
　　　　　（大写）：_____

招　标　人：_____　　　造价咨询人：_____
　　　　　（单位盖章）　　　　　　　　　　（单位资质专用章）

法定代表人　　　　　　　　　　　法定代表人
或其授权人：_____　　　或其授权人：_____
　　　　　（签字或盖章）　　　　　　　　　（签字或盖章）

编　制　人：_____　　　复　核　人：_____
　　　（造价人员签字盖专用章）　　　　（造价工程师签字盖专用章）

编制时间：　年　月　日　　　　　复核时间：　年　月　日

扉-2

3. 建设项目招标控制价汇总表

建设项目招标控制价汇总表（表-02）的样式见表 14-3。

表 14-3 　　　　　　　　　建设项目招标控制价汇总表

工程名称：　　　　　　　　　　　　　　　　　　　　　　　　　　　　　第　页共　页

序号	单项工程名称	金额/元	其中:/元		
			暂估价	安全文明施工费	规费
	合　　计				

注：本表适用于建设项目招标控制价的汇总。

表-02

4. 单项工程招标控制价汇总表

单项工程招标控制价汇总表(表-03)的样式见表 14-4。

表 14-4 　　　　　　　　　单项工程招标控制价汇总表

工程名称：　　　　　　　　　　　　　　　　　　　　　　　　　　　　　第　页共　页

序号	单位工程名称	金额/元	其中:/元		
			暂估价	安全文明施工费	规费
	合　　计				

注：本表适用于单项工程招标控制价的汇总。暂估价包括分部分项工程中的暂估价和专业工程暂估价。

表-03

5. 单位工程招标控制价汇总表

单位工程招标控制价汇总表(表-04)的样式见表 14-5。

表 14-5 　　　　　　　　　单位工程招标控制价汇总表

工程名称：　　　　　　　　　　标段：　　　　　　　　　　　　　　　第　页共　页

序号	汇总内容	金　额/元	其中:暂估价/元
1	分部分项工程		
1.1			
1.2			
1.3			
1.4			
1.5			

续表

序号	汇总内容	金额/元	其中:暂估价/元
2	措施项目		—
2.1	其中:安全文明施工费		—
3	其他项目		—
3.1	其中:暂列金额		—
3.2	其中:专业工程暂估价		—
3.3	其中:计日工		—
3.4	其中:总承包服务费		—
4	规费		—
5	税金		—
招标控制价合计＝1＋2＋3＋4＋5			

注:本表适用于单位工程招标控制价或投标报价的汇总,如无单位工程划分,单项工程也使用本表汇总。

表-04

第二节 投标报价

一、一般规定

(1)投标价应由投标人或受其委托具有相应资质的工程造价咨询人编制。

(2)投标价中除"13 计价规范"中规定的规费、税金及措施项目清单中的安全文明施工费应按国家或省级、行业建设主管部门的规定计价,不得作为竞争性费用外,其他项目的投标报价由投标人自主决定。

(3)投标人的投标报价不得低于工程成本。《中华人民共和国反不正当竞争法》第十一条规定:"经营者不得以排挤竞争对手为目的,以低于成本的价格销售商品"。《中华人民共和国招标投标法》第四十一规定:"中标人的投标应当符合下列条件……(二)能够满足招标文件的实质性要求,并且经评审的投标价格最低;但是投标价格低于成本的除外"。《评标委员会和评标方法暂行规定》(国家计委等七部委第 12 号令)第二十一条规定:"在评标过程中,评标委员会发现投标人的报价明显低于其他投标报价或者在设有标底时明显低于标底的,使得其投标报价可能低于其个别成本的,应当要求该投标人做出书面说明并提供相关证明材料。投标人不能合理说明或者不能提供相关证明材料的,由评标委员会认定该投标人以低于成本报价竞标,其投标应作废标处理"。

(4)实行工程量清单招标,招标人在招标文件中提供工程量清单,其目的是使各投标人在投标报价中具有共同的竞争平台。因此,要求投标人必须按招标工程量清单填报价格,工程量清单的项目编码、项目名称、项目特征、计量单位、工程数量必须与招标人招标文件中提供的招标工程量清单一致。

(5)根据《中华人民共和国政府采购法》第三十六条规定:"在招标采购中,出现下列情形之一的,应予废标……(三)投标人的报价均超过了采购预算,采购人不能支付的"。《中华人民共和国招标投标法实施条例》第五十一条规定:"有下列情形之一者,评标委员会应当否决其投标:……(五)投标报价低于成本或者高于招标文件设定的最高投标限价"。对于国有资金投资的工程,其招标控制价相当于政府采购中的采购预算,且其定义就是最高投标限价,因此投标人的投标报价不能高于招标控制价,否则,应予废标。

二、投标报价原则

(1)投标价应由投标人或受其委托具有相应资质的工程造价咨询人编制。投标价由投标人自主确定,但不得低于成本和高于招标控制价。

(2)投标人应按招标人提供的工程量清单填报价格。填写的项目编码、项目名称、项目特征、计量单位、工程量必须与招标人提供的一致。

(3)投标总价应当与分部分项工程费、措施项目费、其他项目费和规费、税金的合计金额一致。

(4)投标报价优惠的顺序为:①措施费项目;②人工、机械费;③变更风险不大的清单项目。投标人对投标总价的任何优惠(或降价、让利),应反映在相应清单项目的综合单价中,且禁止在工程总价基础上进行优惠(或降价、让利),这样便于后期的变更和结算。

三、投标报价准备工作

1. 搜集、熟悉资料

(1)招标单位提供的招标文件、工程设计图纸、有关技术说明书。

(2)国家及地区建设行政主管部门颁布的工程预算定额、单位估价表及与之配套的费用定额、工程量清单计价规范。

(3)当时当地的市场人工、材料、机械价格信息。

(4)企业内部的资源消耗量标准。

2. 调查投标环境

建设工程投标环境,主要包括自然环境和经济环境两个方面。

(1)自然环境,是指施工现场的水文、地质等自然条件,所有对工程施工带来影响的自然条件都要在投标报价中予以考虑。

(2)经济环境,是指投标单位在众多投标竞争者中所处的位置。其他投标竞争者的数量以及其工程管理水平的高低,都是工程招投标过程竞争激烈程度的决定性因素。在进行投标报价前,投标单位应尽量做到知己知彼,这样才能更有把握地做出竞标能力强的工程投标报价。

3. 制订合理的施工方案

施工方案在制定时,主要考虑施工方法、施工机具的配置、各工种的安排、现场施工人员的平衡、施工进度安排、施工现场的安全措施等。一个好的施工方案,可以大大降低投标报价,使报价的竞标力增强,而且它也是招标单位考虑投标方是否中标的一个重要因素。

四、投标报价编制与复核

1. 投标报价的编制依据

(1)"13计价规范"。

(2)国家或省级、行业建设主管部门颁发的计价办法。

(3)企业定额,国家或省级、行业建设主管部门颁发的计价定额和计价办法。

(4)招标文件、招标工程量清单及其补充通知、答疑纪要。

(5)建设工程设计文件及相关资料。

(6)施工现场情况、工程特点及投标时拟定的施工组织设计或施工方案。

(7)与建设项目相关的标准、规范等技术资料。

(8)市场价格信息或工程造价管理机构发布的工程造价信息。

(9)其他的相关资料。

2. 工程投标报价的内容

投标报价编制使用的表格包括:投标总价封面(封-3),投标总价扉页(扉-3),工程计价总说明表(表-01),建设项目投标报价汇总表(表-02),单项工程投标报价汇总表(表-03),单位工程投标报价汇总表(表-04),分部分项工程和单价措施项目清单与计价表(表-08),综合单价分析表(表-09),总价措施项目清单与计价表(表-11),其他项目清单与计价汇总表(表-12),暂列金额明细表(表-12-1),材料(工程设备)暂估单价及调整表(表-12-2),专业工程暂估价及结算价表(表-12-3),计日工表(表-12-4),总承包服务费计价表(表-12-5),规费、税金项目计价表(表-13),总价项目进度款支付分解表(表-16),发包人提供材料和工程设备一览表(表-20),承包人提供主要材料和工程设备一览表(适用于造价信息差额调整法)(表-21),承包人提供主要材料和工程设备一览表(适用于价格指数差额调整法)(表-22)。

(1)投标总价封面。

投标总价封面(封-3)应填写投标工程项目的具体名称,投标人应盖单位公章。

投标总价封面的样式见表14-6。

表14-6 投标总价封面

_____工程

投 标 总 价

投 标 人:_____
　　　　　　　（单位盖章）

年　月　日

封-3

(2)投标总价扉页。投标总价扉页(扉-3)由投标人编制投标报价时填写。投标人编制投标报价时,编制人员必须是在投标人单位注册的造价人员,由投标人盖单位公章,法定代表人或其授权签字或盖章；编制的造价人员(造价工程师或造价员)签字盖执业专用章。

投标总价扉页(扉-3)的样式见表14-7。

表 14-7　　　　　　　　　　　投标总价扉页

投 标 总 价

招　标　人：_____

工程名称：_____

投标总价(小写)：_____
　　　　　(大写)：_____

投　标　人：_____
　　　　　　　　　(单位盖章)

法定代表人
或其授权人：_____
　　　　　　　　　(签字或盖章)

编　制　人：_____
　　　　　　　　(造价人员签字盖专用章)

时　　间：　　　年　　月　　日

扉-3

3. 工程投标报价的确定

(1)综合单价中应考虑招标文件中要求投标人承担的风险内容及其范围(幅度)产生的风险费用，招标文件中没有明确的，应提请招标人明确。在施工过程中，当出现的风险内容及其范围(幅度)在合同约定的范围内时，合同价款不做调整。

(2)分部分项工程和措施项目中的单价项目，应根据招标文件和招标工程量清单项目中的特征描述确定综合单价。招标工程量清单的项目特征描述是确定分部分项工程和措施项目中的单价的重要依据之一，投标人投标报价时应依据招标工程量清单项目的特征描述确定清单项目的综合单价。招投标过程中，当出现招标工程量清单项目特征描述与设计图纸不符时，投标人应以招标工程量清单的项目特征描述为准,确定投标报价的综合单价。当施工中施工图纸或设计变更与招标工程量清单的项目特征描述不一致时,发、承包双方应按实际施工的项目特征,依据合同约定重新确定综合单价。

招标文件中提供了暂估单价的材料,应按暂估的单价计入综合单价;综合单价中应考虑招标文件中要求投标人承担的风险内容及其范围(幅度)产生的风险费用。在施工过程中,当出现的风险内容及其范围(幅度)在合同约定的范围内时,工程价款不做调整。

(3)投标人可根据工程实际情况并结合施工组织设计,对招标人所列的措施项目进行增补。由于各投标人拥有的施工装备、技术水平和采用的施工方法有所差异,招标人提出的措施项目清单是根据一般情况确定的,没有考虑不同投标人的"个性",投标人投标时应根据自身编制的投标施工组织设计或施工方案确定措施项目,对招标人提供的措施项目进行调整。投标人根据投标施工组织设计或施工方案调整和确定的措施项目应通过评标委员会的评审。

措施项目中的总价项目应采用综合单价计价。其中安全文明施工费应按国家或省级、行业建设主管部门的规定确定,且不得作为竞争性费用。

(4)其他项目应按下列规定报价:
1)暂列金额应按招标工程量清单中列出的金额填写,不得变动。
2)材料、工程设备暂估价应按招标工程量清单中列出的单价计入综合单价,不得变动和更改。
3)专业工程暂估价应按招标工程量清单中列出的金额填写,不得变动和更改。
4)计日工应按招标工程量清单中列出的项目和数量,自主确定综合单价并计算计日工金额。
5)总承包服务费应依据招标工程量清单中列出的专业工程暂估价内容和供应材料、设备情况,按照招标人提出的协调、配合与服务要求和施工现场管理需要自主确定。

(5)规费和税金应按国家或省级、行业建设主管部门的规定计算,不得作为竞争性费用。规费和税金的计取标准是依据有关法律、法规和政策规定制定的,具有强制性。投标人是法律、法规和政策的执行者,不能改变,更不能制定,而必须按照法律、法规、政策的有关规定执行。

(6)招标工程量清单与计价表中列明的所有需要填写单价和合价的项目,投标人均应填写且只允许有一个报价。未填写单价和合价的项目,可视为此项费用已包含在已标价工程量清单中其他项目的单价和合价之中。当竣工结算时,此项目不得重新组价予以调整。

(7)实行工程量清单招标时,投标人的投标总价应当与组成已标价工程量清单的分部分项工程费、措施项目费、其他项目费和规费、税金的合计金额相一致,即投标人在投标报价时,不能进行投标总价优惠(或降价、让利),投标人对招标人的任何优惠(或降价、让利)均应反映在相应清单项目的综合单价中。

4. 投标报价编制注意问题

(1)建立企业内部定额,提高自主报价能力。企业定额是指根据本企业施工技术和管理水平以及有关规范、工程造价资料制定的,供本企业使用的人工、材料和机械台班的消耗量标准。通过制定企业定额,施工企业可以清楚地计算出完成项目所需消耗的成本与工期,从而可以在投标报价时做到心中有数,避免盲目报价导致最终亏损。

(2)在投标报价书中,没有填写单价和合价的项目将不予支付,因此投标企业应仔细填写每一项的单价和合价,做到报价时不漏项、不缺项。

(3)如果需编制技术标及相应报价,应避免技术标报价与商务标报价出现重复,尤其是技术标中已经包括的措施项目,投标时应注意区分。

(4)掌握一定的投标报价策略和技巧,根据各种影响因素和工程具体情况灵活机动地调整报价,提高企业的市场竞争力。

第十五章

建筑工程结算

第一节 工程价款结算

一、工程价款主要结算方式

(1)按月结算。实行旬末或月中预支,月终结算,竣工后清算的方法。跨年度竣工的工程,在年终进行工程盘点,办理年度结算。我国现行建筑安装工程价款结算中,相当一部分是实行这种按月结算。

(2)竣工后一次结算。建设项目或单项工程全部建筑安装工程建设期在12个月以内,或者工程承包合同价值在100万元以下的,可以实行工程价款每月月中预支,竣工后一次结算。

(3)分段结算。即当年开工,当年不能竣工的单项工程或单位工程按照工程形象进度,划分不同阶段进行结算。分段结算可以按月预支工程款。分段的划分标准,由各部门、自治区、直辖市、计划单列市规定。

(4)目标结款方式。即在工程合同中,将承包工程的内容分解成不同的控制界面,以业主验收控制界面作为支付工程价款的前提条件。也就是说,将合同中的工程内容分解成不同的验收单元,当承包商完成单元工程内容并经业主(或其委托人)验收后,业主支付构成单元工程内容的工程价款。目标结款方式下,承包商要想获得工程价款,必须按照合同约定的质量标准完成界面内的工程内容;要想尽早获得工程价款,承包商必须充分发挥自己的组织实施能力,在保证质量前提下,加快施工进度。这意味着承包商拖延工期时,则业主推迟付款,增加承包商的财务费用、运营成本,降低承包商的收益,客观上使承包商因延迟工期而遭受损失。同样,当承包商积极组织施工,提前完成控制界面内的工程内容,则承包商可提前获得工程价款,增加承包收益,客观上承包商因提前工期而增加了有效利润。同时,因承包商在界面内质量达不到合同约定的标准而业主不予验收,承包商也会因此而遭受损失。可见,目标结款方式实质上是运用合同手段、财务手段对工程的完成进行主动控制。目标结款方式中,对控制界面的设定应明确描述,便于量化和质量控制,同时要适应项目资金的供应周期和支付频率。

(5)结算双方约定的其他结算方式。

二、工程价款结算内容

(1)工程预付款。工程预付款,又称为工程备料款,是指由施工单位自行采购建筑材料,根据工程承包合同(协议),建设单位在工程开工前按年度工程量的一定比例预付给施工单位的备料款,工程预付款的结算是指在工程后期随工程所需材料贮备逐渐减少,预付款以抵冲工程价款的方式陆续扣回。

(2)工程进度款。工程进度款是随工程的施工进度,由发包方按约定的期限支付给承包方的已完工程款。工程进度款的支付,一般按当月实际完成工程量进行结算,工程竣工后再办理竣工结算。在工程竣工前,承包人收取的工程预付款和进度款的总额一般不超过合同总额(包括工程合同签订后经发包方签证认可的增减工程款)的95%,其余5%尾款在工程竣工结算时除保修金外一并清算。

(3)竣工结算。工程结算是指施工单位按合同(协议)规定的内容全部完工、交工后,施工单位与建设单位按照合同(协议)约定的合同价款及合同价款调整内容进行的最终工程价款结算。

(4)保修金。工程保修金一般为施工合同价款的3%,在专用条款中具体规定。发包人在质量保修期后14天内,将剩余保修金和利息返还承包商。

三、工程价款结算方法

施工企业在采用按月结算工程价款方式时,要先取得各月实际完成的工程数量,并计算出已完工程造价。实际完成的工程数量,由施工单位根据有关资料计算,编制"已完工程月报表",然后按照发包单位编制"已完工程月报表",将各个发包单位的本月已完工程造价汇总反映。再根据"已完工程月报表"编制"工程价款结算账单",与"已完工程月报表"一起,分送发包单位和经办银行,据以办理结算。施工企业在采用分段结算工程价款方式时,要在合同中规定工程部位完工的月份,根据已完工程部位的工程数量计算已完工程造价,按发包单位编制"已完工程月报表"和"工程价款结算账单"。对于工期较短、能在年度内竣工的单项工程或小型建设项目,可在工程竣工后编制"工程价款结算账单",按合同中工程造价一次结算。"工程价款结算账单"是办理工程价款结算的依据。工程价款结算账单中所列应收工程款应与随同附送的"已完工程月报表"中的工程造价相符,"工程价款结算账单"除了列明应收工程款外,还应列明应扣预收工程款、预收备料款、发包单位供给材料价款等应扣款项,算出本月实收工程款。为了保证工程按期收尾竣工,工程在施工期间,不论工程长短,其结算工程款一般不得超过承包工程价值的95%,结算双方可以在5%的幅度内协商确定尾款比例,并在工程承包合同中说明。施工企业如已向发包单位出具履约保函或有其他保证的,可以不留工程尾款。

"已完工程月报表"和"工程价款结算账单"的格式见表15-1、表15-2。

表15-1　　　　　　　　　　　已完工程月报表

发包单位名称:　　　　　　　　　年　月　日　　　　　　　　　　　　　　元

单项工程和单位工程名称	合同造价	建筑面积	开竣工日期		实际完成数		备注
			开工日期	竣工日期	至上月(期)止已完工程累计	本月(期)已完工程	

施工企业:　　　　　　　　　　　　　　　　　　　　　编制日期:年　月　日

表 15-2   工程价款结算账单

发包单位名称：   年 月 日   元

单项工程和单位工程名称	合同造价	本月(期)应收工程款	应扣款项			本月(期)实收工程款	尚未归还	累计已收工程款	备注
			合计	预收工程款	预收备料款				

施工企业：   编制日期： 年 月 日

第二节　工程计量与工程价款支付管理

在建设工程承包中，工程的计量与价款支付管理是建设工程项目管理的重要内容。由于施工承包的方式有多种，因此，采用不同的施工承包合同，其计量与支付的方法应有所区别。这里主要介绍单价合同的计量与支付管理方法。

一、工程计量

1. 工程计量原则

工程量必须按照相关工程国家现行计量规范规定的工程量计算规则计算。工程计量可选择按月或按工程形象进度分段计量，具体计量周期应在合同中约定。因承包人原因造成的超出合同工程范围施工或返工的工程量，发包人不予计量。

2. 工程计量方法

(1)发承包双方采用"13 计价规范"规定的方法计量。
(2)如果合同条件与计量方法产生矛盾时，应以合同条件为准。
(3)除合同另有规定外，对所有工作项目只计量净值，而不考虑施工的具体方法和产生的各种损耗。工程量清单表中各项工作，应按实际建成后的工程量进行计量。
(4)除非合同条款另有规定，否则不应因某项工作数量上的增减，而改变该项工作的单价。
(5)合同中所有工程均采用法定计量单位进行计量。
(6)计量单位和计量的精确度按"13 计价规范"规定执行。

3. 工程计量程序

(1)计量报告。工程计量报告应符合以下要求：
1)合同有约定时，承包人应按照合同约定，向发包人递交已完工程量报告。发包人应在接到报告后按合同约定进行核对。

2)合同无约定时,按下述要求进行相关事宜:

①承包人应在每个月末或合同约定的工程段完成后向发包人递交上月或上一工程段已完工程量报告。

②发包人应在接到报告后7天内按施工图纸(含设计变更)进行工程量核对,核对时发包人应在24小时前通知承包人,承包人应提供条件并按时参加核对。

(2)计量结果处理。工程计量结果处理应按以下方法进行:

1)如发、承包双方均同意计量结果,则双方应签字确认,作为核对已完工程量。

2)如承包人收到通知后不参加计量核对,则由发包人核实的计量应认为是对工程量的正确计量。

3)如发包人未在规定的核对时间内进行计量核对,承包人提交的工程计量视为发包人已经认可。

4)如发包人未在规定的核对时间内通知承包人,致使承包人未能参加计量核对的,则由发包人所做的计量核实结果无效。

5)对于承包人超出施工图纸范围或因承包人原因造成返工的工程量,发包人不予计量。

6)如承包人不同意发包人核实的计量结果,承包人应在收到上述结果后7天内向发包人提出,申明承包人认为不正确的详细情况。发包人收到后,应在两天内重新核对有关工程量的计量,或予以确认,或将其修改。

二、工程价款支付管理

(一)预付款

(1)预付款是发包人为解决承包人在施工准备阶段资金周转问题提供的协助,预付款用于承包人为合同工程施工购置材料、工程设备,购置或租赁施工设备以及组织施工人员进场。预付款应专用于合同工程。

(2)按照财政部、原建设部印发的《建设工程价款结算暂行办法》的相关规定,"13计价规范"中对预付款的支付比例进行了约定:包工包料工程的预付款的支付比例不得低于签约合同价(扣除暂列金额)的10%,不宜高于签约合同价(扣除暂列金额)的30%。预付款的总金额,分期拨付次数,每次付款金额、付款时间等应根据工程规模、工期长短等具体情况,在合同中约定。

(3)承包人应在签订合同或向发包人提供与预付款等额的预付款保函(如有)后向发包人提交预付款支付申请。

(4)发包人应在收到支付申请的7天内进行核实,向承包人发出预付款支付证书,并在签发支付证书后的7天内向承包人支付预付款。

(5)发包人没有按合同约定按时支付预付款的,承包人可催告发包人支付;发包人在预付款期满后的7天内仍未支付的,承包人可在付款期满后的第8天起暂停施工。发包人应承担由此增加的费用和延误的工期,并应向承包人支付合理利润。

(6)当承包人取得相应的合同价款时,预付款应从每一个支付期应支付给承包人的工程进度款中扣回,直到扣回的金额达到合同约定的预付款金额为止。通常约定承包人完成签约合同价款的比例在20%~30%时,开始从进度款中按一定比例扣还。

(7)承包人的预付款保函(如有)的担保金额根据预付款扣回的数额相应递减,但在预付款全部扣回之前一直保持有效。发包人应在预付款扣完后的14天内将预付款保函退还给承包人。

(二)安全文明施工费

(1)财政部、国家安全生产监督管理总局印发的《企业安全生产费用提取和使用管理办法》(财企〔2012〕16号)第十九条规定:"建设工程施工企业安全费用应当按照以下范围使用:

1)完善、改造和维护安全防护设施设备支出(不含'三同时'要求初期投入的安全设施),包括施工现场临时用电系统、洞口、临边、机械设备、高处作业防护、交叉作业防护、防火、防爆、防尘、防毒、防雷、防台风、防地质灾害、地下工程有害气体监测、通风、临时安全防护等设施设备支出。

2)配备、维护、保养应急救援器材、设备支出和应急演练支出。

3)开展重大危险源和事故隐患评估、监控和整改支出。

4)安全生产检查、评价(不包括新建、改建、扩建项目安全评价)、咨询和标准化建设支出。

5)配备和更新现场作业人员安全防护用品支出。

6)安全生产宣传、教育、培训支出。

7)安全生产适用的新技术、新标准、新工艺、新装备的推广应用支出。

8)安全设施及特种设备检测检验支出。

9)其他与安全生产直接相关的支出。"

由于工程建设项目因专业及施工阶段的不同,对安全文明施工措施的要求也不一致,因此"13工程计量规范"针对不同的专业工程特点,规定了安全文明施工的内容和包含的范围。在实际执行过程中,安全文明施工费包括的内容及使用范围,既应符合国家现行有关文件的规定,也应符合"13工程计量规范"中的规定。

(2)发包人应在工程开工后的28天内预付不低于当年施工进度计划的安全文明施工费总额的60%,其余部分应按照提前安排的原则进行分解,并应与进度款同期支付。

(3)发包人没有按时支付安全文明施工费的,承包人可催告发包人支付;发包人在付款期满后的7天内仍未支付的,若发生安全事故,发包人应承担相应责任。

(4)承包人对安全文明施工费应专款专用,在财务账目中应单独列项备查,不得挪作他用,否则发包人有权要求其限期改正;逾期未改正的,造成的损失和延误的工期应由承包人承担。

(三)进度款

(1)发承包双方应按照合同约定的时间、程序和方法,根据工程计量结果,办理期中价款结算,支付进度款。

(2)发包人支付工程进度款时,其支付周期应与合同约定的工程计量周期一致。工程量的正确计量是发包人向承包人支付工程进度款的前提和依据。计量和付款周期可采用分段或按月结算的方式。

1)按月结算与支付。即实行按月支付进度款,竣工后结算的办法。合同工期在两个年度以上的工程,年终进行工程盘点,办理年度结算。

2)分段结算与支付。即当年开工、当年不能竣工的工程按照工程形象进度划分不同阶段,支付工程进度款。

当采用分段结算方式时,应在合同中约定具体的工程分段划分,付款周期应与计量周期一致。

(3)已标价工程量清单中的单价项目,承包人应按工程计量确认的工程量与综合单价计算;综合单价发生调整的,以发承包双方确认调整的综合单价计算进度款。

(4)已标价工程量清单中的总价项目和采用经审定批准的施工图纸及其预算方式发包形成

的总价合同应由承包人根据施工进度计划和总价构成、费用性质、计划发生时间和相应的工程量等因素按计量周期进行分解,分别列入进度款支付申请中的安全文明施工费和本周期应支付的总价项目的金额中,并形成进度款支付分解表在投标时提交,非招标工程在合同洽商时提交。在施工过程中,由于进度计划的调整,发承包双方应对支付分解进行调整。

1)已标价工程量清单中的总价项目进度款支付分解方法可选择以下之一(但不限于):

①将各个总价项目的总金额按合同约定的计量周期平均支付。

②按照各个总价项目的总金额占签约合同价的百分比,以及各个计量支付周期内所完成的单价项目的总金额,以百分比方式均摊支付。

③按照各个总价项目组成的性质(如时间、与单价项目的关联性等)分解到形象进度计划或计量周期中,与单价项目一起支付。

2)采用经审定批准的施工图纸及其预算方式发包形成的总价合同,除由于工程变更形成的工程量增减予以调整外,其工程量不予调整。因此,总价合同的进度款支付应按照计量周期进行支付分解,以便进度款有序支付。

(5)发包人提供的甲供材料金额,应按照发包人签约提供的单价和数量从进度款支付中扣除,列入本周期应扣减的金额中。

(6)承包人现场签证和得到发包人确认的索赔金额应列入本周期应增加的金额中。

(7)进度款的支付比例按照合同约定,按期中结算价款总额计,不低于60%,不高于90%。

(8)承包人应在每个计量周期到期后的7天内向发包人提交已完工程进度款支付申请一式四份,详细说明此周期认为有权得到的款额,包括分包人已完工程的价款。支付申请应包括下列内容:

1)累计已完成的合同价款。

2)累计已实际支付的合同价款。

3)本周期合计完成的合同价款:

①本周期已完成单价项目的金额。

②本周期应支付的总价项目的金额。

③本周期已完成的计日工价款。

④本周期应支付的安全文明施工费。

⑤本周期应增加的金额。

4)本周期合计应扣减的金额:

①本周期应扣回的预付款。

②本周期应扣减的金额。

5)本周期实际应支付的合同价款。

上述"本周期应增加的金额"中包括除单价项目、总价项目、计日工、安全文明施工费外的全部应增金额,如索赔、现场签证金额,"本周期应扣减的金额"包括除预付款外的全部应减金额。

由于进度款的支付比例最高不超过90%,而且根据原建设部、财政部印发的《建设工程质量保证金管理暂行办法》第七条规定:"全部或者部分使用政府投资的建设项目,按工程价款结算总额5%左右的比例预留保证金",因此"13计价规范"未在进度款支付中要求扣减质量保证金,而是在竣工结算价款中预留保证金。

(9)发包人应在收到承包人进度款支付申请后的14天内,根据计量结果和合同约定对申请内容予以核实,确认后向承包人出具进度款支付证书。若发承包双方对部分清单项目的计量结果出现争议,发包人应对无争议部分的工程计量结果向承包人出具进度款支付证书。

(10)发包人应在签发进度款支付证书后的14天内,按照支付证书列明的金额向承包人支付进度款。

(11)若发包人逾期未签发进度款支付证书,则视为承包人提交的进度款支付申请已被发包人认可,承包人可向发包人发出催告付款的通知。发包人应在收到通知后的14天内,按照承包人支付申请的金额向承包人支付进度款。

(12)发包人未按照规定支付进度款的,承包人可催告发包人支付,并有权获得延迟支付的利息;发包人在付款期满后的7天内仍未支付的,承包人可在付款期满后的第8天起暂停施工。发包人应承担由此增加的费用和延误的工期,向承包人支付合理利润,并应承担违约责任。

(13)发现已签发的任何支付证书有错、漏或重复的数额,发包人有权予以修正,承包人也有权提出修正申请。经发承包双方复核同意修正的,应在本次到期的进度款中支付或扣除。

(四)结算款支付

(1)承包人应根据办理的竣工结算文件向发包人提交竣工结算款支付申请。申请应包括下列内容:

1)竣工结算合同价款总额。
2)累计已实际支付的合同价款。
3)应预留的质量保证金。
4)实际应支付的竣工结算款金额。

(2)发包人应在收到承包人提交竣工结算款支付申请后7天内予以核实,向承包人签发竣工结算支付证书。

(3)发包人签发竣工结算支付证书后的14天内,应按照竣工结算支付证书列明的金额向承包人支付结算款。

(4)发包人在收到承包人提交的竣工结算款支付申请后7天内不予核实,不向承包人签发竣工结算支付证书的,视为承包人的竣工结算款支付申请已被发包人认可;发包人应在收到承包人提交的竣工结算款支付申请7天后的14天内,按照承包人提交的竣工结算款支付申请列明的金额向承包人支付结算款。

(5)工程竣工结算办理完毕后,发包人应按合同约定向承包人支付工程价款。发包人按合同约定应向承包人支付而未支付的工程款视为拖欠工程款。根据《最高人民法院关于审理建设工程施工合同纠纷案件适用法律问题的解释》(法释〔2004〕14号)第十七条:"当事人对欠付工程价款利息计付标准有约定的,按照约定处理;没有约定的,按照中国人民银行发布的同期同类贷款利率信息。发包人应向承包人支付拖欠工程款的利息,并承担违约责任。"和《中华人民共和国合同法》第二百八十六条:"发包人未按照合同约定支付价款的,承包人可以催告发包人在合理期限内支付价款。发包人逾期不支付的,除按照建设工程的性质不宜折价、拍卖的以外,承包人可以与发包人协议将该工程折价,也可以申请人民法院将该工程依法拍卖。建设工程的价款就该工程折价或者拍卖的价款优先受偿。"等规定,"13计价规范"中指出:"发包人未按照上述第(3)条和第(4)条规定支付竣工结算款的,承包人可催告发包人支付,并有权获得延迟支付的利息。发包人在竣工结算支付证书签发后或者在收到承包人提交的竣工结算款支付申请7天后的56天内仍未支付的,除法律另有规定外,承包人可与发包人协商将该工程折价,也可直接向人民法院申请将该工程依法拍卖。承包人应就该工程折价或拍卖的价款优先受偿"。

优先受偿,最高人民法院在《关于建设工程价款优先受偿权的批复》(法释〔2002〕16号)中规定如下:

1)人民法院在审理房地产纠纷案件和办理执行案件中,应当依照《中华人民共和国合同法》第二百八十六条的规定,认定建筑工程的承包人的优先受偿权优于抵押权和其他债权。

2)消费者交付购买商品房的全部或者大部分款项后,承包人就该商品房享有的工程价款优先受偿权不得对抗买受人。

3)建设工程价款包括承包人为建设工程应当支付的工作人员报酬、材料款等实际支出的费用,不包括承包人因发包人违约所造成的损失。

4)建设工程承包人行使优先权的期限为六个月,自建设工程竣工之日或者建设工程合同约定的竣工之日起计算。

(五)质量保证金

(1)发包人应按照合同约定的质量保证金比例从结算款中预留质量保证金。质量保证金用于承包人按照合同约定履行属于自身责任的工程缺陷修复义务的,为发包人有效监督承包人完成缺陷修复提供资金保证。原建设部、财政部印发的《建设工程质量保证金管理暂行办法》(建质〔2005〕7号)第七条规定:"全部或者部分使用政府投资的建设项目,按工程价款结算总额5%左右的比例预留保证金。社会投资项目采用预留保证金方式的,预留保证金的比例可参照执行"。

(2)承包人未按照合同约定履行属于自身责任的工程缺陷修复义务的,发包人有权从质量保证金中扣除用于缺陷修复的各项支出。经查验,工程缺陷属于发包人原因造成的,应由发包人承担查验和缺陷修复的费用。

(3)在合同约定的缺陷责任期终止后,发包人应按照规定,将剩余的质量保证金返还给承包人。原建设部、财政部印发的《建设工程质量保证金管理暂行办法》(建质〔2005〕7号)第九条规定:"缺陷责任期内,承包人认真履行合同约定的责任,到期后,承包人向发包人申请返还保证金"。

(六)最终结清

(1)缺陷责任期终止后,承包人已完成合同约定的全部承包工作,但合同工程的财务账目需要结清,因此承包人应按照合同约定向发包人提交最终结清支付申请。发包人对最终结清支付申请有异议的,有权要求承包人进行修正和提供补充资料。承包人修正后,应再次向发包人提交修正后的最终结清支付申请。

(2)发包人应在收到最终结清支付申请后的14天内予以核实,并应向承包人签发最终结清支付证书。

(3)发包人应在签发最终结清支付证书后的14天内,按照最终结清支付证书列明的金额向承包人支付最终结清款。

(4)发包人未在约定的时间内核实,又未提出具体意见的,应视为承包人提交的最终结清支付申请已被发包人认可。

(5)发包人未按期最终结清支付的,承包人可催告发包人支付,并有权获得延迟支付的利息。

(6)最终结清时,承包人被预留的质量保证金不足以抵减发包人工程缺陷修复费用的,承包人应承担不足部分的补偿责任。

(7)承包人对发包人支付的最终结清款有异议的,应按照合同约定的争议解决方式处理。

三、争议的处理

施工合同履行过程中出现争议是在所难免的,解决合同履行过程中争议的主要方法包括协商、调解、仲裁和诉讼四种。当发承包双方发生争议后,可以先进行协商和解从而达到消除争议的目的,也可以请第三方进行调解;若争议继续存在,发承包双方可以继续通过仲裁或诉讼的途径解决,也可以直接进入仲裁或诉讼程序解决争议。不论采用何种方式解决发承包双方的争议,只有及时并有效地解决施工过程中的合同价款争议,才是工程建设顺利进行的必要保证。

(一)监理或造价工程师暂定

从我国现行施工合同示范文本、监理合同示范文本、造价咨询合同示范文本的内容可以看出,合同中一般均会对总监理工程师或造价工程师在合同履行过程中发承包双方的争议如何处理有所约定。为使合同争议在施工过程中就能够由总监理工程师或造价工程师予以解决,"13计价规范"对总监理工程师或造价工程师的合同价款争议处理流程及职责权限进行了如下约定:

(1)若发包人和承包人之间就工程质量、进度、价款支付与扣除、工期延期、索赔、价款调整等发生任何法律上、经济上或技术上的争议,首先应根据已签约合同的规定,提交合同约定职责范围内的总监理工程师或造价工程师解决,并应抄送另一方。总监理工程师或造价工程师在收到此提交件后14天内应将暂定结果通知发包人和承包人。发承包双方对暂定结果认可的,应以书面形式予以确认,暂定结果成为最终决定。

(2)发承包双方在收到总监理工程师或造价工程师的暂定结果通知之后的14天内未对暂定结果予以确认也未提出不同意见的,应视为发承包双方已认可该暂定结果。

(3)发承包双方或一方不同意暂定结果的,应以书面形式向总监理工程师或造价工程师提出,说明自己认为正确的结果,同时抄送另一方,此时该暂定结果成为争议。在暂定结果对发承包双方当事人履约不产生实质影响的前提下,发承包双方应实施该结果,直到按照发承包双方认可的争议解决办法被改变为止。

(二)管理机构的解释和认定

(1)合同价款争议发生后,发承包双方可就工程计价依据的争议以书面形式提请工程造价管理机构对争议以书面文件进行解释或认定。工程造价管理机构是工程造价计价依据、办法以及相关政策的制定和管理机构。对发包人、承包人或工程造价咨询人在工程计价中的计价依据、办法以及相关政策规定发生的争议进行解释是工程造价管理机构的职责。

(2)工程造价管理机构应在收到申请的10个工作日内就发承包双方提请的争议问题进行解释或认定。

(3)发承包双方或一方在收到工程造价管理机构书面解释或认定后仍可按照合同约定的争议解决方式提请仲裁或诉讼。除工程造价管理机构的上级管理部门做出了不同的解释或认定,或在仲裁裁决或法院判决中不予采信的外,工程造价管理机构做出的书面解释或认定应为最终结果,并应对发承包双方均有约束力。

(三)协商和解

(1)合同价款争议发生后,发承包双方任何时候都可以进行协商。协商达成一致的,双方应签订书面和解协议,并明确和解协议对发承包双方均有约束力。

(2)如果协商不能达成一致协议,发包人或承包人都可以按合同约定的其他方式解决争议。

(四)调解

按照《中华人民共和国合同法》的规定,当事人可以通过调解解决合同争议,但在工程建设领域,目前的调解主要出现在仲裁或诉讼中,即司法调解;有的通过建设行政主管部门或工程造价管理机构处理,双方认可,即行政调解。司法调解耗时较长,且增加了诉讼成本;行政调解受行政管理人员专业水平、处理能力等的影响,其效果也受到限制。因此,"13计价规范"提出了由发承包双方约定相关工程专家作为合同工程争议调解人的思路,类似于国外的争议评审或争端裁决,可定义为专业调解,这在我国合同法的框架内,为有法可依,使争议尽可能在合同履行过程中得到解决,确保工程建设顺利进行。

(1)发承包双方应在合同中约定或在合同签订后共同约定争议调解人,负责双方在合同履行过程中发生争议的调解。

(2)合同履行期间,发承包双方可协议调换或终止任何调解人,但发包人或承包人都不能单独采取行动。除非双方另有协议,在最终结清支付证书生效后,调解人的任期应即终止。

(3)如果发承包双方发生了争议,任何一方可将该争议以书面形式提交调解人,并将副本抄送另一方,委托调解人调解。

(4)发承包双方应按照调解人提出的要求,给调解人提供所需要的资料、现场进入权及相应设施。调解人不应被视为是在进行仲裁人的工作。

(5)调解人应在收到调解委托后28天内或由调解人建议并经发承包双方认可的其他期限内提出调解书,发承包双方接受调解书的,经双方签字后作为合同的补充文件,对发承包双方均具有约束力,双方都应立即遵照执行。

(6)当发承包双方中任一方对调解人的调解书有异议时,应在收到调解书后28天内向另一方发出异议通知,并应说明争议的事项和理由。但除非并直到调解书在协商和解或仲裁裁决、诉讼判决中做出修改,或合同已经解除,否则承包人应继续按照合同实施工程。

(7)当调解人已就争议事项向发承包双方提交了调解书,而任一方在收到调解书后28天内均未发出表示异议的通知时,调解书对发承包双方应均具有约束力。

(五)仲裁、诉讼

(1)发承包双方的协商和解或调解均未达成一致意见,其中的一方已就此争议事项根据合同约定的仲裁协议申请仲裁,应同时通知另一方。进行协议仲裁时,应遵守《中华人民共和国仲裁法》的有关规定,如第四条:"当事人采用仲裁方式解决纠纷,应当双方自愿,达成仲裁协议。没有仲裁协议,一方申请仲裁的,仲裁委员会不予受理";第五条:"当事人达成仲裁协议,一方向人民法院起诉的,人民法院不予受理,但仲裁协议无效的除外";第六条:"仲裁委员会应当由当事人协议选定。仲裁不实行级别管辖和地域管辖"。

(2)仲裁可在竣工之前或之后进行,但发包人、承包人、调解人各自的义务不得因在工程实施期间进行仲裁而有所改变。当仲裁是在仲裁机构要求停止施工的情况下进行时,承包人应对合同工程采取保护措施,由此增加的费用应由败诉方承担。

(3)在前述"(一)"至"(四)"中规定的期限之内,暂定或和解协议或调解书已经有约束力的情况下,当发承包中一方未能遵守暂定或和解协议或调解书时,另一方可在不损害他可能具有的任何其他权利的情况下,将未能遵守或不执行和解协议或调解书达成的事项提交仲裁。

(4)发包人、承包人在履行合同时发生争议,双方不愿和解、调解或者和解、调解不成,又没有达成仲裁协议的,可依法向人民法院提起诉讼。

第三节 竣工结算

一、竣工结算的概念及作用

竣工结算是指一个单位或单项建筑安装工程完工,并经发包人及有关部门验收移交后办理的工程财务结算。竣工结算是工程的最终造价、实际造价。工程完工后,发、承包双方应在合同约定时时内办理工程竣工结算。工程竣工结算由承包人或受其委托具有相应资质的工程造价咨询人编制,由发包人或受其委托具有相应资质的工程造价咨询人核对。

竣工结算的作用主要体现在以下几个方面:

(1)竣工结算是确定工程最终造价,完结发包人与承包人合同关系的经济责任的依据。

(2)竣工结算为承包人确定工程的最终收入,是承包人经济核算和考核工程成本的依据。

(3)竣工结算反映建筑安装工程工作量和实物量的实际完成情况,是发包人编报竣工决算的依据。

(4)竣工结算反映建筑安装工程实际造价,是编制概算定额、概算指标的基础资料。

二、竣工结算编制

(一)竣工结算编制原则

(1)严格遵守国家和地方的有关规定,以保证建筑产品价格的统一性和准确性。

(2)坚持实事求是的原则。编制竣工结算书的项目,必须是具备结算条件的项目。对要办理竣工结算的工程项目内容进行全面清点,包括工程数量、质量等,都必须符合设计要求及施工验收规范。未完工程或工程质量不合格的,不能结算;需要返工的应返修,并经验收点交后,才能结算。

(二)竣工结算编制依据

(1)国家有关法律、法规、规章制度和相关的司法解释。

(2)国务院建设行政主管部门以及各省、自治区、直辖市和有关部门发布的工程造价计价标准、计价办法、有关规定及相关解释。

(3)施工发承包合同、专业分包合同及补充合同,有关材料、设备采购合同。

(4)招投标文件,包括招标答疑文件、投标承诺、中标报价书及其组成内容。

(5)工程竣工图或施工图、施工图会审记录,经批准的施工组织设计,以及设计变更、工程洽商和相关会议纪要。

(6)经批准的开、竣工报告或停、复工报告。

(7)建设工程工程量清单计价规范或工程预算定额、费用定额及价格信息、调价规定等。

(8)工程预算书。

(9)影响工程造价的相关资料。

(10)结算编制委托合同。

(三)竣工结算编制要求

(1)竣工结算一般经过发包人或有关单位验收合格且点交后方可进行。

(2)竣工结算应以施工发承包合同为基础,按合同约定的工程价款调整方式对原合同价款进行调整。

(3)竣工结算应核查设计变更、工程洽商等工程资料的合法性、有效性、真实性和完整性。对有疑义的工程实体项目,应视现场条件和实际需要核查隐蔽工程。

(4)建设项目由多个单项工程或单位工程构成的,应按建设项目划分标准的规定,将各单项工程或单位工程竣工结算汇总,编制相应的工程结算书,并撰写编制说明。

(5)实行分阶段结算的工程,应将各阶段工程结算汇总,编制工程结算书,并撰写编制说明。

(6)实行专业分包结算的工程,应将各专业分包结算汇总在相应的单位工程或单项工程结算内,并撰写编制说明。

(7)竣工结算编制应采用书面形式,有电子文本要求的应一并报送与书面形式内容一致的电子版本。

(8)竣工结算应严格按工程结算编制程序进行编制,做到程序化、规范化,结算资料必须完整。

(四)竣工结算编制程序

(1)竣工结算应按准备、编制和定稿三个工作阶段进行,并实行编制人、校对人和审核人分别署名盖章确认的内部审核制度。

(2)结算编制准备阶段。

1)收集与工程结算编制相关的原始资料。

2)熟悉工程结算资料内容,并进行分类、归纳、整理。

3)召集相关单位或部门的有关人员参加工程结算预备会议,对结算内容和结算资料进行核对与充实完善。

4)收集建设期内影响合同价格的法律和政策性文件。

(3)结算编制阶段。

1)根据竣工图及施工图以及施工组织设计进行现场踏勘,对需要调整的工程项目进行观察、对照、必要的现场实测和计算,做好书面或影像记录。

2)按既定的工程量计算规则计算需调整的分部分项、施工措施或其他项目工程量。

3)按招投标文件、施工发承包合同规定的计价原则和计价办法对分部分项、施工措施或其他项目进行计价。

4)对于工程量清单或定额缺项以及采用新材料、新设备、新工艺的,应根据施工过程中的合理消耗和市场价格,编制综合单价或单位估价分析表。

5)工程索赔应按合同约定的索赔处理原则、程序和计算方法,提出索赔费用,经发包人确认后作为结算依据。

6)汇总计算工程费用,包括编制分部分项工程费、施工措施项费、其他项目费、零星工作项目费等表格,初步确定工程结算价格。

7)编写编制说明。

8)计算主要技术经济指标。

9)提交结算编制的初步成果文件待校对、审核。

(4)结算编制定稿阶段。

1)由结算编制受托人单位的部门负责人对初步成果文件进行检查、校对。

2)由结算编制受托人单位的主管负责人审核批准。

3)在合同约定的期限内,向委托人提交经编制人、校对人、审核人和受托人单位盖章确认的正式的结算编制文件。

(五)竣工结算编制方法

(1)竣工结算的编制应区分施工发承包合同类型,采用相应的编制方法。

1)采用总价合同的,应在合同价基础上对设计变更、工程洽商以及工程索赔等合同约定可以调整的内容进行调整。

2)采用单价合同的,应计算或核定竣工图或施工图以内的各个分部分项工程量,依据合同约定的方式确定分部分项工程项目价格,并对设计变更、工程洽商、施工措施以及工程索赔等内容进行调整。

3)采用成本加酬金合同的,应依据合同约定的方法计算各个分部分项工程以及设计变更、工程洽商、施工措施等内容的工程成本,并计算酬金及有关税费。

(2)竣工结算中涉及工程单价调整时,应当遵循以下原则:

1)合同中已有适用于变更工程、新增工程单价的,按已有的单价结算。

2)合同中有类似变更工程、新增工程单价的,可以参照类似单价作为结算依据。

3)合同中没有适用或类似变更工程、新增工程单价的,结算编制受托人可商洽承包人或发包人提出适当的价格,经对方确认后作为结算依据。

(3)竣工结算编制中涉及的工程单价应按合同要求分别采用综合单价或工料单价。工程量清单计价的工程项目应采用综合单价;定额计价的工程项目可采用工料单价。

三、竣工结算价编制标准格式

竣工结算价编制使用的表格包括:竣工结算书封面(封-4),竣工结算总价扉页(扉-4),工程计价总说明表(表-01),建设项目竣工结算汇总表(表-05),单项工程竣工结算汇总表(表-06),单位工程竣工结算汇总表(表-07),分部分项工程和单价措施项目清单与计价表(表-08),综合单价分析表(表-09),综合单价调整表(表-10),总价措施项目清单与计价表(表-11),其他项目清单与计价汇总表(表-12),暂列金额明细表(表-12-1),材料(工程设备)暂估单价及调整表(表-12-2),专业工程暂估价及结算价表(表-12-3),计日工表(表-12-4),总承包服务费计价表(表-12-5),索赔与现场签证计价汇总表(表-12-6),费用索赔申请(核准)表(表-12-7),现场签证表(表-12-8),规费、税金项目计价表(表-13),工程计量申请(核准)表(表-14),预付款支付申请(核准)表(表-15),总价项目进度款支付分解表(表-16),进度款支付申请(核准)表(表-17),竣工结算款支付申请(核准)表(表-18),最终结清支付申请(核准)表(表-19),发包人提供材料和工程设备一览表(表-20),承包人提供主要材料和工程设备一览表(适用于造价信息差额调整法)(表-21),承包人提供主要材料和工程设备一览表(适用于价格指数差额调整法)(表-22)。

1. 竣工结算书封面

竣工结算书封面(封-4)应填写竣工工程的具体名称,发承包双方应盖单位公章,如委托工程造价咨询人办理的,还应加盖工程造价咨询人所在单位公章。

竣工结算书封面的样式见表 15-3。

表 15-3　　　　　竣工结算书封面

_____工程

竣工结算书

发 包 人：_____
　　　　　　　（单位盖章）

承 包 人：_____
　　　　　　　（单位盖章）

造价咨询人：_____
　　　　　　　　（单位盖章）

年　　月　　日

封-4

2. 竣工结算总价扉页

　　承包人自行编制竣工结算总价的,编制人员必须是承包人单位注册的造价人员。由承包人盖单位公章,法定代表人或其授权人签字或盖章;编制的造价人员(造价工程师或造价员)签字盖执业专用章。

发包人自行核对竣工结算时，核对人员必须是在发包人单位注册的造价工程师。由发包人盖单位公章，法定代表人或其授权人签字或盖章，核对的造价工程师签字盖执业专用章。

发包人委托工程造价咨询人核对竣工结算时，核对人员必须是在工程造价咨询人单位注册的造价工程师。由发包人盖单位公章，法定代表人或其授权人签字盖章；工程造价咨询人盖单位资质专用章，法定代表人或其授权人签字或盖章；核对的造价工程师签字盖执业专用章。

除非出现发包人拒绝或不答复承包人竣工结算书的特殊情况，否则竣工结算办理完毕后，竣工结算总价封面发承包双方的签字、盖章应当齐全。

竣工结算总价扉页（扉-4）的样式见表15-4。

表15-4　　　　　　　　　　　　竣工结算总价扉页

_____工程

竣工结算总价

签约合同价(小写)：_____(大写)：_____

竣工结算价(小写)：_____(大写)：_____

发 包 人：_____　承包人：_____　造价咨询人：_____
　　　　（单位盖章）　　　　（单位盖章）　　　　　（单位资质专用章）

法定代表人　　　　法定代表人　　　　法定代表人
或其授权人：_____　或其授权人：_____　或其授权人：_____
　　（签字或盖章）　　　（签字或盖章）　　　　（签字或盖章）

编 制 人：_____　　　核 对 人：_____
　　（造价人员签字盖专用章）　　（造价工程师签字盖专用章）

编制时间：　年　月　日　　　核对时间：　年　月　日

扉-4

3. 建设项目竣工结算汇总表

建设项目竣工结算汇总表(表-05)的样式见表 15-5。

表 15-5　　　　　　　　　　建设项目竣工结算汇总表

工程名称：　　　　　　　　　　　　　　　　　　　　　　　　　　第　页共　页

序号	单项工程名称	金额/元	其中:/元	
			安全文明施工费	规费
	合　　计			

表-05

4. 单项工程竣工结算汇总表

单项工程竣工结算汇总表(表-06)的样式见表 15-6。

表 15-6　　　　　　　　　　单项工程竣工结算汇总表

工程名称：　　　　　　　　　　　　　　　　　　　　　　　　　　第　页共　页

序号	单位工程名称	金额/元	其中:/元	
			安全文明施工费	规费
	合　　计			

表-06

5. 单位工程竣工结算汇总表

单位工程竣工结算汇总表(表-07)的样式见表 15-7。

表 15-7　　　　　　　　　　　单位工程竣工结算汇总表

工程名称：　　　　　　　　　　标段：　　　　　　　　　　第　页共　页

序号	汇总内容	金　额/元
1	分部分项工程	
1.1		
1.2		
1.3		
1.4		
1.5		
2	措施项目	
2.1	其中:安全文明施工费	
3	其他项目费	
3.1	其中:专业工程结算价	
3.2	其中:计日工	
3.3	其中:总承包服务费	
3.4	其中:索赔与现场签证	
4	规费	
5	税金	
竣工结算总价合计＝1＋2＋3＋4＋5		

注:如无单位工程划分,单项工程也使用本表汇总。

表-07

6. 工程计量申请(核准)表

工程计量申请(核准)表(表-14)填写的"项目编码"、"项目名称"、"计量单位"应与已标价工程量清单中一致,承包人应在合同约定的计量周期结束时,将申报数量填写在申报数量栏,发包人核对后如与承包人填写的数量不一致，则在核实数量栏填上核实数量，经发承包双方共同核对确认的计量结果填在确认数量栏。

工程计量申请(核准)表的样式见表 15-8。

表 15-8　　　　　　　　　　　　**工程计量申请(核准)表**

工程名称：　　　　　　　　　　　标段：　　　　　　　　　　第　页 共　页

序号	项目编码	项目名称	计量单位	承包人申报数量	发包人核实数量	发承包人确认数量	备注

承包人代表：	监理工程师：	造价工程师：	发包人代表：
日期：	日期：	日期：	日期：

表-14

7. 预付款支付申请(核准)表

预付款支付申请(核准)表(表-15)的样式见表15-9。

表 15-9　　　　　　　　　预付款支付申请(核准)表

致：_____(发包人全称)

　　我方根据施工合同的约定,现申请支付工程预付款额为(大写)_____

(小写_____),请予核准。

序号	名　　称	申请金额/元	复核金额/元	备　注
1	已签约合同价款金额			
2	其中：安全文明施工费			
3	应支付的预付款			
4	应支付的安全文明施工费			
5	合计应支付的预付款			

　　　　　　　　　　　　　　　　　　　　　　　　承包人(章)

　　造价人员_____　　承包人代表_____　　日　期_____

复核意见：
□与合同约定不相符,修改意见见附件。
□与合同约定相符,具体金额由造价工程师复核。

复核意见：
　　你方提出的支付申请经复核,应支付预付款金额为(大写)_____(小写_____)。

　　　　　监理工程师_____　　　　　　　　造价工程师_____
　　　　　日　　期_____　　　　　　　　　日　　期_____

审核意见：
□不同意。
□同意,支付时间为本表签发后的15天内。

　　　　　　　　　　　　　　　　　　　　　　　　发包人(章)
　　　　　　　　　　　　　　　　　　　　　　　　发包人代表_____
　　　　　　　　　　　　　　　　　　　　　　　　日　　期_____

注：1. 在选择栏中"□"内做标识"√"。
　　2. 本表一式四份,由承包人填报,发包人、监理人、造价咨询人、承包人各存一份。

表-15

四、竣工结算的审查

1. 竣工结算审查依据

(1)工程结算审查委托合同和完整、有效的工程结算文件。
(2)工程结算审查依据主要有以下几个方面:
1)建设期内影响合同价格的法律、法规和规范性文件。
2)工程结算审查委托合同。
3)完整、有效的工程结算书。
4)施工发承包合同、专业分包合同及补充合同,有关材料、设备采购合同。
5)与工程结算编制相关的国务院建设行政主管部门以及各省、自治区、直辖市和有关部门发布的建设工程造价计价标准、计价方法、计价定额、价格信息、相关规定等计价依据。
6)招标文件、投标文件。
7)工程竣工图或施工图、经批准的施工组织设计、设计变更、工程洽商、索赔与现场签证,以及相关的会议纪要。
8)工程材料及设备中标价、认价单。
9)双方确认追加(减)的工程价款。
10)经批准的开、竣工报告或停、复工报告。
11)工程结算审查的其他专项规定。
12)影响工程造价的其他相关资料。

2. 竣工结算审查要求

(1)严禁采取抽样审查、重点审查、分析对比审查和经验审查的方法,避免审查疏漏现象发生。
(2)应审查结算文件和与结算有关的资料的完整性和符合性。
(3)按施工发承包合同约定的计价标准或计价方法进行审查。
(4)对合同未作约定或约定不明的,可参照签订合同时当地建设行政主管部门发布的计价标准进行审查。
(5)对工程结算内多计、重列的项目应予以扣减;对少计、漏项的项目应予以调增。
(6)对工程结算与设计图纸或事实不符的内容,应在掌握工程事实和真实情况的基础上进行调整。工程造价咨询单位在工程结算审查时发现的工程结算与设计图纸或与事实不符的内容应约请各方履行完善的确认手续。
(7)对由总承包人分包的工程结算,其内容与总承包合同主要条款不相符的,应按总承包合同约定的原则进行审查。
(8)竣工结算审查文件应采用书面形式,有电子文本要求的应采用与书面形式内容一致的电子版本。
(9)竣工审查的编制人、校对人和审核人不得由同一人担任。
(10)竣工结算审查受托人与被审查项目的发承包双方有利害关系,可能影响公正的,应予以回避。

3. 竣工结算审查程序

(1)工程结算审查应按准备、审查和审定三个工作阶段进行,并实行编制人、校对人和审核人分别署名盖章确认的内部审核制度。

(2) 结算审查准备阶段。

1) 审查工程结算手续的完备性、资料内容的完整性,对不符合要求的应退回限时补正。

2) 审查计价依据及资料与工程结算的相关性、有效性。

3) 熟悉招投标文件、工程发承包合同、主要材料设备采购合同及相关文件。

4) 熟悉竣工图纸或施工图纸、施工组织设计、工程状况,以及设计变更、工程洽商和工程索赔情况等。

(3) 结算审查阶段。

1) 审查结算项目范围、内容与合同约定的项目范围、内容的一致性。

2) 审查工程量计算准确性、工程量计算规则与计价规范或定额保持一致性。

3) 审查结算单价时应严格执行合同约定或现行的计价原则、方法。对于清单或定额缺项以及采用新材料、新工艺的,应根据施工过程中的合理消耗和市场价格审核结算单价。

4) 审查变更身份证凭据的真实性、合法性、有效性,核准变更工程费用。

5) 审查索赔是否依据合同约定的索赔处理原则、程序和计算方法以及索赔费用的真实性、合法性、准确性。

6) 审查取费标准时,应严格执行合同约定的费用定额标准及有关规定,并审查取费依据的时效性、相符性。

7) 编制与结算相对应的结算审查对比表。

(4) 结算审定阶段。

1) 工程结算审查初稿编制完成后,应召开由结算编制人、结算审查委托人及结算审查受托人共同参加的会议,听取意见,并进行合理的调整。

2) 由结算审查受托人单位的部门负责人对结算审查的初步成果文件进行检查、校对。

3) 由结算审查受托人单位的主管负责人审核批准。

4) 发承包双方代表人和审查人应分别在"结算审定签署表"上签认并加盖公章。

5) 对结算审查结论有分歧的,应在出具结算审查报告前,至少组织两次协调会;凡不能共同签认的,审查受托人可适时结束审查工作,并做出必要说明。

6) 在合同约定的期限内,向委托人提交经结算审查编制人、校对人、审核人和受托人单位盖章确认的正式的结算审查报告。

4. 竣工结算审查方法

(1) 竣工结算的审查应依据施工发承包合同约定的结算方法进行,根据施工发承包合同类型,采用不同的审查方法。本节审查方法主要适用于采用单价合同的工程量清单单价法编制竣工结算的审查。

(2) 审查工程结算,除合同约定的方法外,对分部分项工程费用的审查应按照规定。

(3) 竣工结算审查时,对原招标工程量清单描述不清或项目特征发生变化,以及变更工程、新增工程中的综合单价应按下列方法确定:

1) 合同中已有使用的综合单价,应按已有的综合单价确定。

2) 合同中有类似的综合单价,可参照类似的综合单价确定。

3) 合同中没有适用或类似的综合单价,由承包人提出综合单价,经发包人确认后执行。

(4) 竣工结算审查中涉及措施项目费用的调整时,措施项目费应依据合同约定的项目和金额计算,发生变更、新增的措施项目,以发承包双方合同约定的计价方式计算,其中措施项目清单中的安全文明措施费用应审查是否按国家或省级、行业建设主管部门的规定计算。施工合同中未约定措施项目费结算方法时,审查措施项目费按以下方法审查:

1)审查与分部分项实体消耗相关的措施项目,应随该分部分项工程的实体工程量的变化是否依据双方确定的工程量、合同约定的综合单价进行结算。

2)审查独立性的措施项目是否按合同价中相应的措施项目费用进行结算。

3)审查与整个建设项目相关的综合取定的措施项目费用是否参照投标报价的取费基数及费率进行结算。

(5)竣工结算审查中涉及其他项目费用的调整时,按下列方法确定:

1)审查计日工是否按发包人实际签证的数量、投标时的计日工单价,以及确认的事项进行结算。

2)审查暂估价中的材料单价是否按发承包双方最终确认价在分部分项工程费中对相应综合单件进行调整,计入相应分部分项工程费用。

3)对专业工程结算价的审查应按中标价或发包人、承包人与分包人最终确定的分包工程价进行结算。

4)审查总承包服务费是否依据合同约定的结算方式进行结算,以总价形式固定的总承包服务费不予调整,以费率形式确定的总包服务费,应按专业分包工程中标价或发包人、承包人与分包人最终确定的分包工程价为基数和总承包单位的投标费率计算总承包服务费。

5)审查计算金额是否按合同约定计算实际发生的费用,并分别列入相应的分部分项工程费、措施项目费中。

(6)投标工程量清单的漏项、设计变更、工程洽商等费用应依据施工图以及发承包双方签证资料确认的数量和合同约定的计价方式进行结算,其费用列入相应的分部分项工程费或措施项目费中。

(7)竣工结算审查中涉及索赔费用的计算时,应依据发承包双发确认的索赔事项和合同约定的计价方式进行结算,其费用列入相应的分部分项工程费或措施项目费中。

(8)竣工结算审查中涉及规费和税金时的计算时,应按国家、省级或行业建设主管部门的规定计算并调整。

第十六章 建筑工程工程量清单计价编制实例

表 16-1　　　　　　　　　　　投标总价封面

_____某小区住宅_____ 工程

投　标　总　价

投　标　人：_____×××_____
　　　　　　　（单位盖章）

××××年××月××日

表 16-2　　　　　　　　　　投标总价扉页

投 标 总 价

招 标 人：_____×××_____

工 程 名 称：_____某小区住宅工程_____

投 标 总 价(小写)：5736724.68 元_____
　　　　　(大写)：伍佰柒拾叁万陆仟柒佰贰拾肆元陆角捌分

投 标 人：_____×××_____
　　　　　　　（单位盖章）

法定代表人
或其授权人：_____×××_____
　　　　　　　（签字或盖章）

编 制 人：_____×××_____
　　　　　（造价人员签字盖专用章）

时　　　间：××××年××月××日

表16-3　　　　　　　　　　总　说　明

工程名称：某小区住宅工程　　　　　　　　　　　　　　　　　　第　页共　页

1. 工程概况：本工程为砖混结构，混凝土灌注桩基，建筑层数为六层，建筑面积为15950m²，招标计划工期为360日历天，投标工期为320日历天。
2. 投标报价包括范围：为本次招标的住宅工程施工图范围内的建筑工程。
3. 投标报价编制依据
3.1　招标文件及其所提供的工程量清单和有关报价的要求，招标文件的补充通知和答疑纪要。
3.2　住宅楼施工图及投标施工组织设计。
3.3　有关的技术标准、规范和安全管理规定等。
3.4　省建设主管部门颁发的计价定额和计价管理办法及相关计价文件。
3.5　材料价格根据本公司掌握的价格情况并参照工程所在地工程造价管理机构××××年××月工程造价信息发布的价格

表16-4　　　　　　建设项目招标控制价/投标报价汇总表

工程名称：某小区住宅工程　　　　　　　　　　　　　　　　　　第　页共　页

序号	单项工程名称	金额/元	其中：/元		
			暂估价	安全文明施工费	规费
1	某小区住宅工程	5736724.68	1000000.00	254565.00	290204.10
	合　计	5736724.68	1000000.00	254565.00	290204.10

表 16-5　　单项工程招标控制价/投标报价汇总表

工程名称：某小区住宅工程　　　　　　　　　　　　　　　　　　第　页　共　页

序号	单位工程名称	金额/元	其中:/元		
			暂估价	安全文明施工费	规费
1	某小区住宅工程	5736724.68	1000000.00	254565.00	290204.10
	合计	5736724.68	1000000.00	254565.00	290204.10

表 16-6　　单位工程招标控制价/投标报价汇总表

工程名称：某小区住宅工程　　　　　　　标段：　　　　　　　　第　页　共　页

序号	汇总内容	金额/元	其中:暂估价/元
1	分部分项工程	4242750.71	1000000.00
1.1	附录 A 土石方工程	104270.35	—
1.2	附录 B 地基处理与边坡支护工程	419590.10	—
1.3	附录 D 砌筑工程	728355.28	—
1.4	附录 E 混凝土及钢筋混凝土工程	2589625.00	—
1.5	附录 F 金属结构工程	2474.81	—
1.6	附录 J 屋面及防水工程	260205.17	—
1.7	附录 K 保温、隔热、防腐工程	138230.00	—
			—
2	措施项目	665239.56	—
2.1	其中:安全文明施工费	254565.00	—
3	其他项目	446061.20	—
3.1	其中:暂列金额	300000.00	—
3.2	其中:专业工程暂估价	100000.00	—
3.3	其中:计日工	31061.20	—
3.4	其中:总承包服务费	15000.00	—
4	规费	290204.10	—
5	税金	192469.11	—
	投标报价合计=1+2+3+4+5	5736724.68	1000000.00

表 16-7　　分部分项工程和单价措施项目清单与计价表

工程名称：某小区住宅工程　　　　　　　　　标段：　　　　　　　　第　页共　页

序号	项目编码	项目名称	项目特征描述	计量单位	工程量	金额/元		其中 暂估价
						综合单价	合价	
			附录A　土石方工程					
1	010101001001	平整场地	Ⅱ、Ⅲ类土综合,土方就地挖填找平	m²	2100	0.88	1848.00	
2	010101003001	挖沟槽土方	Ⅱ类土,挖土深度3m以内,弃土运距为50m	m³	1690	21.92	37044.80	
			（其他略）					
			分部小计				104270.35	
			附录B　地基处理与边坡支护工程					
3	010302001001	泥浆护壁成孔灌注桩	人工挖孔,二级土,桩长10m,有护壁段长9m,桩直径1000mm,扩大头直径1100mm,桩混凝土为C25,护壁混凝土为C20	m	485	322.06	156199.10	
			（其他略）					
			分部小计				419590.10	
			附录D　砌筑工程					
4	010401001001	砖基础	M10水泥砂浆砌条形基础,MU15页岩砖240mm×115mm×53mm	m³	293	290.46	85104.78	
5	010401003001	实心砖墙	M7.5混合砂浆砌实心墙,MU15页岩砖240mm×115mm×53mm,墙体厚度240mm	m³	2155	304.43	656046.65	
			（其他略）					
			分部小计				728355.28	
			本页小计				1252215.73	
			合　　计				1252215.73	

续表

序号	项目编码	项目名称	项目特征描述	计量单位	工程量	金额/元		
						综合单价	合价	其中 暂估价
			附录E 混凝土及钢筋混凝土工程					
6	010503001001	基础梁	C30混凝土基础梁	m^3	256	356.14	91171.84	25000.00
7	010515001001	现浇构件钢筋	螺纹钢 Q235,ϕ14	t	72.000	5857.16	421715.52	360000.00
			(其他略)					
			分部小计				2589625.00	1000000.00
			附录F 金属结构工程					
8	010606008001	钢梯	U型钢爬梯,型钢品种、规格详见××图	t	0.356	6951.71	2474.81	
			分部小计				2474.81	
			附录J 屋面及防水工程					
9	010902003001	屋面刚性层	C20细石混凝土,厚40mm,建筑油膏嵌缝	m^2	2052	21.43	43974.36	
			(其他略)					
			分部小计				260205.17	
			附录K 保温隔热、防腐工程					
10	011001001001	保温隔热屋面	沥青珍珠岩块 500mm×500mm×150mm,1:3水泥砂浆护面,厚25mm	m^2	1965	53.81	105736.65	
			(其他略)					
			分部小计				138230.00	
11	011701001001	综合脚手架		m^2	450	38.00	17100.00	
			(其他略)					
			分部小计				150000.00	
			本页小计				150000.00	
			合 计				4392750.71	1000000.00

表16-8 综合单价分析表

工程名称：某小区住宅工程　　　　　标段：　　　　　　　第　页共　页

项目编码	010302001001	项目名称	泥浆护壁成孔灌注桩	计量单位	m	工程量	485

清单综合单价组成明细										
定额编号	定额项目名称	定额单位	数量	单价				合价			
				人工费	材料费	机械费	管理费和利润	人工费	材料费	机械费	管理费和利润
AB0291	挖孔桩芯混凝土C25	10m³	0.0575	878.85	2813.67	83.50	263.46	50.53	161.79	4.80	15.15
AB0284	挖孔桩护壁混凝土C20	10m³	0.02255	893.96	2732.48	86.32	268.54	20.16	61.62	1.95	6.06
人工单价				小计				70.69	223.41	6.75	21.21
38元/工日				未计价材料费							
清单项目综合单价								322.06			

材料费明细	主要材料名称、规格、型号	单位	数量	单价/元	合价/元	暂估单价/元	暂估合价/元
	C25混凝土	m³	0.584	268.09	156.56		
	C20混凝土	m³	0.248	243.45	60.38		
	水泥42.5	kg	(276.189)	0.556	(153.56)		
	中砂	m³	(0.384)	79.00	(30.34)		
	砾石5~40mm	m³	(0.732)	45.00	(32.94)		
	其他材料费			—	6.47		—
	材料费小计			—	223.41		—

表 16-9　　　　　　　　　　　　综合单价分析表

工程名称：某小区住宅工程　　　　　　　　标段：　　　　　　　　第　页共　页

项目编码	010515001001	项目名称		现浇构件钢筋		计量单位		t	工程量		72
清单综合单价组成明细											
定额编号	定额名称	定额单位	数量	单价				合价			
				人工费	材料费	机械费	管理费和利润	人工费	材料费	机械费	管理费和利润
AD0899	现浇螺纹钢筋制安	t	1.000	294.75	5397.70	62.42	102.29	294.75	5397.70	62.42	102.29
人工单价			小计				294.75	5397.70	62.42	102.29		
38元/工日			未计价材料费									
清单项目综合单价								5857.16			
材料费明细	主要材料名称、规格、型号			单位	数量		单价/元	合价/元	暂估单价/元	暂估合价/元		
	螺纹钢筋 Q235, $\phi14$			t	1.07				5000.00	5350.00		
	焊　条			kg	8.64		4.00	34.56				
	其他材料费						—	13.14	—			
	材料费小计						—	47.70	—	5350.00		

表 16-10　　　　　　　　　　总价措施项目清单与计价表

工程名称：某小区住宅工程　　　　　　　标段：　　　　　　　　　　　第　页共　页

序号	项目编码	项目名称	计算基础	费率(%)	金额/元	调整费率(%)	调整后金额/元	备注
1	011707001001	安全文明施工费	定额人工费	25	254565.00			
2	011707002001	夜间施工增加费	定额人工费	1.5	152739.00			
3	011707004001	二次搬运费	定额人工费	1	101826.00			
4	011707005001	冬雨期施工增加费	定额人工费	0.6	6109.56			
5	011707007001	已完工程及设备保护费			6000.00			
		合　计			515239.56			

表 16-11　　　　　　　　　　其他项目清单与计价汇总表

工程名称：某小区住宅工程　　　　　　　标段：　　　　　　　　　　　第　页共　页

序号	项目名称	金额/元	结算金额/元	备注
1	暂列金额	300000.00		明细详见表 16-12
2	暂估价			
2.1	材料(工程设备)暂估价/结算价	—		明细详见表 16-13
2.2	专业工程暂估价/结算价	100000.00		明细详见表 16-14
3	计日工	31061.20		明细详见表 16-15
4	总承包服务费	15000.00		明细详见表 16-16
	合　计	446061.20		

表 16-12　　　　　　　　　　　暂列金额明细表

工程名称：某小区住宅工程　　　　　　　　标段：　　　　　　　　　　　第　页共　页

序号	项目名称	计量单位	暂定金额/元	备注
1	工程量清单中工程量偏差和设计变更	项	100000.00	
2	政策性调整和材料价格风险	项	100000.00	
3	其他	项	100000.00	
4				
5				
6				
7				
8				
9				
10				
11				
	合　计		300000.00	—

表 16-13　　　　　　　　材料（工程设备）暂估单价及调整表

工程名称：某小区住宅工程　　　　　　　　标段：　　　　　　　　　　　第　页共　页

序号	材料（工程设备）名称、规格、型号	计量单位	数量		暂估/元		确认/元		差额/元		备注
			暂估	确认	单价	合价	单价	合价	单价	合价	
1	钢筋（规格、型号综合）	t	5		5000	25000.00					用于混凝土基础梁
	（其他略）										
	合　计					1000000.00					

表 16-14　　　　　　　　专业工程暂估价及结算价表

工程名称：某小区住宅工程　　　　　　　　标段：　　　　　　　　　　　第　页共　页

序号	工程名称	工程内容	暂估金额/元	结算金额/元	差额±/元	备注
1	入户防盗门	安装	100000.00			
	合　计		100000.00			

表 16-15　　　　　　　　　　　　　计日工表

工程名称：某小区住宅工程　　　　　　标段：　　　　　　　　　　第　页共　页

编号	项目名称	单位	暂定数量	实际数量	综合单价/元	合价/元	
						暂定	实际
一	人工						
1	普工	工时	145		60.00	8700.00	
2	技工	工时	96		90.00	8640.00	
3							
4							
	人工小计					17340.00	
二	材料						
1	钢筋（规格、型号综合）	t	1		5300.00	5300.00	
2	水泥 42.5 级	t	2		600.00	1200.00	
3	中砂	m³	10		80.00	800.00	
4	砾石（5～40mm）	m³	5		42.00	210.00	
5	页岩砖（240mm×115mm×53mm）	千匹	1		300.00	300.00	
	材料小计					7810.00	
三	施工机械						
1	自升式塔式起重机（起重力矩 1250KN·m）	台班	5		550.00	2750.00	
2	灰浆搅拌机（400L）	台班	2		20.00	40.00	
3							
4							
	施工机械小计					2790.00	
四、企业管理费和利润（按人工费的 18% 计算）						3121.20	
总　计						31061.20	

表 16-16　　　　　　　　　　　总承包服务费计价表

工程名称:某小区住宅工程　　　　　　标段:　　　　　　　　　　　　第　页共　页

序号	项目名称	项目价值/元	服务内容	计算基础	费率(%)	金额/元
1	发包人发包专业工程	100000.00	1. 按专业工程承包人的要求提供施工并施工现场统一管理,对竣工资料统一汇总整理。 2. 为专业工程承包人提供垂直运输机械和焊接电源接入点,并承担运输费和电费	定额人工费	5	5000.00
2	发包人提供材料	500000.00	对发包人供应的材料进行验收及保管和使用发放	定额人工费	2	10000.00
合计	—	—		—		15000.00

表 16-17　　　　　　　　　　　规费、税金项目计价表

工程名称:某小区住宅工程　　　　　　标段:　　　　　　　　　　　　第　页共　页

序号	项目名称	计算基础	计算基数	计算费率(%)	金额/元
1	规费	定额人工费			290204.10
1.1	社会保险费	定额人工费	(1)+…+(5)		229108.50
(1)	养老保险费	定额人工费		14	142556.40
(2)	失业保险费	定额人工费		2	20365.20
(3)	医疗保险费	定额人工费		6	61095.60
(4)	工伤保险费	定额人工费		0.25	2545.65
(5)	生育保险费	定额人工费		0.25	2545.65
1.2	住房公积金	定额人工费		6	61095.60
1.3	工程排污费	按工程所在地环境保护部门收取标准,按实计入			
2	税金	分部分项工程费+措施项目费+其他项目费+规费-按规定不计税的工程设备金额		3.41	192469.11
		合计			482673.21

编制人(造价人员):×××　　　　　　　　　　　　复核人(造价工程师):×××

参 考 文 献

[1] 中华人民共和国住房和城乡建设部. GB 50500—2013 建设工程工程量清单计价规范[S]. 北京:中国计划出版社,2013.
[2] 中华人民共和国住房和城乡建设部. GB/T 50353—2013 建筑工程建筑面积计算规范[S]. 北京:中国计划出版社,2013.
[3] 《建设工程计价计量规范辅导》规范编制组. 2013 建设工程计价计量规范辅导[M]. 北京:中国计划出版社,2013.
[4] 袁建新,迟晓明. 建筑工程预算[M]. 4 版. 北京:中国建筑工业出版社,2010.
[5] 建设部人事教育司,城市建设司. 造价员专业与实务[M]. 北京:中国建筑工业出版社,2006.
[6] 王朝霞. 建筑工程定额与计价[M]. 北京:中国电力出版社,2004.
[7] 马维珍,闫林君. 建筑工程工程量清单计价与造价管理[M]. 成都:西南交通大学出版社,2009.
[8] 陈卓. 建筑工程工程量清单与计价[M]. 武汉:武汉理工大学出版社,2009.
[9] 李传让. 房屋建筑工程量速算方法实例详解[M]. 北京:中国建材工业出版社,2006.
[10] 《造价工程师实务手册》编写组. 造价工程师实务手册[M]. 北京:机械工业出版社,2006.